应用型本科机电类专业"十三五"规划精品教材

工程材料（第二版）

GONGCHENG CAILIAO

主　编　赵　燕　王　琨

副主编　程思华　刘怿凡　韩蕾蕾

参　编　张瑞霞　潘红梅　曹　俊　汪　靖

U0303262

华中科技大学出版社
http://www.hustp.com
中国·武汉

内容简介

本书重点介绍各类工程材料的成分、组织结构、热处理工艺、性能特点和应用范围，并以实例说明零部件在不同工作条件下的失效方式和如何对零部件进行合理选材，以及机械设计者和制造者必须具备的材料知识和有关的基本理论。全书共分11章，包括材料的性能、金属材料的结构与结晶、二元合金相图、铁碳合金、金属的塑性变形与再结晶、钢的热处理、合金钢、铸铁、有色金属、非金属材料及机械零件的失效与选材等内容。

本书可作为本科、高职高专院校相关课程的教材，也可供工程技术人员参考。

图书在版编目(CIP)数据

工程材料/赵燕，王琨主编.—2版.—武汉：华中科技大学出版社，2017.8(2024.12重印)
应用型本科机电类专业"十三五"规划精品教材
ISBN 978-7-5680-2866-0

Ⅰ.①工…　Ⅱ.①赵…　②王…　Ⅲ.①工程材料-高等学校-教材　Ⅳ.①TB3

中国版本图书馆 CIP 数据核字(2017)第 108452 号

工程材料（第二版）　　　　　　　　　　　　　　　　　　　赵　燕　王　琨　主编
Gongcheng Cailiao

策划编辑：袁　冲
责任编辑：狄宝珠
封面设计：袍　子
责任监印：朱　玢
出版发行：华中科技大学出版社(中国·武汉)　　电话：(027)81321913
　　　　　武汉市东湖新技术开发区华工科技园　　邮编：430223
录　　排：华中科技大学惠友文印中心
印　　刷：武汉邮科印务有限公司
开　　本：787mm×1092mm　1/16
印　　张：13.5
字　　数：331千字
版　　次：2024年12月第2版第5次印刷
定　　价：29.00元

前言

材料与我们的生活密切相关。它不仅是人类赖以生存和发展的物质基础,更是人类文明和技术进步的重要标志。人类社会在经历了石器时代、青铜器时代、铁器时代和钢铁时代之后,迈进了当今的新材料时代。在科学技术飞速进步和生产力水平日益发展的今天,传统的金属材料在机械制造业领域仍占主导地位,同时,高分子合成材料、陶瓷材料以及复合材料的应用也越来越广泛,这对高等院校高水平应用型工程技术人才的培养提出了新的要求。谁掌握了最先进的材料,谁就能在高技术及其产业的发展上占有主动权。

"工程材料"就是一门研究工程材料——金属材料、非金属材料的组织、性能,并教授如何辨别和使用材料的学科。该课程是机械、机电类专业必修的一门基础课程,同时它又是机械、机电类专业学习后续相关专业课程的基础。

本书重点介绍各类工程材料的成分、组织结构、热处理工艺、性能特点和应用范围,并以实例说明零部件在不同工作条件下的失效方式和如何对零部件进行合理选材,以及机械设计者和制造者必须具备的材料知识和有关的基本理论。全书共分11章,包括材料的性能、金属材料的结构与结晶、二元合金相图、铁碳合金、金属的塑性变形与再结晶、钢的热处理、合金钢、铸铁、有色金属、非金属材料及机械零件的失效与选材等内容。为帮助学生思考、复习、巩固所学知识,各章后均附有习题,并在最后附有课堂讨论内容。本书引用最新国家标准,并力求做到加强基础、突出重点、注重应用和适应面广。

本书由武昌首义学院(原华中科技大学武昌分校)赵燕、王琨担任主编,参加编写及再版修订的有武汉生物工程学院刘怿凡(第6章),赵燕、潘红梅(第4章);华中科技大学文华学院韩蕾蕾(第5、10、11章);武汉华夏理工学院张瑞霞、武昌首义学院程思华(第1、2章);江汉大学文理学院曹俊(第7章);武汉工业学院工商学院汪靖(第8章),全书由王琨统稿。赵燕、潘红梅负责修订,并提供课件。本书在编写过程中,得到了武昌首义学院机电与自动化学院徐盛林院长、孙立鹏副院长,数控实训创新基地肖书浩、周严主任,以及机电教研室李硕、刘海、李平等同事的大力支持;得到了华中科技大学出版社编辑袁冲的大力支持,在此一并表示衷心感谢。

本书在编写中参阅了大量相关文献与资料,在此向有关作者表示感谢。

由于编者水平有限,时间仓促,书中难免存在错误或不足之处,恳请读者批评指正,以便我们及时改进。

编　者

2017 年 5 月

目录

第 0 章　绪论

0.1　材料与材料科学

材料是人类用于制造物品、器件、构件、机器或其他产品的物质。人类生活和生产都离不开材料,它的品种、数量和质量是衡量一个国家现代化程度的重要标志。

纵观人类历史,每当一种新材料出现和被利用,都会给社会生产与人类生活带来巨大的变化,把人类文明向前推进。历史学家也是按照人类所使用的材料将人类历史划分为石器时代、青铜器时代、铁器时代、钢铁时代和当今的新材料时代的。材料的发展水平和利用程度已成为人类文明进步的标志。例如,没有耐腐蚀、耐高压材料,就不可能有现在的石油化工行业;没有半导体材料的工业化生产,就不可能有目前的计算机技术;没有耐高温、高强度的结构材料,就不可能有今天的航空工业和航天工业;没有低消耗的光导纤维,也就没有现代的光纤通信。因此,20 世纪 70 年代人们就已经把信息、材料和能源誉为当代文明的三大支柱。20 世纪 80 年代以高技术群为代表的新技术革命,又把新材料、信息技术和生物技术并列为新技术革命的重要标志。这都是因为材料与国民经济建设、国防建设和人民生活密切相关。

材料是早已存在的名词,但材料科学的提出则是在 20 世纪 60 年代的事。1957 年,苏联人造地球卫星发射成功之后,美国政府及科技界为之震惊,并认识到先进材料对于科技技术发展的重要性,于是在一些大学相继成立了材料科学研究中心,从此,材料科学这一名词开始被人们广泛地引用。

材料科学就是研究材料的组织结构、性质、生产流程和使用效能,以及它们之间相互关系的科学。材料科学是多学科的交叉与结合的产物,是一门与工程技术密不可分的应用科学。中国的材料科学研究水平位居世界前列,有些领域甚至处于世界领先水平。

0.2　材料的分类及应用

材料除了具有重要性和普遍性以外,还具有多样性。由于材料多种多样,分类方法没有一个统一标准,为了便于认识和应用,学者们从不同角度对其进行了分类。通常按化学成分、生产过程、结构及性能特点将其分为三大类,即金属材料、无机非金属材料、有机高分子材料。三大材料相互交叉、相互融合。由三大材料中任意两种或两种以上复合而成的材料称为复合材料。如果把复合材料作为一类,便可称为四大类材料。

金属材料是指金属元素或以金属元素为主构成的具有金属特性的材料的统称。金属材料通常分为钢铁金属、有色金属和特种金属等。钢铁金属包括含铁的质量分数为90%以上的工业纯铁、含碳的质量分数为2%~4%的铸铁、含碳的质量分数小于2%的碳钢,以及各种用途的结构钢、不锈钢、耐热钢、高温合金、精密合金等。有色金属是指除铁、铬、锰以外的所有金属及其合金,通常分为轻金属、重金属、贵金属、半金属、稀有金属和稀土金属等。有色合金的强度和硬度一般比纯金属的高,并且电阻大、电阻温度系数小。特种金属包括不同用途的结构金属和功能金属。其中有通过快速冷凝工艺获得的非晶态金属,以及准晶、微晶、纳米晶金属等;还有隐身、抗氢、超导、形状记忆、耐磨、减振阻尼等特殊功能合金等。

无机非金属材料主要包括陶瓷、水泥、玻璃及非金属矿物材料。陶瓷是应用历史最悠久、应用范围最广泛的非金属材料。传统的陶瓷材料由黏土、石英、长石等组成,主要作为建筑材料使用。新型陶瓷材料主要以 Al_2O_3、SiC、Si_3N_4 等为主要组分,已用做航空航天领域中航天飞机的热绝缘涂层、发动机的叶片等,还作为先进的功能材料,用于制作电子元件和敏感元件。

有机高分子材料又称高分子聚合物,按用途可分为塑料、合成纤维和橡胶三大类。塑料通常又分为通用塑料和工程塑料两类。通用塑料主要用来制造薄膜、容器和包装用品,PE是其代表。工程塑料主要指力学性能较高的聚合物,俗称尼龙的聚酰胺、聚碳酸酯是这类材料的代表,聚碳酸酯有良好的绝缘性,常用做计算机、打印机的外壳,以及电子通信设备中的连接元件、接线板和控制按钮等。最近,功能高分子材料得到了迅速发展,如将取代液晶材料的有机电致发光材料等。

复合材料就是由两种或两种以上不同原材料组成,使原材料的性能得到充分发挥,并通过复合化而得到单一材料所不具备的性能的材料。按基体可分为金属基、有机高分子材料基、无机非金属基复合材料等。按强化相可分为颗粒增强复合材料和纤维增强复合材料等两类。从广义上讲,复合材料已有悠久的历史。远古先人曾用稻草掺入黏土制作土坯,古代人曾用钢铁层压法制成刀剑。近代的复合材料以1942年制出的玻璃纤维强化塑料为起点。随后,为了提高纤维的弹性,开发了硼纤维、碳纤维、耐热氧化铝纤维等;为了改善树脂的耐热性,对金属基复合材料也开始进行研究。同时,对陶瓷等无机材料作为复合材料的基体进行了再认识,使其在研究开发的基础上获得了广泛的应用。

0.3 本课程的目的、任务和学习方法

机械工业是材料应用的重要领域。机械工业的发展,对产品的要求越来越高。无论是制造机床,还是建造轮船、石油化工设备,都要求产品技术先进、质量高、寿命长、造价低。因此,在产品设计与制造过程中,会遇到越来越多的材料及材料加工方面的问题。这就要求机械工程技术人员掌握必要的材料科学与材料工程知识,具备正确选择材料和加工方法、合理安排加工工艺路线的能力。"工程材料"课程正是为实现这一目标而设置的。

本课程的具体任务是:①掌握工程材料的基本理论知识及其性能特点,建立材料的化学成分、组织结构、加工工艺与性能之间的关系;②了解常用机械工程材料的性能、应用范围和加工工艺,并初步具备合理选用材料、正确确定加工方法、妥善安排加工工艺路线的能力。

本课程是一门具有较强理论性和实践性的课程,特点是基本概念多,与实际联系密切。因此在学习过程中应注重分析、理解和运用,并注意前后知识的衔接。同时还要注意密切联系生产实际,重视实验环节,认真完成有关的讨论和作业。因本课程与物理、化学、工程力学、金属工艺学等课程及金工实习等教学环节紧密相连,故应安排在这些教学环节之后进行。本课程涉及知识面较广,内容丰富,教师在教学过程中应多采用直观教学、多媒体教学和启发式教学,并培养学生的自学能力,以增加课堂的信息量,并应在后续课程和实践性教学环节中反复练习,巩固提高。

第1章 材料的性能

【内容简介】

本章重点介绍材料的力学性能,主要包括弹性、刚度、强度、塑性、硬度和韧度等。同时还简单介绍了材料的其他性能。

【学习目标】

(1)掌握金属材料的力学性能及其衡量指标。

(2)了解金属材料的其他性能。

材料的性能是指材料本身所具有的性质及在使用和加工过程中所表现出来的特点,包括使用性能和工艺性能两种。使用性能用来衡量某一材料是否好用,分为力学性能、物理性能和化学性能等;工艺性能用来衡量材料是否容易加工,分为铸造性、锻造性、焊接性及切削加工性等。

使用性能是机械零件材料选材首要考虑的因素。而当材料用于结构零件时,其力学性能是工程设计、选材的主要依据。

1.1 材料的力学性能

材料在外力或能量作用下表现出来的行为称为力学性能。材料的力学性能不仅取决于材料本身的化学成分,而且还与材料的微观组织结构、表面和内部缺陷等有关,是衡量工程材料性能优劣的主要指标,也是机械设计人员在设计过程中选用材料的主要依据。

材料在加工及使用过程中所受的载荷有静载荷和动载荷等两类。静载荷条件下,材料的力学性能包括强度、塑性、硬度等;动载荷条件下,材料的力学性能包括冲击韧度、疲劳强度等。

金属材料的强度和塑性是通过拉伸试验测定出来的。拉伸试验就是用静拉力对标准试样进行轴向拉伸,同时连续测力和试样相应的伸长量,直至试样断裂为止的过程,如图1-1所示。拉伸试验中得出的拉伸力与伸长量的关系曲线称为力-伸长曲线。将力-伸长曲线的纵、横坐标分别除以拉伸试样的原始截面面积 A_0 和原始标距长度 l_0,则得到应力-应变曲线(σ-ε 曲线),如图 1-2 所示。因为都是与一常数相除,故曲线形状与力-伸长曲线相同。

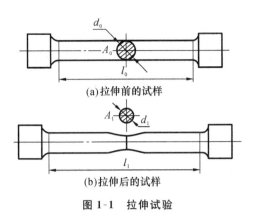

(a)拉伸前的试样

(b)拉伸后的试样

图 1-1　拉伸试验

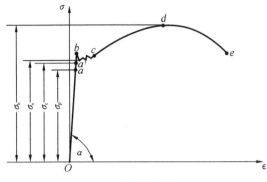

图 1-2　低碳钢拉伸时的 σ-ε 曲线

1.1.1　弹性与刚度

1. 弹性

材料在外力作用下会产生形状或尺寸的变化,去除外力后能够恢复回原始形状的变形称为弹性变形。对于理想的弹性材料,其应力与应变关系如图 1-2 中 Oa 段所示,外力卸载后试样能恢复到原始长度。通常用弹性极限 σ_e 表示材料可以承受最大弹性变形的应力。

2. 刚度

弹性模量 E(又称杨氏模量)是产生 100% 弹性变形所需应力,即在弹性变形范围内应力与应变的比值,表示材料对弹性变形的抗力,其值越大,则在相同应力下产生的弹性变形就越小。它只与材料的化学成分有关,与组织变化无关,与热处理状态无关。

刚度在工程上是指在弹性变形范围内,构件或零件在受力时抵抗弹性变形的能力,等于材料弹性模量 E 与零件截面面积 A 的乘积。刚度不足会造成构件过量发生弹性变形而失效。要增加零件的刚度,要么选用弹性模量 E 高的材料,要么增大零件的截面面积 A。

1.1.2　强度与塑性

1. 强度

在图 1-2 所示的 bc 段,当载荷增大到 F_s 时,拉伸曲线呈水平直线状或锯齿状,即试样所承受的载荷几乎不变,但产生了较为明显的塑性变形,材料的这种现象称为屈服现象。屈服强度是指在外力作用下开始产生明显塑性变形的应力,用 σ_s 表示。对于没有明显屈服现象发生的材料,用试样标距长度产生 0.2% 的塑性变形量时的应力值作为其屈服强度,称为条件屈服强度,用 $\sigma_{0.2}$ 表示。

图 1-2 所示的 cd 段为均匀塑性变形阶段,在这一阶段,应力随应变增加而增加,即产生应变强化。超过 d 点后,试样开始发生局部塑性变形,即出现颈缩现象(见图 1-3),随着应变增加,应力明显下降,并在 e 点断裂。d 点所对应的应力为材料断裂前所能承受的最大拉应力,表示材料抵抗破断的能

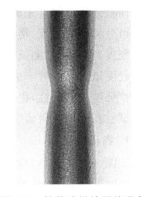

图 1-3　拉伸试样的颈缩现象

力,称为抗拉强度 σ_b。抗拉强度又称为强度极限,是零件因断裂而失效的主要设计和选材依据之一。与弹性极限和屈服强度相比,抗拉强度具有易于测定的优点,得到广泛应用。

屈服强度和抗拉强度在材料选择和机械设计时有重要意义,金属材料必须在小于其 σ_s 的条件下工作,否则会引起零件的塑性变形;金属材料也不能在超过其 σ_b 的条件下工作,否则会导致零件的毁坏。

2. 塑性

材料在外力作用下产生塑性变形而不破坏的能力称为材料的塑性,是材料进行塑性加工的必要条件,也是零件安全使用的可靠保证。工程上常用伸长率和断面收缩率作为材料的塑性指标。

伸长率 δ 是指试样拉断后的标距伸长量 $l_1 - l_0$ 与原始标距 l_0 之比,即

$$\delta = \frac{l_1 - l_0}{l_0} \times 100\% \tag{1-1}$$

式中: l_0——试样原始标距长度;

l_1——试样断裂后的标距长度。

必须指出,伸长率的数值与试样尺寸有关,因而试验时应对所选的试样尺寸做出规定,以便进行比较。如 $l_0 = 10d_0$ 时,用 δ_{10} 或 δ 表示;$l_0 = 5d_0$ 时,用 δ_5 表示。伸长率 δ 是衡量材料塑性的一个重要指标,一般情况下,$\delta < 2\% \sim 5\%$,属于脆性材料;$5\% < \delta < 10\%$,属于韧性材料;$\delta > 10\%$,属于塑性材料。

断面收缩率 ψ 是指试样拉断处横截面积的收缩量与原始横截面面积之比,即

$$\psi = \frac{A_0 - A_1}{A_0} \times 100\% \tag{1-2}$$

式中: A_0——试样原始横截面面积;

A_1——颈缩处最小横截面面积。

1.1.3 硬度

硬度是指材料抵抗局部变形(特别是塑性变形、压痕或划痕)的能力,是衡量材料软硬程度的判据。通常材料的强度越高,硬度也越高。硬度测试应用最广的是压入法,即用一定的载荷把规定的压头缓慢压入被测工件,使材料表面局部发生塑性变形而形成压痕,然后根据压痕面积或压痕深度来确定硬度值。由于压头、载荷的不同,用压入法进行硬度测试的指标主要可分为布氏硬度、洛氏硬度、维氏硬度和显微硬度等。另外还有划痕法测试的硬度(如莫氏硬度)和回跳法测试的硬度(如肖氏硬度)等。

硬度试验是一种非破坏性试验,可以直接在零件上测量,可根据硬度值估计出材料的近似抗拉强度和耐磨性,也可作为选择加工工艺的参考。因此,硬度试验尤其是用压入法进行硬度试验在生产及科研中得到了广泛的应用。

1. 布氏硬度(HB)

如图 1-4 所示,对直径为 D 的压头施加规定的试验力 F,使压头压入试样表面,经规定的保持时间后,除去试验力,在试样表面留下球形压痕,测量试样表面的压痕直径 d。布氏硬度用试验力除以压痕表面积的商来计算,其计算公式为

$$HB = \frac{0.102F}{A} = \frac{0.204F}{\pi D(D - \sqrt{D^2 - d^2})} \qquad (1-3)$$

式中:F——试验力(N);

　　D——硬质合金球直径(mm);

　　d——压痕平均直径(mm)。

通常情况下,布氏硬度值不标出单位,它一般用于较软的材料,如有色金属、退火后的钢材等。

当压头为淬火钢球时,用 HBS 表示(适用于布氏硬度值小于 450HBS 的材料,如灰铸铁、非铁合金等);当压头为硬质合金钢球时,用 HBW 表示(适用于布氏硬度值在 450～650HBS 的材料)。布氏硬度的表示方法规定:符号 HBS 或 HBW 之前的数字表示硬度值,符号后面的数字按顺序分别表示球体直径、载荷及载荷保持时间。例如,120HBS10/1000/30 表示直径为 10 mm 的钢球在 9.807 kN 载荷作用下保持 30 s 测得的布氏硬度值为 120HBS。

布氏硬度的优点:测量结果准确、数据稳定、重复性强;缺点是压痕大,不适合成品及薄件的检验。

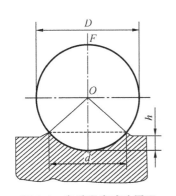

图 1-4　布氏硬度试验原理

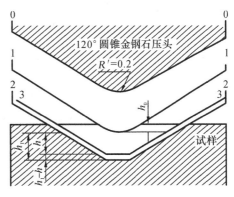

图 1-5　洛氏硬度试验原理

2. 洛氏硬度(HR)

洛氏硬度不是以测定的压痕的面积来计算的,而是以测量压痕深度来表征材料的硬度值。其试验原理如图 1-5 所示,在初始试验力 F_0 及总试验力 $F_0 + F_1$ 先后作用下,将压头(金刚石圆锥体或钢球)压入试样表面,经规定保持时间后卸除主试验力 F_1,用保持初始试验力的条件下测量的残余压痕深度增量来计算硬度。但这样直接以压入深度的大小表示硬度,将会出现硬的金属硬度值小,而软的金属硬度值大的现象。为了与习惯上数值越大硬度越高的概念相一致,采用一常数 K 减去 h 的差值表示硬度值。为方便起见,又规定每 0.002 mm 压入深度为一个硬度单位。

洛氏硬度值的计算公式为

$$HR = \frac{K - h}{0.002} \qquad (1-4)$$

式中:K——常数;

　　h——卸载主试验力后压痕残留深度。

洛氏硬度的优点是操作迅速、简便,硬度值可从表盘上直接读出;压痕较小,可用于工件表面试验;可测量较薄工件的硬度。缺点是精确性较低,硬度值重复性差、分散度大,通常需要在材料的不同部位测试数次,取其平均值来代表材料的硬度。此外,用不同标尺测得的洛氏硬度值彼此之间没有联系,不能直接用来相互比较。

洛氏硬度标尺的试验条件和适用范围如表 1-1 所示。

表 1-1　洛氏硬度标尺的试验条件和适用范围

硬度标尺	压头类型	总试验力	硬度值有效范围	应用举例
HRA	120 金刚石圆锥体	588.4	60～85HRA	硬质合金、表面淬火钢等
HRB	ϕ1/16 钢球	980.7	25～100HRB	软钢、退火钢、铜合金等
HRC	120°金刚石圆锥体	1471.0	20～67HRC	一般淬火钢件、调质钢

3. 维氏硬度(HV)

维氏硬度的测定原理基本上与布氏硬度的相同,如图 1-6 所示,也是根据压痕单位面积所承受的试验力来计算硬度值,但使用的压头是锥面夹角为 136°的金刚石正四棱锥体,压痕是四方锥形,测量压痕两对角线的平均长度 d,计算压痕面积 A,计算公式为

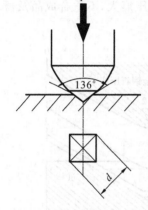

$$\text{HV}=\frac{0.102F}{A}=\frac{0.204F\sin(136°/2)}{d^2}=0.1891\frac{F}{d^2} \qquad (1\text{-}5)$$

式中:F——载荷(N);

A——压痕面积(mm^2);

d——压痕两对角线的平均长度 d(mm)。

维氏硬度所用载荷小,压痕深度浅,硬度测量精确度高于布氏硬度和洛氏硬度,适用于测量较薄的材料或表面硬化层、金属镀层的硬度,特别是极薄零件和渗碳层、渗氮层的硬度,其测得的数值较准确,并且不存在布氏硬度试验那种载荷与压头直径比例关系的约束。由于维氏硬度的压头是金刚石角锥,载荷可调范围

图 1-6　维氏硬度试验原理

大,所以维氏硬度可用于测量从软到硬的各种工程材料,测定范围为 0～1000HV。缺点是硬度值的测定较为麻烦,工作效率不如洛氏硬度,因此不太适合成批生产的常规检验;压痕小,对工件表面质量要求较高。

为了获得一些特殊性能和特殊形状材料的硬度,可以采用其他的硬度测试方法。如显微硬度法可用于测量薄的镀层、渗层或显微组织中的不同相的硬度;肖氏硬度适合在现场对大型工件(如机床床身、大型齿轮等)进行硬度测量;莫氏硬度用于测量陶瓷和矿物的硬度等。

1.1.4　冲击韧度与疲劳强度

1. 冲击韧度

机械零件或构件在工作时不仅会受到静载荷作用,有时还会受到动载荷的作用。冲击载荷下材料抵抗变形和断裂的能力称为冲击韧度,它是材料塑性和强度的综合表现。冲击韧性通常用冲击韧度值来衡量。一般把冲击韧度值高的称为韧性材料,低者称为为脆性材料。

材料的冲击韧度值常用一次摆锤冲击试验法测定,其试验原理如图 1-7 所示。将图1-8 所示的标准冲击试样以缺口背向摆锤的方式放在冲击试验机上,然后抬起摆锤到高度 H_0,令其自由落下将试样一次冲断后,摆锤凭借剩余能量上升至高度 H_1。冲击韧度计算公式为

$$a_K = \frac{W}{A} \tag{1-6}$$

式中:W——冲断过程中所消耗的冲击功(J);

　　　A——试样缺口处的横截面面积(mm^2)。

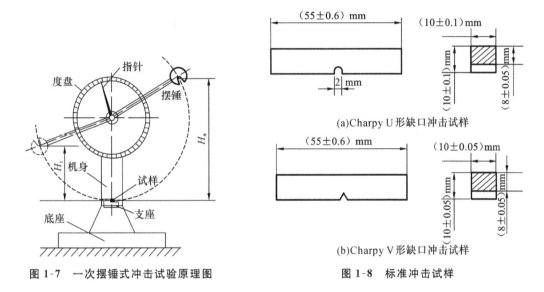

图 1-7　一次摆锤式冲击试验原理图　　　图 1-8　标准冲击试样

冲击韧度表现了结晶颗粒大小和内部金相组织在合金内的影响,如回火脆性、时效等,这些因素对力学性能的影响用静力试验发现不了,因而冲击韧度是控制和稳定产品质量的重要指标。冲击韧性不可直接用于零件的设计与计算,但可用于判断材料的冷脆倾向和不同材质的材料之间韧性的比较,以及评定材料在一定工作条件下的缺口敏感性。

2. 疲劳强度

材料在交变载荷(大小、方向随时间而变化的一种载荷,见图 1-9)作用下,经过一段时间,在缺陷或应力集中的部位会产生细微的裂纹,裂纹逐渐扩展以致在应力远小于屈服强度或强度极限的情况下突然发生脆性断裂的现象称为疲劳。

材料承受的交变应力与断裂时应力循环次数 N 之间的关系可以用疲劳曲线来描述,如图 1-10 所示。材料所受的交变应力越大,断裂前所受的循环次数越少,当应力低于某一定值后,曲线趋于水平,这说明当应力值低于此值时,材料可经无限次应力循环而不断裂。材料经无数次应力循环后仍不发生断裂的最大应力值称为疲劳强度,用 σ_{-1} 表示。由于疲劳试验时不可能进行无限循环周次,而且有些材料的疲劳曲线上没有水平部分,因此规定一个应力循环基数 N_0,N_0 所对应的应力作为该材料的疲劳强度,一般钢铁的循环基数为 10^7,有色金属和某些超高强度钢的循环基数为 10^8。工业生产中,钢铁材料的 σ_{-1} 值约为其 σ_b 值的一半,而非金属材料的疲劳强度一般远低于金属材料的疲劳强度。

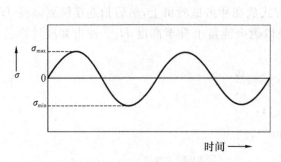

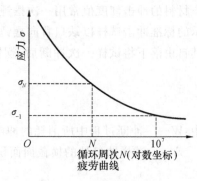

图 1-9　交变载荷示意图　　　　　　　图 1-10　疲劳曲线示意图

疲劳破坏断口一般由疲劳裂纹扩展区和瞬时断裂区组成,断口的疲劳扩展区光亮、细致,有疲劳扩展前沿线,呈贝壳状或海滩状,如图 1-11 所示;瞬时破坏区断口粗糙,塑性材料断口呈纤维状,脆性材料则呈结晶状。

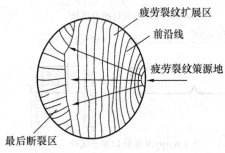

图 1-11　疲劳断裂宏观断口示意图

疲劳断裂在工业生产中占有很大的比例,是常见的一种失效形式。据统计,现代工业中零件的损坏有近 80% 都是由金属疲劳所引起的,如曲轴、连杆、齿轮、弹簧及桥梁等的破坏一般都是由于发生疲劳而引起的。

合理选材;改善材料的结构形状避免应力集中,减小材料和零件的缺陷;降低零件表面粗糙度;表面强化、喷丸处理等是提高材料的疲劳抗力的一般措施。

1.2　材料的其他性能

机器零件的用途不同,对其性能的要求也有所不同。例如,飞机零件通常选用密度较小的铝、镁、钛合金等;电动机、电器元件需要考虑其导电性;化工设备、医疗器械则需要耐蚀性好的材料来制造。因此,进行结构设计的时候除了要考虑材料的力学性能外,我们还需要考虑材料的其他性能。

1.2.1　材料的物理性能和化学性能

材料的物理性能由材料的物理本质所决定,包括材料的密度、热膨胀性、导热性、导电性、磁性、熔点等。材料的化学性能是指材料在一定环境条件下抵抗各种化学介质作用的能力,如抗氧化性、耐腐蚀性等。

1. 材料的物理性能

(1)密度:某物质单位体积的质量。摩托车、飞机等高速运转的机械产品需要用密度较低的铝合金、钛合金、树脂基复合材料等来制造。

(2)热性能:包括熔点、热膨胀性和热传导性等。铸型、高速飞机等高温下工作的机械产品需要用熔点更高的钛合金制造;焊锡、保险丝(铅、锡、铋、镉的合金)等需要用熔点低的合金制造。制造散热器、热交换器与活塞等则需要导热性好的材料。

(3)热膨胀性:材料随温度变化而膨胀、收缩的特性,用线膨胀系数和体积膨胀系数表示。如柴油机活塞与缸套之间的间隙很小,既要允许活塞在缸套内作往复运动,又要保证其气密性,因此活塞与缸套材料的热膨胀性能要相近,以免两者卡住或出现漏气现象。

(4)电性能:材料在外加电压或电场作用下的行为及其所表现出来的各种物理现象,包括导电性、介电性、热电性等。如用于制造电器设备的材料要考虑材料的导电性。

(5)磁性能:包括磁导率、磁化强度和磁矫顽力等。金属的磁性对电动机、变压器和电器元件特别重要。例如,制造永久磁铁、变压器等要用硬磁钢(钨钢、铬钢、Al-Ni-Co)或软磁钢(硅钢片或铁镍合金)。

(6)光学性能:材料对光的辐射、吸收、透射、反射和折射的能力。如某些材料可以产生激光,玻璃纤维可用于光通信的传输介质,此外,还有用于光电转换的光电材料。

2. 材料的化学性能

(1)抗氧化性:材料在高温时抵抗氧化性气氛腐蚀作用的能力。如锅炉的过热器、汽轮机的叶片等长期在高温下工作,容易产生氧化腐蚀,需考虑材料的抗氧化性。

(2)耐腐蚀性:材料抵抗各种介质(如大气、酸、碱、盐等)侵蚀破坏的能力。如火电厂锅炉管道主要受到的是硫腐蚀和氢腐蚀;水电站水轮机涡轮主要受到的是水气腐蚀。据统计,每年全世界占年产钢材 30%～40% 的钢铁因腐蚀而失效,因此防止腐蚀对于提高金属的使用寿命有重大的意义。金属一般可用油漆、镀铬、渗氮等方法防腐蚀,也可制成含铜的低合金钢或不锈钢以提高其抗腐蚀性。

1.2.2 材料的工艺性能

工艺性能是指材料在加工制造过程中表现出来的性能,即零件能不能做得出来。良好的工艺性能可以保证材料顺利通过各种加工而其质量不受影响。在设计零件和选择工艺方法时,都要考虑金属材料的工艺性能。

1. 铸造性能

铸造性能是指金属材料能用铸造的方法制成合格铸件的性能,又称可铸性。铸造性能主要决定于熔化时金属液体的流动性、冷却时的收缩和偏析倾向等。常用铸造材料为灰铸铁、铸钢和青铜等。

2. 锻造性能

锻造性能主要是指可锻性,即金属材料在压力加工时,能改变形状而不产生裂纹的性能。可锻性同许多因素有关,一般情况下高合金钢的可锻性比碳钢的差;而纯金属和铝等有色金属的可锻性比较好。铸铁则没有可锻性。

3. 焊接性能

焊接性又称可焊性,指材料在一定的焊接工艺条件下,获得优质焊接接头的能力。一般情况下,材料的塑性越高,焊接性越好。常用金属材料中,低碳钢有良好的可焊性,而高碳钢和铸铁的可焊性差。

4. 切削加工性能

切削加工性能是指用刀具切削加工材料成为合格工件的难易程度。它常用加工后工件的表面粗糙度、允许的切削速度及刀具的磨损程度来衡量。切削加工性能与材料的化学成分、力学性能及加工硬化程度等因素有关。灰铸铁有良好的切削加工性能。碳钢硬度适中(150~250HBS)时,有较好的切削加工性能。

5. 热处理性能

热处理性能包括金属材料的淬透性、淬硬性、氧化与脱碳倾向及热处理变形与开裂倾向等,这些内容将在第 6 章详细介绍。

习题

1. 在力学性能指标中,σ_e、σ_s、σ_b、σ_{-1}、δ、ψ 和 a_K 各表示什么意义,如何求得它们的值?

2. 从优点、缺点及应用范围三方面对比 HB、HR、HV 三种硬度试验方法,并说明下列几种工件应该采用何种硬度试验法测定其硬度?

(1)硬质合金刀片;(2)锉刀;(3)薄铝片;(4)耐磨工件的表面硬化层;(5)黄铜轴套;(6)供应状态的各种碳钢钢材

3. 什么是疲劳现象? 为什么说疲劳破坏比其他破坏形式的危害更大?

4. 判断下列说法是否正确,并说明理由。

(1)材料塑性、韧度越差则材料脆性越大。

(2)可以通过热处理的方式改变材料的弹性模量。

(3)冲击韧度与试验温度无关。

(4)材料综合性能好是指各力学性能指标都是最大的。

(5)较低表面粗糙度值会使材料的 σ_{-1} 值降低。

(6)材料的强度与塑性只要化学成分一定,就不会再变。

5. 工程上常以强度指标作为零件设计的依据,而塑性一般作为参考指标,不直接作为设计指标,这是否意味着塑性对零件设计不重要呢? 为什么?

6. 机械零件在工作条件下可能承受哪些负荷? 这些负荷会对零件产生什么影响?

第2章 金属材料的结构与结晶

【内容简介】

本章主要介绍了金属的晶体结构、纯金属的结晶及合金的结构。

【学习目标】

(1)掌握晶体的概念、纯金属的结晶及晶粒大小的控制;掌握相的概念与分类。

(2)认识三种典型晶胞,能够进行晶面指数、晶向指数的计算。

(3)了解实际金属的晶体缺陷。

不同的材料具有不同的性能,如金属材料的导电、导热性能好,陶瓷材料则是工程材料中刚度最好、硬度最高的材料。即使是同样成分的材料由于加工处理方式不同,其性能也会有差异。这说明材料的性能与其内部结构有很大关系。材料的结构是指组成材料的原子、分子或离子的聚集状态。对于金属材料,其结合键主要是金属键,金属键是由金属正离子和自由电子之间相互作用而形成的结合键。本章将扼要介绍金属材料的结构及其典型结晶过程。

2.1 金属的晶体结构

物质通常有三种聚集状态:气态、液态和固态。而按照原子(或分子)排列的特征又可将固态物质分为两大类:晶体和非晶体。

晶体中的原子在空间呈有规则的周期性重复排列;而非晶体的原子则是无规则排列的。原子排列在决定固态材料的组织和性能中起着极重要的作用。金属、陶瓷和高分子材料的一系列特性都与其原子的排列密切相关。如具有面心立方晶体结构的金属 Cu、Al 等,都有优异的延展性能,而具有密排六方晶体结构的金属,如 Zn、Cd 等则较脆;具有线型分子链的橡胶兼有弹性好、强韧和耐磨的特点,而具有三维网络分子链的热固性树脂,一旦受热固化便不能再改变形状,但具有较好的耐热和耐蚀性能,硬度也比较高。因此,研究固态物质内部结构,即原子排列和分布规律,是了解、掌握材料性能的基础,只有这样,才能从内部找到改善和发展新材料的途径。

必须指出的是,一种物质是以晶体形成还是以非晶体形式出现,还需视外部环境条件和加工制备方法而定,晶态与非晶态往往是可以互相转化的。

2.1.1 晶体学基础

晶体结构的基本特征:原子(或分子、离子)在三维空间呈周期性重复排列,即存在长程有序。因此,它与非晶体物质在性能上的区别主要有两点:①晶体熔化时具有固定的熔点,而非晶体却无固定熔点,存在一个软化温度范围;②晶体具有各向异性,而非晶体却为各向同性。

为了便于了解晶体中原子在空间的排列规律,以便更好地进行晶体结构分析,下面首先介绍有关晶体学的基础知识。

1. 空间点阵和晶胞

实际晶体中的质点(原子、分子、离子或原子团等)在三维空间可以有无限多种排列方式。为了便于分析研究晶体中质点的排列规律性,可先将实际晶体结构看成完整无缺的理想晶体,并将其中的每个质点视为刚性小球,晶体就是由这些刚性小球规则地堆积而成的,如图 2-1(a)所示。为了便于描述晶体中质点排列的规律,我们把刚性小球抽象为处于球心的点,称为阵点。由阵点形成的阵列称为空间点阵。用假想直线把这些阵点连接起来,构成的空间格架称为晶格,如图 2-1(b)所示。由于晶体是质点在三维空间有规则的周期性重复排列,因此,可以从晶格模型中取出一个具有代表性的最基本的结构单元来研究晶体结构的特征,这个能够反映晶格结构的最小几何单元就称为晶胞,如图 2-1(c)所示。

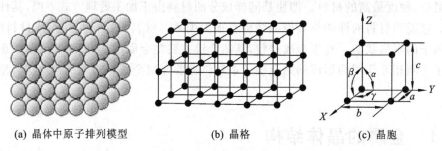

(a) 晶体中原子排列模型　　　(b) 晶格　　　(c) 晶胞

图 2-1　原子排列示意图

晶胞的大小和形状可用三条晶胞的棱边长度 a、b、c(称为点阵常数或晶格常数,单位为 nm 或 Å,$1Å = 10^{-10}$ m,主要通过 X 射线衍射分析求得)及棱间夹角 α、β、γ 6 个点阵参数来表达,如图 2-1(c)所示。根据点阵参数的不同,可以将全部空间点阵分为 7 个晶系(见表 2-1)。

表 2-1　7 种晶系晶胞参数及其示意图

晶　系	晶格常数	单位晶胞	晶体实例
立方	$a=b=c$ $\alpha=\beta=\gamma=90°$		Cu、NaCl、Fe、Al、Cr、Ag、Au

续表

晶　系	晶格常数	单位晶胞	晶体实例
四方	$a=b\neq c$ $\alpha=\beta=\gamma=90°$		β-Sn、SnO_2
菱方	$a=b=c$ $\alpha=\beta=\gamma\neq90°$		Bi、Al_2O_3、As、Sb
六方	$a=b\neq c$ $\alpha=\beta=90°,\gamma=120°$		Zn、Mg、AgI、Cd、NiAs
正交	$a\neq b\neq c$ $\alpha=\beta=\gamma=90°$		I_2、$HgCl_2$、Ga、Fe_3C
单斜	$a\neq b\neq c$ $\alpha=\gamma=90°\neq\beta$		S、$KClO_3$、$CaSO_4\cdot2H_2O$
三斜	$a\neq b\neq c$ $\alpha\neq\beta\neq\gamma\neq90°$		$CuSO_4\cdot5H_2O$、K_2CrO_7

按照"每个点阵的周围环境相同"的要求,布拉维(Bravais A.)用数学方法推导出能够反映空间点阵全部特征的单位平面六面体只有 14 种,这 14 种空间点阵也称布拉维点阵,如图 2-2 所示。

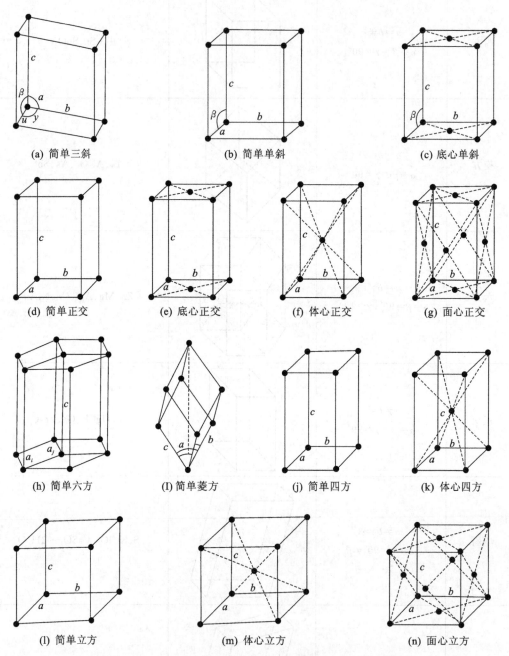

图 2-2 14 种布拉维点阵的晶胞

2. 晶向指数和晶面指数

在材料科学中讨论有关晶体的生长、变形、相变及性能等问题时,常涉及晶体中原子的位置、原子列的方向(称为晶向)和原子构成的平面(称为晶面)。为了便于确定和区别晶体中不同方位的晶向和晶面,国际上通常用米勒指数(Miller indices)来统一标定晶向指数与晶面指数。

1)晶向指数

从图 2-3 可得知,任何阵点 P 的位置可由矢量 $\boldsymbol{r}_{uvw}$ 或该点阵的坐标 (u,v,w) 来确定:

$$\boldsymbol{r}_{uvw}=\overrightarrow{OP}=ua+vb+wc \tag{2.1}$$

不同的晶向只是 u、v、w 的数值不同而已。故可用约化的 $[uvw]$ 来表示晶向指数。晶向指数的确定步骤如下。

(1)以晶胞的某一阵点 O 为原点,过原点 O 的晶轴为坐标轴 x、y、z,以晶胞点阵矢量的长度作为坐标轴的长度单位。

(2)过原点 O 作一直线 OP,使其平行于待定的晶向。

(3)在直线 OP 上选取距原点 O 最近的一个阵点 P,确定 P 点的 3 个坐标值。

(4)将这 3 个坐标值化为最小整数 u、v、w,加上方括号,$[uvw]$ 即为待定晶向的晶向指数。若坐标中某一数值为负,则在相应的指数上方加一负号,如 $[1\bar{1}0]$、$[\bar{1}00]$ 等。

图 2-4 中列举了正交晶系的一些重要晶向的晶向指数。

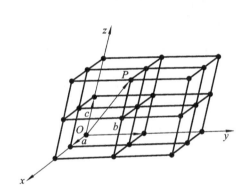

图 2-3　点阵矢量

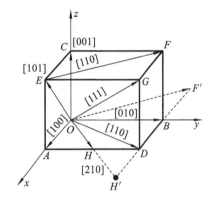

图 2-4　正交晶系一些重要晶向的晶向指数

显然,晶向指数表示了所有相互平行、方向一致的晶向。若所指的方向相反,则晶向指数的数字相同,但符号相反,如 $[110]$ 和 $[\bar{1}\bar{1}0]$ 就是两个相互平行,而方向相反的晶向。另外,晶体中因对称关系而等价的各组晶向可归并为一个晶向族,用 $<uvw>$ 表示。例如,立方晶系中的八条对角线 $[111]$、$[\bar{1}11]$、$[1\bar{1}1]$、$[11\bar{1}]$、$[\bar{1}\,\bar{1}\,1]$、$[1\,\bar{1}\,\bar{1}]$、$[\bar{1}1\bar{1}]$、$[\bar{1}\,\bar{1}\,\bar{1}]$ 就可用符号 $<111>$ 表示。

2)晶面指数

晶面指数标定步骤如下。

(1)在点阵设定参考坐标系,设置方法与确定晶向指数时相同,但不能将坐标原点选在待确定指数的晶面上,以免出现零截距。

(2)求得待定晶面在三个晶轴上的截距,若该晶面与某轴平行,则在此轴上的截距为 ∞;若该晶面与某轴负方向相截,则在此轴上的截距为一负值。

(3)取各截距的倒数。

(4)将三个倒数化为互质的整数比,并加上圆括号,即表示该晶面的指数,记为 (hkl)。

图 2-5 中待标定的晶面 $a_1b_1c_1$ 相应的截距为 $\frac{1}{2}$、$\frac{1}{3}$、$\frac{2}{3}$，其倒数分别为 2、3、$\frac{3}{2}$，化为简单整数为 4、6、3，故晶面 $a_1b_1c_1$ 的晶面指数为 (463)。如果所求晶面在晶轴上的截距为负数，则在相应的指数上方加一负号，如 $(\bar{1}10)$、$(11\bar{2})$ 等。图 2-6 所示为正交点阵中一些晶面的晶面指数。

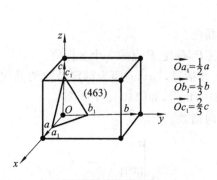

图 2-5 晶面指数的表示方法

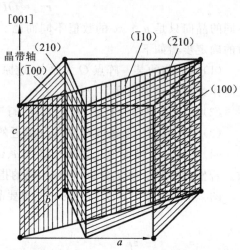

图 2-6 正交点阵中一些晶面的晶面指数

同样，晶面指数所代表的不仅是某一晶面，而是代表着一组相互平行的晶面。另外，在晶体内凡晶面间距和晶面上原子的分布完全相同，只是空间位向不同的晶面可以归并为同一晶面族，以 $\{hkl\}$ 表示，它代表由对称性相联系的若干组等效晶面的总和。

此外，在立方晶系中，具有相同指数的晶向和晶面必定是互相垂直的。例如，$[110]$ 垂直于 (110)，$[111]$ 垂直于 (111)，等等。

2.1.2 典型的金属晶体结构

元素周期表中的所有元素的晶体结构几乎都已用实验方法测出。最常见的金属晶体结构有面心立方结构 A_1 或 fcc、体心立方结构 A_2 或 bcc 和密排六方 A_3 或 hcp 三种。若将金属原子看作刚性小球，这三种晶体结构的晶胞和晶体学特点分别如图 2-7、图 2-8、图 2-9 所示和表 2-2 所列。下面就其原子的排列方式，晶胞内原子数、点阵常数、原子半径、配位数、致密度等几个方面来作进一步分析。

(a) 刚球模型

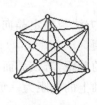

(b) 质点模型

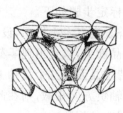

(c) 单位晶胞原子数

图 2-7 面心立方结构

(a) 刚球模型　　　　　　　(b) 质点模型　　　　　　　(c) 单位晶胞原子数

图 2-8　体心立方结构

  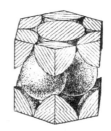

(a) 刚球模型　　　　　　　(b) 质点模型　　　　　　　(c) 单位晶胞原子数

图 2-9　密排六方结构

表 2-2　三种典型金属结构的晶体学特点

结 构 特 征	晶体结构类型		
	面心立方(A_1)	体心立方(A_2)	密排六方(A_3)
点阵常数	a	a	a
原子半径(R)	$\dfrac{\sqrt{2}}{4}a$	$\dfrac{\sqrt{3}}{4}a$	$\dfrac{a}{2}(\dfrac{1}{2}\sqrt{\dfrac{a^2}{3}+\dfrac{c^2}{4}})$
晶胞内原子数(n)	4	2	6
配位数(CN)	12	8	12
致密度(K)	0.74	0.68	0.74

1. 晶胞内原子数

由于晶体具有严格对称性,故晶体可看成由许多晶胞堆砌而成。从图 2-7、图 2-8、图2-9 可以看出晶胞中顶角处为几个晶胞所共有,而位于晶面上的原子也同时属于两个相邻的晶胞,只有在晶胞体积内的原子才单独为一个晶胞所有。故三种典型金属晶体结构中每个晶胞所占的原子数 n 为:

$$面心立方结构\ n = 8 \times \frac{1}{8} + 6 \times \frac{1}{6} = 4$$

$$体心立方结构\ n = 8 \times \frac{1}{8} + 1 = 2$$

$$密排六方结构\ n = 12 \times \frac{1}{6} + 2 \times \frac{1}{2} + 3 = 6$$

2. 点阵常数与原子半径

晶胞的大小一般由晶胞的棱边长度(a,b,c)即点阵常数(或称晶格常数)来衡量,它是表征晶体结构的一个重要基本参数。点阵常数主要通过 X 射线衍射分析求得。不同金属可以有相同的点阵类型,但各个元素由于电子结构及其所决定的原子间结合情况不同,因而具有各不相同的点阵常数,且随温度不同而变化。

如果把金属原子看作刚性小球,并设计半径为 R,则根据几何关系不难求出三种典型金属晶体结构的点阵常数与 R 之间的关系:

面心立方结构:点阵常数为 a,且 $\sqrt{2}a = 4R$;

体心立方结构:点阵常数为 a,且 $\sqrt{3}a = 4R$;

密排六方结构:点阵常数由 a 和 c 表示。在理想情况下,即把原子看作等径的刚性小球,可算得 $c/a = 1.633$,此时 $a = 2R$;但实际测得的轴比常偏离此值,即 $c/a \neq 1.633$,这时,$(a^2/3 + c^2/4)^{\frac{1}{2}} = 2R$。

表 2-3 列出了常见金属的点阵常数和原子半径。

表 2-3 常见金属的点阵常数和原子半径

金属	点阵类型	点阵常数/nm (室温)	原子半径 (CN=12)/nm	金属	点阵类型	点阵常数/nm (室温)	原子半径 (CN=12)/nm
Al	A₁	0.40496	0.1434	Cr	A₂	0.28846	0.1249
Cu	A₁	0.36147	0.1278	V	A₂	0.30282	0.1311 (30 ℃)
Ni	A₁	0.35236	0.1246	Mo	A₂	0.31468	0.1363
γ-Fe	A₁	0.36468 (916 ℃)	0.1288	α-Fe	A₂	0.28664	0.1241
β-Co	A₁	0.3544	0.1253	β-Ti	A₂	0.32998 (900 ℃)	0.1429 (900 ℃)
Au	A₁	0.40788	0.1442	Nb	A₂	0.33007	0.1429
Ag	A₁	0.40857	0.1444	W	A₂	0.31650	0.1371
Rh	A₁	0.38044	0.1345	β-Zr	A₂	0.36090 (862 ℃)	0.1562 (862 ℃)
Pt	A₁	0.39239	0.1388	Cs	A₂	0.614 (−10 ℃)	0.266 (−10 ℃)
Ta	A₂	0.33026	0.1430	α-Co	A₃	0.2502 1.625 0.4061	0.1253
Be	A₃	0.22856 1.5677 0.35832	0.1113	α-Zr	A₃	0.32312 1.5931 0.51477	0.1585

续表

金属	点阵类型	点阵常数/nm（室温）	原子半径（$CN=12$）/nm	金属	点阵类型	点阵常数/nm（室温）	原子半径（$CN=12$）/nm
Mg	A_3	0.32094 1.6235 0.52105	0.1598	Ru	A_3	0.27038 1.5835 0.42816	0.1325
Zn	A_3	0.26649 1.8563 0.49468	0.1332	Re	A_3	0.27609 1.6148 0.44583	0.1370
Cd	A_3	0.29788 1.8858 0.56167	0.1489	Os	A_3	0.2733 1.5803 0.4319	0.1338
α-Ti	A_3	0.29506 1.5857 0.46788	0.1445				

3. 配位数与致密度

晶体中原子排列的紧密程度与晶体结构类型有关,通常以配位数和致密度两个参数来描述晶体中原子排列的紧密程度。

所谓配位数(CN)是指晶体结构中任一原子周围最近邻且等距离的原子数,如图 2-10 所示;而致密度是指晶体结构中原子体积占总体积的百分数。如以一个晶胞来计算,则致密度就是晶胞中原子体积与晶胞体积的比值,即:

$$K = \frac{nv}{V}$$

式中:K 为致密度;

n 为晶胞原子数;

v 为一个原子的体积;

V 为晶胞体积。

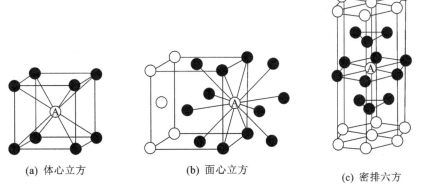

(a) 体心立方　　　　(b) 面心立方　　　　(c) 密排六方

图 2-10　典型金属晶体的配位数示意图

这里将金属原子视为刚性等径球,故 $v = 4\pi R^3/3$。

三种典型金属晶体结构的配位数和致密度如表 2-4 所列。

表 2-4　三种典型金属晶体结构的配位数和致密度

晶体结构类型	配位数(CN)	致密度(K)
A_1	12	0.74
A_2	8(2+6)	0.68
A_3	12(6+6)	0.74

2.1.3　实际金属的晶体缺陷

在实际晶体中,由于原子(或离子、分子)的热运动,以及晶体的形成条件、冷热加工过程和其他辐射、杂质等因素的影响,实际晶体中原子的排列不可能那样规则、完整,常存在各种偏离理想结构的情况,即晶体缺陷。晶体缺陷对晶体的性能,特别是对那些结构敏感的性能,如屈服强度、断裂强度、塑性、电阻率、磁导率等都有很大的影响。另外,晶体缺陷还与扩散、相变、塑性变形、再结晶、氧化、烧结等有着密切关系。因此,研究晶体缺陷具有重要的理论与实际意义。

根据晶体缺陷的几何特征,可以将它们分为点缺陷、线缺陷和面缺陷三类。

1. 点缺陷

点缺陷是最简单的晶体缺陷,它是在结点上或邻近的微观区域内偏离晶体结构的正常排列的一种缺陷。晶体点缺陷包括空位、间隙原子、置换原子等。

在晶体中,位于点阵结点上的原子并不是静止的,而是以其平衡位置为中心做热振动。当某一原子具有足够大的振动能而使振幅增大到一定限度时,就可能克服周围原子对它的制约作用,跳离其原来的位置,使点阵中形成空结点,称为空位。离开平衡位置的原子有三个去处:一是迁移到晶体表面或内表面的正常结点位置上,使晶体内部留下空位;二是挤入点阵的间隙位置,在晶体中同时形成数目相等的空位和间隙原子;三是跑到其他空位中,使空位消失或使空位移位。另外,当存在其他类型原子时,会出现如图 2-11 所示的置换原子。

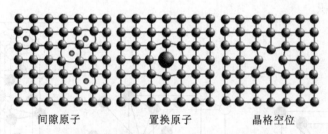

间隙原子　　　　置换原子　　　　晶格空位

图 2-11　间隙原子、置换原子和空位示意图

晶体中的原子正是由于空位和间隙原子不断地产生与复合才不停地由一处向另一处作无规则的布朗运动,这就是固态相变、表面化学热处理、烧结等物理、化学过程的基础。

由于点缺陷的存在也导致晶体性能产生一定的变化。例如,使金属的电阻增加,体积膨胀,密度减小,使离子晶体的导电性得到改善。另外,过饱和点缺陷还可以提高金属的屈服强度。

2. 线缺陷

晶体的线缺陷表现为各种类型的位错。位错是晶体原子排列的一种特殊组态。从位错的几何结构来看,可将它们分为两种基本类型,即刃型位错和螺型位错。

1) 刃型位错

刃型位错的晶体结构如图 2-12 所示,设含位错的晶体为简单立方晶体,在其晶面 AB-CD 上半部存在多余的半排原子面 EFGH,这个半原子面中断于 ABCD 面上的 EF 处,它好像一把刀刃插入晶体中,使 ABCD 面上下两部分晶体之间产生了原子错排,故称"刃型位错",多余的半原子面与滑移面的交线 EF 就称作刃型位错线。

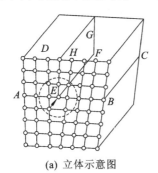
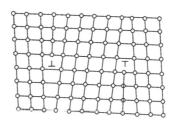

(a) 立体示意图 (b) 垂直于位错线的原子平面

图 2-12 含有刃型位错的晶体结构

刃型位错有一个额外的半原子面。一般把多出的半原子面在滑移面上边的称为正刃型位错,记为"⊥";而把多出在下边的称为负刃型位错,记为"⊤"。

2) 螺型位错

螺型位错是另一种基本类型的位错,它的结构特点可以用图 2-13 来加以说明。设立方晶体右侧受到切应力的作用,其左右两部分沿晶体面 ABCD 发生了错动,出现了一个有几个原子间距宽的、原子位置不相吻合的过渡区,这里原子的正常排列遭到破坏。如果以位错线 BC 为轴线,按逆时针方向依次连接此过渡区的各原子,则其走向与一个左螺旋线的前进方向一样。这就是说,位错线附近的原子是按螺旋形排列的,所以把这种位错称为螺型位错。

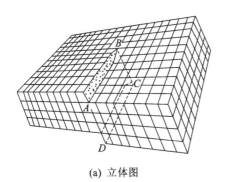
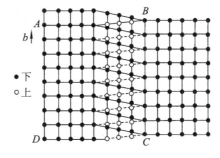

(a) 立体图 (b) 沿 ABCD 面上下两面上原子的相对位置

图 2-13 含有螺型位错的晶体结构

螺型位错无额外半原子面,原子错排是呈轴对称的。根据位错线附近呈螺旋形排列的

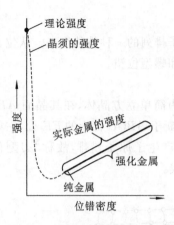

图 2-14　强度与位错密度的关系

原子的旋转方向不同,螺型位错可分为右旋螺型位错和左旋螺型位错。

金属的塑性变形主要由位错运动引起,因此阻碍位错运动是强化金属的主要途径。从图 2-14 可以看出,减少或增加位错密度都可以提高金属的强度。

3. 面缺陷

严格来说,界面包括外表面和内界面。表面是指固体材料与气体或者液体的分界面,它与摩擦、磨损、氧化、腐蚀、偏析、吸附现象,以及光学、微电子学等均密切相关;而内界面可分为晶粒边界和晶内的亚晶界、孪晶界、层错及相界面等。

界面通常包含几个原子层厚的区域,该区域内的原子排列甚至化学成分往往不同于晶体内部,又因它系二维结构分布,故也称为晶体的面缺陷。界面的存在对晶体的物理、化学和力学性能产生了重要的影响。

1)外表面

在晶体表面上,原子排列情况与晶内不同。这里,每个原子只是部分地被其他原子保卫着,它的相邻原子数比晶体内部少。另外,成分偏析和表面吸附作用往往导致表面成分与体内不一。这些均将导致表面层原子间结合键与晶体内部并不相等。故表面原子就会偏离其正常的平衡位置,并影响到邻近的几层原子,造成表层的点阵畸变。

2)晶界与亚晶界

多数晶体物质由许多晶粒所组成,属于同一固相但位向不同的晶粒之间的界面称为晶界,它是一种内界面;而每个晶粒有时又由若干个位向稍有差异的亚晶粒所组成,相邻亚晶粒间的界面称为亚晶界,如图 2-15 所示。在显微镜下观察到的 Au-Ni 合金的亚晶界如图 2-16 所示。

根据相邻晶粒之间位向差的大小不同可将晶界分为两类:①小角度晶界——相邻晶粒的位向差小于 10° 的晶界,亚晶界均属小角度晶界,相邻晶粒的位向差一般小于 2°;②大角度晶界——相邻晶粒的位向差大于 10° 晶界,多晶体中的晶界大多属于此类。

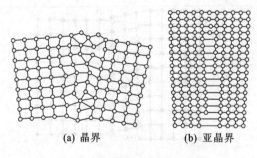

(a) 晶界　　　　(b) 亚晶界

图 2-15　晶界及亚晶界示意图

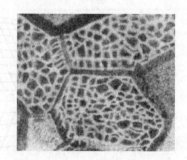

图 2-16　Au-Ni 合金的亚晶界

晶界具有以下一些特点。

(1)晶界处原子排列不规则,因此在常温下晶界的存在会对位错的运动起阻碍作用,致使塑性变形抗力变大,宏观表现为晶界较晶内具有较高的强度和硬度。晶粒越细,材料的强度越高,这就是细晶强化。

(2)在固态相变过程中,由于晶界能量较高且原子动能较大,所以新相易于在晶界处优先形核。显然,原始晶粒越细,晶界越多,则新相形核率也相应较高。

(3)晶界处原子偏离平衡位置,具有较高的动能,并且晶界处存在较多的缺陷,如空位、杂质原子和位错等,故晶界处原子的扩散速度比在晶内快得多。在固态相变过程中,由于晶界能量较高且原子动能较大,所以新相易于在晶界处优先形核。

(4)晶界处点阵畸变大,存在较高的晶界能量,原子处于不稳定状态,以及晶界富集杂质原子的缘故,与晶内相比,晶界的腐蚀速度一般较快。这就是用腐蚀剂显示晶相样品组织的依据,也是某些金属材料在使用中发生晶间腐蚀破坏的原因。

(5)由于成分偏析和内吸附现象,特别是在晶界富含杂质原子的情况下,往往晶界的熔点较低,故在加热过程中,因温度过高将引起晶界熔化和氧化,导致"过烧"现象产生。

3)相界

具有不同结构的两相之间的分界面称为相界。按结构特点,相界面可分为共格相界、半共格相界和非共格相界三种类型,如图 2-17 所示。

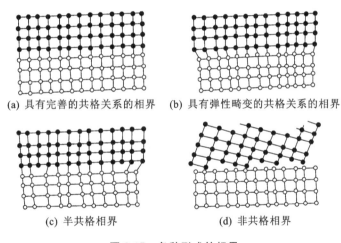

(a) 具有完善的共格关系的相界　　(b) 具有弹性畸变的共格关系的相界

(c) 半共格相界　　　　　　　(d) 非共格相界

图 2-17　各种形式的相界

2.2　纯金属的结晶

众所周知,对大多数金属、半导体材料和玻璃制品而言,在其制备过程中均要经过熔化和凝固过程,即先将其加热到液态,然后根据人们预先设计的形状、尺寸以及组织形态,冷却凝固后形成所需的铸件或制品。因此,凝固是材料加工成形过程中一个相当重要的环节。通常,材料从液态到固态的转变过程称为凝固,而结晶是指物质从液态转变为具有晶体结构固相的过程。结晶过程是一个通过形核和长大而形成的相变过程。金属和半导体材料在凝固后一般均为晶体。

材料从液态冷却得到的凝固组织包括各种相的晶粒大小、形状和成分分布等,与凝固过程的参数,如形核率、长大速度等有着密切的关系。因此,控制凝固过程,形成合理的凝固组织,对提高材料的性能,发挥材料潜力,保证铸锭或铸件质量有重要的实际意义。

研究纯金属的结晶过程通常采用热分析法,即将纯金属加热熔化成液体,然后缓慢冷却,记录温度随时间变化的曲线(称为冷却曲线),如图 2-18 所示。分析冷却曲线可知,冷却到理论结晶温度 T_0 时,液态金属并不会立即结晶,只有冷却到低于 T_0 的某一温度 T_n 时才开始结晶。由于结晶放出大量潜热补偿了散失的热量,在冷却曲线上出现一个温度平台。结晶完成后,由于没有潜热释放,温度又继续下降。

理论结晶温度 T_0 与实际结晶温度 T_n 之间的温度差称为过冷度,计作 $\Delta T = T_0 - T_n$,其大小除与金属的性质和纯度有关外,主要取决于冷却速度,一般冷却速度越大,实际结晶温度越低,过冷度越大。

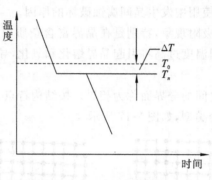

图 2-18 纯金属的冷却曲线

2.2.1 纯金属结晶的过程

材料的凝固结晶均通过形核和长大两个过程进行,即固相核心的形成和晶核长大,直至液相最终耗尽为止,如图 2-19 所示。

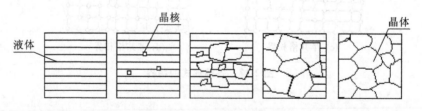

图 2-19 纯金属的结晶过程

1. 形核

形核方式可以分为以下两类。

(1)均匀形核:在母相中依靠自身的结构变化均匀自发地形核,即在液相中各个区域出现新相晶核的概率都是相同的,是无择优位置的形核。

(2)非均匀形核:新相优先在母相中存在的异质处形核,即在液相中的杂质或外来表面上形核。

通常,实际熔液中总不可避免地存在杂质和外来表面(如铸模内壁),故其主要凝固方式为非均匀形核。

2. 晶核长大

从冷却液相中形核后,晶核便在液、固相自由能差的驱动下开始长大。长大的实质是液相中的原子向晶核表面迁移,即可理解为液-固相界面向液相中推移的过程。晶核的长大有以下两种方式。

(1)平面长大:当冷却速度较慢时,金属晶体以其表面向前平行推移的方式长大。晶体长大时,不同晶面的垂直方向上的长大速度不同。沿密排面的垂直方向的长大速度极慢,而非密排面的垂直方向上的长大速度较快。

(2)树枝状长大:当冷却速度较快时,晶体的棱角和棱边的散热条件比晶面上的优越,因而长大较快,成为伸入到液体中的晶枝。优先形成的晶枝称为一次晶轴,在一次晶轴增长和变粗的同时,在其侧面生出新的晶枝,即二次晶轴,其后又生成三次晶轴、四次晶轴……得到具有树枝状的晶体,简称枝晶,如图 2-20 和 2-21 所示。实际金属结晶时,晶体多以树枝状长大方式进行。

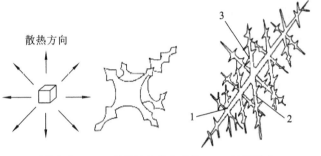

图 2-20　枝晶生长示意图

(a) 晶核初期　(b) 晶核棱角优先成长　(c) 枝晶形成

1——一次晶轴;2——二次晶轴;3——三次晶轴

图 2-21　树枝状晶体形貌

2.2.2　金属晶粒的大小及控制

结晶后铸态组织,如晶粒形状、大小、取向以及夹杂、气孔等缺陷,受结晶条件等诸多因素的控制。其中,晶粒大小通常以单位体积(或面积)中晶粒的平均数目或晶粒的平均直径表示,对材料的性能有重要的影响。例如金属材料,其强度、硬度、塑性和韧性都随着晶粒细化而提高。因此,应用凝固理论控制结晶后的晶粒大小对提高和改善材料的性能具有重要的实际意义。冶标 YB27 中对结构钢晶粒度规定了八个级,见表 2-5。其他金属也有各自的晶粒度标准。在实际生产中,一般将 1~5 级的晶粒视为粗晶,6~8 级的视为细晶。

表 2-5　晶粒度表

晶　粒　度	1	2	3	4	5	6	7	8
单位面积晶粒数/ (个/mm^2)	16	32	64	128	256	512	1024	2048
晶粒平均直径/μm	250	177	125	88	62	44	31	22

这里以细化金属铸件的晶粒为目的,可采取以下几个途径。

1. 增加过冷度

金属结晶时的形核率 N 及长大速度 G 与过冷度密切相关,如图 2-22 所示。形核率 N

越大,晶粒越细;晶粒长大速度 G 越大,晶粒越粗。同一材料的 N 和 G 都取决于过冷度,增加过冷度,N 迅速增大,且比 G 增大的速度更快。因此,在一般凝固条件下,增加过冷度可使凝固后的晶粒细化。

增大过冷度的主要办法是提高液态金属的冷却速度,可采用冷却能力较强的模子。例如,采用金属型铸模比采用砂型铸模获得的铸件晶粒要细小。

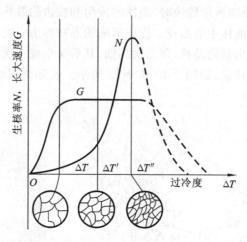

图 2-22　形核率、长大速度与过冷度的关系

2. 变质处理

由于实际生产中的凝固均为非均匀形核,为了提高形核率,通常在溶液凝固之前加入能作为非均匀形核基底的人工形核剂,也称孕育剂或变质剂。例如在钢水中加入钛、钒、铝等可使晶粒细化。图 2-23 所示为 AZ31 镁合金孕育处理前后的铸态组织。

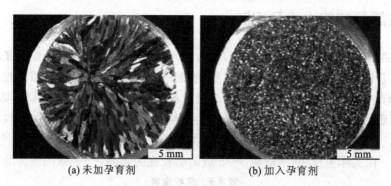

(a) 未加孕育剂　　　　　　　　　(b) 加入孕育剂

图 2-23　AZ31 镁合金铸态组织

3. 振动与搅拌

实践证明,对金属熔液凝固时施加振动或搅拌作用可获得细小的晶粒。振动方式可采用机械振动、电磁振动或超声振动等,都可获得细化晶粒的效果。因为一方面靠这种外部输入能量的方法可促使形核;另一方面振动使枝晶破碎,而这些碎片又可作为结晶核心,提高形核率。

2.2.3　铸锭宏观组织与缺陷

1. 铸锭(件)的宏观组织

铸锭的典型宏观组织如图 2-24 所示。它由表层细晶区、柱状晶区和中心等轴晶区三个部分所组成。至于这三个区域的相对比例大小，取决于加热与冷却条件、合金成分、变质剂等因素，可能有时观察到的只有其中两个甚至一个晶区，如经变质处理的铝合金中可能全部为等轴晶区。下面来讨论铸锭的典型宏观组织。

1）表层细晶区

表层细晶区是与型壁接触的很薄的一层熔液在强过冷条件下结晶而形成的。当液体注入锭模中时，瞬间过冷，而且型壁可作为非均匀形核的基底，因此，立刻形成大量的晶核，这些晶核迅速长大至互相接触，形成由细小的、方向杂乱的等轴晶粒组成的表层细晶区。

2）柱状晶区

表层细晶区的形成改变了铸锭内的温度场分布，型壁被熔液加热而不断升温，散热减慢，使剩余熔液的冷却速度降低，并且由于结晶潜热的释放，细晶区前沿液体产生了负的温度梯度。由于沿垂直于

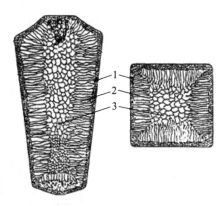

图 2-24　金属的铸锭组织示意图
1—表层细晶区；2—柱状晶区；3—中心等轴晶区

型壁方向散热最快，细晶区中那些主轴与型壁垂直的树枝晶将优先向液体中生长，而其他取向的晶粒，由于受邻近晶粒的限制而不能发展，因此，就形成大致与型壁垂直的、粗大的柱状晶区。各柱状晶的生长方向是相同的，例如，立方晶系的各柱状晶的长轴方向为<110>方向，这种晶体学位向一致的铸态组织，称为"铸造织构"或"结晶织构"。

3）中心等轴晶区

柱状晶生长到一定程度，由于前沿液体远离型壁，散热困难，冷却变慢，而且熔液中的温差随之减小，这将阻止柱状晶的快速生长，当整个熔液温度降至熔点以下时，熔液中出现许多晶核并沿各个方向长大，就形成了中心等轴晶区。

应强调的是，铸锭(件)的宏观组织与浇注条件有密切关系，浇注条件的变化可改变三个晶区的相对厚度和晶粒大小，甚至可使某个晶区不再出现。通常快的冷却速度、高的浇注温度和定向散热有利于柱状晶的形成；如果金属纯度较高、铸锭(件)截面较小，柱状晶快速成长，有可能形成穿晶。相反，慢的冷却速度、低的浇注温度、加入有效形核剂或搅动等均有利于形成中心等轴晶。

柱状晶的优点是组织致密，而且柱状晶的"铸造织构"也可被利用，例如，磁感应是各向异性的，沿立方晶系的<001>方向较高。这可用定向凝固方法使磁性材料所有晶粒均沿<001>方向排列，并与柱状晶长轴平行。"铸造织构"还可被用来提高合金的力学性能。燃气轮机叶片如采用定向凝固得到的全部是柱状晶组织，晶界和外力作用方向平行，这可以有效地组织高温下晶界的滑动，因而使其高温强度明显提高。柱状晶的缺点是相互平行的柱

状晶接触面,尤其是相邻垂直的柱状晶区交界较为脆弱,并常聚集低熔点杂质和非金属夹杂物,所以铸锭热加工时极易沿这些脆弱面开裂,或者铸件在使用时也易在这些地方断裂。等轴晶无择优取向,没有脆弱的分界面,同时取向不同的晶粒彼此咬合,裂纹不易扩展,故获得细小的等轴晶可提高铸件的性能。但等轴晶组织的致密度不如柱状晶。表层细晶区对铸件性能的影响不大,由于其很薄,通常可在机加工时被切削掉。

2. 铸锭(件)的缺陷

1)缩孔

熔液浇入锭模后,与型壁接触的液体优先凝固,中心部分的液体则后凝固。多数金属在凝固时发生体积收缩,使铸锭(件)内形成收缩空洞,或称缩孔。

缩孔可分为集中缩孔和分散缩孔两类,分散缩孔又称疏松。集中缩孔有多种不同形式,如缩管、缩穴、单向收缩等,而疏松也有一般疏松和中心疏松等,如图 2-25 所示。

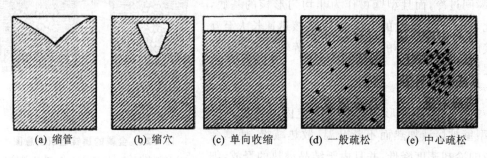

| (a) 缩管 | (b) 缩穴 | (c) 单向收缩 | (d) 一般疏松 | (e) 中心疏松 |

图 2-25　几种缩孔形式

2)偏析

偏析是指化学成分的不均匀性。合金铸件在不同程度上均存在偏析,这是由合金结晶的特点所决定的。正常凝固下,一个合金试棒从一端以平直界面进行定向凝固时,沿试棒的长度方向会产生显著的偏析,先结晶部分溶质含量少,后结晶部分溶质含量多。但是,合金铸件的液-固界面前沿的液体中通常存在成分过冷,界面大多为树枝状,这会改变偏析的形式。当树枝状的界面向液相延伸时,溶质将沿纵向和侧向析出,纵向的溶质疏松会引起平行枝晶轴方向的宏观偏析,而横向的溶质疏松引起垂直于直径方向的显微偏析。

宏观偏析经浸蚀后是由肉眼或低倍放大可见的偏析,而显微偏析是在显微镜下才能检测到的偏析。常见的显微偏析有枝晶偏析和晶界偏析。

(1)枝晶偏析。如前所述,枝晶偏析是由非平衡凝固造成的,这使先凝固的枝干和后凝固的枝干间的成分不均匀。合金通常以树枝状生长,一棵树枝晶就形成一颗晶粒,因此枝晶偏析在一个晶粒范围内,故也称晶内偏析。

(2)晶界偏析。晶界偏析是由于溶质原子富集在最后凝固的晶界部分而造成的。合金凝固时使液相富含溶质组元,当相邻晶粒长大至互相接壤时,把富含溶质的液体集中在晶粒之间,凝固成为具有溶质偏析的晶界。晶界偏析往往容易引起晶界断裂,因此一般要求设法减小晶界偏析的程度。除控制溶质含量外,还可以加入适当的第三种元素来减小晶界偏析的程度。如在铁中加入碳来减弱氧和硫的晶界偏析,加入钼来减弱磷的晶界偏析。

2.3　合金相结构

虽然纯金属在工业中有着重要的用途,但由于其强度低等原因,因此,工业上广泛使用的金属材料绝大多数是合金。

2.3.1　合金、相及组织的概念

所谓合金,是指有两种或两种以上的金属或金属与非金属经熔炼、烧结或其他方法组合而成并具有金属特性的物质。组成合金的最基本的、独立的物质称为组元。组元可以是金属和非金属元素,也可以是化合物。例如:应用最普遍的碳钢和铸铁就是主要由铁和碳所组成的合金;黄铜则为铜和锌的合金。

改变和提高金属材料的性能,合金化是最主要的途径。要知道合金元素加入后是如何起到改变和提高金属性能的作用的,首先必须知道合金元素加入后的存在状态,即可能形成的合金相及其组成的各种不同的组织形态。而所谓相,是指合金中具有同一聚集状态、同一晶体结构和性质并以界面相互隔开的均匀组成部分。由一种相组成的合金称为单相合金,而由几种不同的相组成的合金称为多相合金。

在显微镜下观察到的金属中各相或各晶粒的形态、数量、大小和分布的组合称为显微组织。材料的组织可以由单相组成,也可以由多相组成,组织是决定材料性能的一个重要因素。

2.3.2　固态合金的相结构

尽管合金中的组成相多种多样,但根据合金组成元素及其原子相互作用的不同,固态下所形成的合金相基本可分为固溶体和金属间化合物(也称中间相)两大类。

1. 固溶体

固溶体晶体结构的最大特点是保持着原溶剂的晶体结构。

根据溶质原子在溶剂点阵中所处的位置,可将固溶体分为置换固溶体和间隙固溶体两类,如图 2-26 所示。

1)置换固溶体

当溶质原子溶入溶剂中形成固溶体时,溶质原子占据溶剂点阵的阵点,或者说溶质原子置换了溶剂点阵的部分溶剂原子,这种固溶体就称为置换固溶体。如图 2-26(a)所示,当溶质原子在溶剂点阵中呈规则置换时,形成的固溶体为有序固溶体,否则,则为无序固溶体,如图 2-26(b)所示。

金属元素彼此之间一般都能形成置换固溶体,但溶解度视不同元素而异,有些能无限溶解,有的只能有限溶解。影响溶解度的因素很多,主要取决于以下两个因素。

(1)晶体结构。晶体结构相同是组元间形成无限固溶体的必要条件。只有当组元 A 和 B 的结构类型相同时,B 原子才有可能连续不断地置换 A 原子。显然,如果两组元的晶体结构类型不同,组元间的溶解度只能是有限的。形成有限固溶体时,若溶质与溶剂元素的结构

类型相同,则溶解度通常也较不同结构时大。

(2)原子尺寸因素。大量实验表明,在其他条件相近的情况下,原子半径差 $\Delta r < 15\%$ 时,有利于形成溶解度较大的固溶体,而当 $\Delta r \geqslant 15\%$ 时,Δr 越大,则溶解度越小。

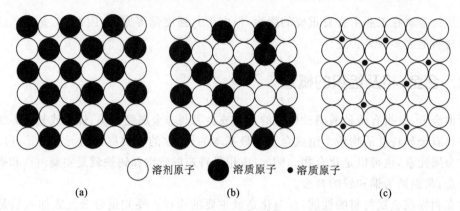

$\bigcirc$ 溶剂原子　$\bullet$ 溶质原子　$\cdot$ 溶质原子

(a)　　　　　　　　(b)　　　　　　　　(c)

图 2-26　置换固溶体、间隙固溶体示意图

2)间隙固溶体

溶质原子分布于溶剂晶格间隙而形成的固溶体称为间隙固溶体,如图 2-26(c)所示。

当溶质与溶剂的原子半径差大于 30% 时,不易形成置换固溶体;而且当溶质半径很小,致使 $\Delta r > 41\%$ 时,溶质原子就可能进入溶剂晶格间隙中而形成间隙固溶体。形成间隙固溶体的溶质原子半径通常是原子半径小于 0.1 nm 的一些非金属元素,如 H、B、C、N、O 等。

间隙固溶体中,由于溶质原子一般都比晶格间隙的尺寸大,所以当它们溶入后,都会引起溶剂点阵畸变。因此,间隙固溶体都是有限固溶体,而且溶解度很小。

3)固溶体的性质

和纯金属相比,溶质原子的溶入导致固溶体的点阵常数、力学性能、物理和化学性能产生了不同程度的变化。

(1)点阵常数改变。形成固溶体时,虽然仍保持着溶剂的晶体结构,但由于溶质和溶剂的原子大小不同,总会引起点阵畸变并导致点阵常数发生变化。对置换固溶体而言,当原子半径 $r_B > r_A$ 时,溶质原子周围点阵膨胀,平均点阵常数增大;当 $r_B < r_A$ 时,溶质原子周围点阵收缩,平均点阵常数减小。对间隙固溶体而言,点阵常数随着溶质原子的溶入是不断增大的,这种影响往往比置换固溶体大得多,如图 2-27 所示。

(2)产生固溶强化。和纯金属相比,固溶体一个最明显的变化是溶质原子的溶入使固溶体的强度和硬度升高了,这种现象称为固溶强化。

(3)物理和化学性能的变化。固溶体合金随着固溶度的增加,点阵畸变增大,一般固溶体的电阻率升高,磁导率提高,耐蚀性提高。

2. 金属间化合物

两组元 A 和 B 组成合金时,除了可以形成以 A 为基或以 B 为基的固溶体外,还可能形成晶体结构与 A、B 两组元均不同的新相,称为金属间化合物。大多数金属间化合物都具有金属性。由于金属间化合物中各组元间的结合含有金属的结合方式,所以它们组成的化学分子式并不一定符合化合价规律,如 $CuZn$、FeC_3 等。金属间化合物可分为正常价化合物、电子化合物和间隙化合物。

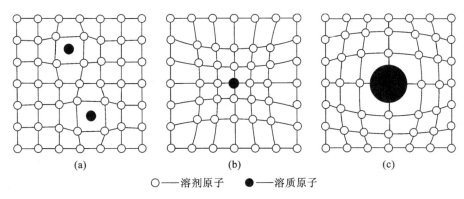

○——溶剂原子　●——溶质原子

图 2-27　固溶体中的晶格畸变

1）正常价化合物

严格遵守化合价规律的化合物称为正常价化合物。这类化合物是由元素周期表上相距远而电负性相差较大的两元素组成的，可用确定的化学式来表示（一般有 MX、MX_2、M_2X、M_3X_2 等形式）。化合物的晶格形式与其形成元素完全不同，各类原子在晶格中都呈有序排列。这类化合物的共同特点是硬度较高，脆性很大。这类化合物有 Mg_2Sn、ZnS、CaF_2 等。

2）电子化合物

不遵守一般化合价规律但符合一定电子浓度（价电子数与原子数的比值）规律的化合物称为电子化合物，多由ⅠB 族或过渡族元素与ⅡB、ⅢA、ⅣA、ⅤA 族元素所组成。凡具有相同电子浓度的相的晶体结构相同。电子化合物主要以金属键结合，有明显的金属特性，可以导电，是硬而脆的相，在许多有色金属中为重要的强化相。

3）间隙化合物

间隙化合物是由过渡族金属（Fe、Cr、Mn、Mo、W、V 等）同原子直径较小的非金属元素（C、N、H、B 等）形成的化合物。

（1）间隙相：当非金属元素原子半径与金属元素原子半径之比小于 0.59 时形成的具有简单晶格的间隙化合物，如 TiC、WC、VC、Mo_2N、Fe_4N（其晶体结构如图 2-28 所示）等。表 2-6 所示为常见的间隙相及其晶格类型。这类化合物的共同特点是有金属特性、熔点极高、硬度极高，而且十分稳定。间隙化合物的合理存在，可有效地提高钢的强度、热强性、红硬性及耐磨性，是高速钢和硬质合金中的重要组成相。

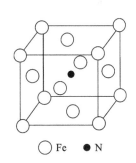

○ Fe　● N

图 2-28　Fe_4N 的晶体结构

表 2-6　常见的间隙相及其晶格类型

分 子 式	间 隙 相 举 例	金属原子排列类型
M_1X	Fe_4N、Mn_4N	面心立方
M_2X	Ti_2H、Zr_2H、Fe_2N、Cr_2N、V_2N、W_2C、Mo_2C、V_2C	密排六方
MX	TiH、ZrH、ZrN、VN、TiN、CrN、TaC、TiC、ZrC、VC	面心立方
	TaH、NbH	体心立方
	WC、MoN	简单六方
MX_2	TiH_2、ThH_2、ZnH_2	面心立方

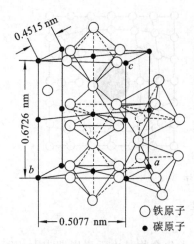

图 2-29 Fe₃C 的晶体结构

○ 铁原子
● 碳原子

0.4515 nm
0.6726 nm
0.5077 nm

（2）复杂晶格的间隙化合物：当非金属元素原子半径与金属元素原子半径之比大于 0.59 时形成的具有复杂晶格的间隙化合物。这类化合物也具有较高的熔点和硬度，但比间隙相稍低，而稳定性方面也稍差。这类化合物在钢中也起强化相作用，如 Fe_3C 是铁碳合金中的重要组成相，具有复杂的斜方晶格，其晶体结构如图 2-29 所示。其中，铁原子可部分被 Mn、Cr、Mo、W 等金属原子置换，形成以 Fe_3C 晶格为基的固溶体，如（Fe、Mn）$_3$C、（Fe、Cr）$_3$C 等。其他的间隙化合物有 Mn_3C、$Cr_{23}C_6$、Cr_7C_3、FeB 等。

4）金属间化合物的特点

（1）可用一个化学分子式表示，如 Fe_3C。

（2）具有独特的晶体结构。

（3）熔点高、硬度高、脆性大（作为合金的强化相）。

（4）另外，金属间化合物由于原子键合和晶体结构的多样性，使得这种化合物具有许多特殊的物理化学性能，已日益受到人们的重视，不少金属间化合物已作为新的功能材料和耐热材料正在被开发应用。

5）固溶体与金属间化合物的主要区别

（1）化学成分。固溶体的成分可随温度变化在一定范围内变化；而金属间化合物成分固定不变，按一定的原子数化合。

（2）晶体结构。固溶体保持溶剂的晶体结构；而金属间化合物形成了新的独特的晶体结构。

（3）性能。固溶体的硬度小于金属间化合物的硬度，塑性大于金属间化合物的塑性。

（4）表达方式。固溶体用 α、β、γ 表示；金属间化合物用分子式 MX、MX_2 等表示。

习题

1.为什么单晶体有各向异性，而多晶体通常没有各向异性？

2.常见的金属晶格有哪几种？试画出它们的晶胞结构。

3.什么叫晶体缺陷？实际晶体中可能有哪些晶体缺陷？它们的存在有何实际意义？

4.何谓过冷度？它与冷却速度有何关系？它对铸件晶粒大小有何影响？比较普通铸铁件表层和心部晶粒的大小。

5.什么是固溶体？什么是金属间化合物？它们的结构特点和性能特点各是什么？

6.什么是固溶强化？造成固溶强化的原因是什么？

第 **3** 章　二元合金相图

【内容简介】

本章主要介绍匀晶、共晶、包晶三种基本相图和它们的平衡及非平衡结晶过程、结晶后的组织形态、相与组织的相对含量的计算等内容。

在介绍基本相图的同时,还介绍共析、具有稳定化合物的相图,讨论相图与合金性能之间的关系,包括使用性能和工艺性能。

【学习目标】

(1)掌握匀晶、共晶、共析、包晶相图,并能应用它们分析相应合金的结晶过程。

(2)掌握杠杆定律的应用。

(3)能利用相图与性能的关系,预测材料性能。

3.1　二元合金相图的建立

上一章已经介绍了相的概念和分类,而相图就是用来表示在缓慢冷却的近平衡状态下,组成合金的各种相(或组织)与温度、成分之间关系的图形,又称状态图或平衡图。按照组元的数量,相图可以划分为二元相图和多元相图两类。由于多元相图较为复杂,我们这里不作讨论。

相图的建立可以用实验方法,也可以用计算方法,目前所用的相图基本上都是通过实验方法测定的,具体的实验方法有热分析法、金相分析法、硬度测定法、X射线结构分析法、膨胀法等。所有这些方法都是以相变发生时其物理参量发生突变为依据的。通过实验测出突变点,依此确定相变发生的温度,从而绘制对应的相图。在这些方法中,热分析法最为常用和直观。下面简单说明热分析法的基本操作过程。

以 Cu-Ni 合金为例,说明绘制二元相图的过程。

(1)分别配制 5 组 Cu-Ni 合金,如图3-1(a)所示。

(2)用热分析法测定出各成分合金的冷却曲线,如图 3-1(a)所示,得到相应临界点。

(3)将这些临界点所对应的温度和成分分别标在二元相图的纵坐标和横坐标上,每个临界点在二元相图中对应一个点。

(4)分别连接凝固的转变开始点和转变终了点,就得到图 3-1(b)所示的 Cu-Ni 二元相图。

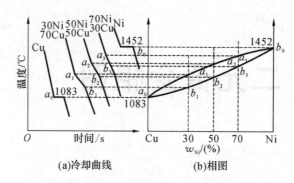

(a)冷却曲线　　　　(b)相图

图 3-1　用热分析法测定 Cu-Ni 相图

由图 3-1(a)中的冷却曲线可见，纯组元 Cu 和 Ni 的冷却曲线均有一个水平台，表明其凝固在恒温下进行，凝固温度分别为 1083 ℃和 1452 ℃；而其他 3 条二元合金曲线则为二次转折线，不出现水平台，温度较高的转折点（临界点）表示凝固的开始温度，而温度较低的转折点对应凝固的终了温度。这说明 Cu-Ni 合金的凝固与纯金属不同，是在一定温度区间内进行的。

Cu-Ni 合金相图就是最简单、最基本的二元相图——二元匀晶相图。

3.2　二元匀晶相图

晶体材料从高温液相冷却下来的凝固转变产物包括多相混合物和单相固溶体两种，其中由液相结晶出单相固溶体的过程称为匀晶转变。匀晶转变具有以下两个特点。

(1)两组元在液态无限互溶，在固态也无限互溶。

(2)单相固溶体的结晶是在一个温度范围内完成的。

具有匀晶转变的相图就是匀晶相图。具有这类相图的二元合金系除了 Cu-Ni 以外，还有 Ag-Au、Fe-Cr、W-Mo、Cd-Mg 等，有些硅酸盐材料如镁橄榄石（Mg_2SiO_4）、铁橄榄石（Fe_2SiO_2）等也具有此类特征。

3.2.1　相图分析

图 3-2(a)所示的为 Cu-Ni 二元合金相图。图中 A 点表示组元 Cu 的熔点（1083 ℃），B 点表示组元 Ni 的熔点（1455 ℃）。AtB 为液相线，AαB 为固相线，分别表示 Cu-Ni 合金系在冷却过程中结晶开始及结晶结束的温度。整个相图被液相线和固相线划分为三个部分：液相线以上合金处于液态(L)，称为液相区；固相线以下合金处于固态(α)，称为固相区；液相区与固相区之间处于两相共存状态($L+\alpha$)，称为液固两相共存区。

3.2.2　合金结晶过程分析

以图 3-2(a)所示的 Cu-Ni 合金为例分析其平衡结晶过程，该合金的冷却曲线及组织转变过程如图 3-2(b)所示。

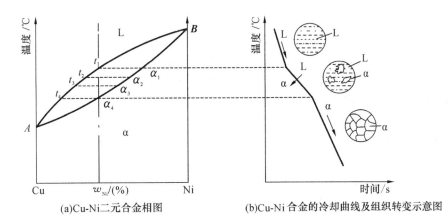

(a)Cu-Ni二元合金相图　　　　(b)Cu-Ni合金的冷却曲线及组织转变示意图

图 3-2　Cu-Ni 合金相图及结晶过程

$T > t_1$ 时,合金处于液相区,以液相 L 存在。

$T = t_1$ 时,合金冷却至液相线,从液相中开始结晶出 α 单相固溶体。

$t_1 > T > t_4$ 时,随着温度的降低,合金发生匀晶转变 L→α,α 单相固溶体质量逐渐增加,液相质量逐渐减小;液相的成分沿液相线变化,固相的成分沿固相线变化。

$T = t_4$ 时,合金冷却至固相线,全部结晶为 α 单相固溶体。

$T < t_4$ 时,α 单相固溶体降温直至室温。

其他成分的 Cu-Ni 合金的结晶过程与此类似。

3.2.3　枝晶偏析

所谓平衡结晶是指在极为缓慢的冷却条件下,使合金在相变过程中有充分的时间进行组元扩散,以达到平衡相的均匀成分。而实际生产条件下,合金的冷却速度一般都较快,成分均匀化的原子扩散过程落后于结晶过程,因此合金不可能完全按照上述的平衡过程进行结晶,其结果是,先结晶的固溶体内部富含高熔点组元,而后结晶的外部则富含低熔点组元。这种在晶粒内部出现的成分不均匀现象称为晶内偏析。

固溶体凝固通常以树枝状生长方式结晶,非平衡结晶会导致先结晶的枝干将含有较多的高熔点组元,后结晶的枝干部分及枝干间隙则含有较多的低熔点组元,这种现象称为枝晶偏析。图 3-3(a)所示的为在金相显微镜下观察到的 Cu-Ni 合金不平衡凝固的铸态组织,先结晶出的枝干富含高熔点组元 Ni,耐浸蚀,呈白亮色;枝间后结晶含低熔点组元 Cu 多,易受浸蚀,呈黑色。固溶体在非平衡凝固条件下产生上述的枝晶偏析是一种普遍现象。

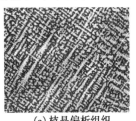

(a) 枝晶偏析组织　　　　　　　(b) 显微组织

图 3-3　Cu-Ni 合金组织

枝晶偏析的产生会使材料的力学性能、抗腐蚀性能及工艺性能恶化。生产上常采用扩散退火的方法消除其不利影响,这就是将合金加热到高温(低于固相线 100～200 ℃),并进行 10～15 h 保温,使原子充分扩散,使固溶体的成分均匀化。注意,扩散退火时要确保不能出现液相,以免合金"过烧"。图 3-3(b)所示是经过扩散退火后的 Cu-Ni 合金的显微组织,树枝状形态已消失,电子探针微区分析的结果也证实了这点。

3.2.4 杠杆定律

第 2 章已经介绍过相的数量、分布、形态会影响材料性能。当两相共存时,需要确定每个相的相对含量,以此作为判断合金性能的依据。利用相图和杠杆定律就可以确定二元合金两相共存时每个相的相对含量。

仍以 Cu-Ni 相图为例。要确定某种成分的合金在两相区中液相和固相的相对含量,必须首先确定每种相的成分。在一定温度下,固、液两相各自的成分是确定的,就是温度水平线与固相线和液相线的交点所对应的成分。温度变化,则两相的成分也发生变化。

如图 3-4 所示,现在分析匀晶合金($w_{Ni}=x\%$)在平衡结晶至温度 t 时,液相 L 和固相 α 的相对质量。设合金总质量为 Q,其中 $w_{Ni}=x\%$。结晶温度为 t 时,合金处于液、固两相共存区,设 L 相质量为 Q_L,含 Ni 的质量分数为 $w_{L-Ni}=x_1\%$,α 相质量为 Q_α,含 Ni 的质量分数为 $w_{\alpha-Ni}=x_2\%$。在 t 温度时,合金中 Ni 的总质量等于此时液相 L 中 Ni 的质量和固相 α 中 Ni 的质量之和,即

$$Q \cdot x = Q_L \cdot x_1 + Q_\alpha \cdot x_2 \tag{3-1}$$

同时,液相的质量与固相的质量之和等于合金总质量,即

$$Q = Q_L + Q_\alpha \tag{3-2}$$

假设合金总质量为单位质量,即 $Q=1$,联立式(3-1)和式(3-2)即得出

$$\frac{Q_L}{Q_\alpha} = \frac{x_2-x}{x-x_1} = \frac{ob}{ao} \text{或} Q_L \cdot ao = Q_\alpha \cdot ob \tag{3-3}$$

因式(3-3)与力学的杠杆定律相同,故称为二元合金的杠杆定律。利用该式还可以推导出合金中液、固相相对质量的计算公式,即

$$Q_L = \frac{ob}{ab} \tag{3-4}$$

$$Q_\alpha = 1 - Q_L = \frac{ao}{ab} \tag{3-5}$$

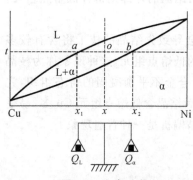

图 3-4 杠杆定律

必须指出,杠杆定律只适用于相图中的两相区,即只能在两相平衡状态下使用。利用杠杆定律进行计算时,通常以指定温度的水平线为杠杆所在位置,温度水平线与所求两相单相区的交点为杠杆的端点,温度水平线与合金成分线的交点为杠杆支点,这样就建立了杠杆,利用式(3-4)和式(3-5)即可求出两相的相对质量。

3.3　二元共晶相图

两组元在液态无限互溶,固态有限互溶或完全不互溶,且冷却过程中通过共晶反应,液相可同时结晶出两个成分不同的固相(L→α+β)的相图,称为共晶相图。由于共晶合金的熔点比两组元低,因此,共晶相图的液相线是从两端纯组元向中间凹下,两液相线的交点所对应的温度称为共晶温度。在该温度下,所生成的两相混合物(α+β)称为共晶组织或者共晶体。金属材料中具有共晶相图的合金系有 Pb-Sn、Cu-Ag、Al-Si、Al-Sn、Pb-Bi 等。

下面以 Pb-Sn 合金为例,对共晶相图及其合金的平衡结晶过程进行分析。

3.3.1　相图分析

图 3-5 所示的为 Pb-Sn 二元合金共晶相图。该相图相比 Cu-Ni 合金相图要复杂一些。因此在进行相图分析前,首先给出一些二元相图的读图规律,具体读图规律如下:

(1)相图中落于纯组元成分轴上的点为该组元的熔点;

(2)相图中最靠上的线为液相线,与液相线形成最小封闭区域的线为固相线;

(3)液相线以上的区为液相区;

(4)靠近纯组元的最小封闭区域就是以该组元为溶剂的单相固溶体区;

(5)每两个单相区之间都有一个由这两个单相所组成的两相区;

(6)相图中的水平线表示由水平线所连接的三个单相所组成的三相共存线;

(7)相图中向纯组元倾斜的线称为固溶线,表示固溶体中溶质含量的变化。

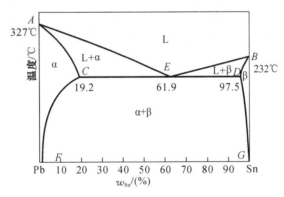

图 3-5　Pb-Sn 共晶相图

依照上述规律,图中 A 点表示组元 Pb 的熔点(327 ℃),B 点表示组元 Sn 的熔点(232 ℃)。AEB 为液相线,ACEDB 为固相线。合金系中有三个单相:液相 L、Sn 溶于 Pb 形成的单相有限固溶体 α、Pb 溶于 Sn 形成的单相有限固溶体 β。相图中有三个单相区(L、α、β 相区)、三个两相区(L+α、L+β、α+β 相区)和一个三相共存线(CED 线)。

E 点为共晶点,表示此点成分的合金冷却到此点所对应的温度时,刚好发生共晶转变,即 $L_E \xrightarrow{183 \, ℃} \alpha_C + \beta_D$。转变得到的共晶体是由 C 点成分的 α 相和 D 点成分的 β 相组成的层片状机械混合物。水平线 CED 为共晶反应线,所对应的温度称为共晶转变温度,成分在

CD 之间的合金平衡结晶时都会发生共晶反应。

CF 线为 α 相的固溶线,表示 Sn 在 Pb 中的溶解度变化。温度降低,固溶体的溶解度下降。Sn 含量大于 F 点的合金从高温冷却到室温时,会从 α 相中析出 β 相以降低其 Sn 含量。从固态 α 相中析出的次生 β 相称为二次 β,常写作 β_{II}。这种二次结晶可表达为 $\alpha \rightarrow \beta_{II}$。

DG 线为 β 相的固溶线,表示 Pb 在 Sn 中的溶解度变化。Sn 含量小于 G 点的合金,冷却过程中同样发生二次结晶,析出二次 α,可表达为 $\beta \rightarrow \alpha_{II}$。

3.3.2 典型合金平衡结晶过程分析

1. 合金 I($w_{Sn} < 19.2\%$)的平衡结晶过程

合金 I 的平衡结晶过程如图 3-6 所示。

1～2 点:液相经匀晶转变为 α 单相固溶体,1 点温度开始结晶,随着温度的降低,α 相质量不断增加,液相质量不断减少。冷却到 2 点温度时,合金全部结晶成 α 固溶体。

2～3 点:合金组织不发生变化,α 固溶体降温。

3～4 点:由于 Sn 在 α 中的溶解度沿 CF 线降低,从 α 中析出 β_{II},到室温时 α 中 Sn 含量逐渐变为 F 点。

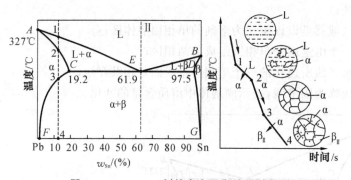

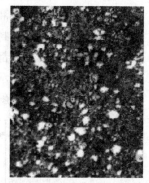

图 3-6　$w_{Sn} < 19.2\%$ 的合金平衡结晶过程　　图 3-7　$w_{Sn} < 19.2\%$ 的合金的显微组织

最终合金 I 的室温组织为 $\alpha + \beta_{II}$,其显微组织如图 3-7 所示,黑色的为 α 相,白色的颗粒为 β_{II} 相。所谓组织是指合金相中那些具有确定本质、一定形成机制和特殊形态的组成部分。组织组成物可以是单相,也可以是两相。

合金 I 的室温组织组成物 α 和 β_{II} 都是单相,故其组织组成物的相对含量和相组成物的相对含量是一致的。按杠杆定律,有

$$\alpha\% = \frac{4G}{FG} \times 100\%$$

$$\beta\% = \frac{F4}{FG} \times 100\% \quad (\text{或 } \beta\% = 1 - \alpha\%)$$

成分位于 D 和 G 点之间的合金,平衡凝固过程与上述合金基本相似,但凝固后的平衡组织为 $\beta + \alpha_{II}$。

2. 合金 II($w_{Sn} = 61.9\%$)的平衡结晶过程

合金 II 为共晶合金,其平衡结晶过程如图 3-8 所示。

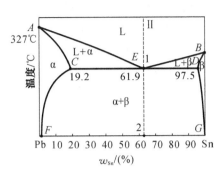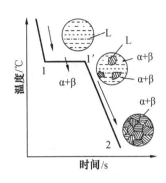

图 3-8　共晶合金的平衡结晶过程

1 点：即共晶温度 T_E（183 ℃），发生共晶转变：$L_E \xrightleftharpoons[]{183\ ℃} \alpha_C + \beta_D$，经过一段时间转变结束，全部转变为共晶体 $\alpha + \beta$。不同合金的共晶体在金相显微镜下有不同的形态，最常见的是层片状。Pb-Sn 合金的共晶组织就是层片状的。

1～2 点：随着温度的降低，共晶体中的 α 和 β 相均发生二次结晶，分别析出 β_{II} 和 α_{II}。α 的成分由 C 点变为 F 点，β 的成分由 D 点变为 G 点。由于析出的 α_{II} 和 β_{II} 都相应地与共晶 α 和共晶 β 相连在一起，在金相显微镜下难以分辨，通常看成没有组织变化。

最终合金 II 的室温组织全部为共晶体 $\alpha + \beta$，即只含一种组织组成物（即共晶体），而其组成相仍为 α 和 β 相，其显微组织如图 3-9 所示，黑色的为 α 相，白色的为 β 相。

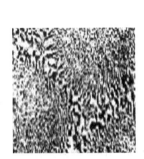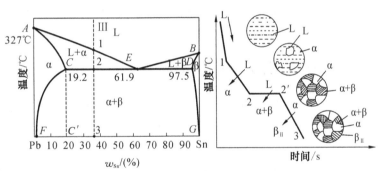

图 3-9　共晶合金的
　　　　显微组织

图 3-10　亚共晶合金的平衡结晶过程

3. 合金 III（$w_{Sn} = 19.2\% \sim 61.9\%$）的平衡结晶过程

该成分段的合金称为亚共晶合金，其平衡结晶过程如图 3-10 所示。

1～2 点：液相经匀晶转变不断结晶出固相 α 相（也称为初生相），随着温度的降低，液相逐渐减少，α 相逐渐增多。此时固相 α 的成分沿固相线 AC 变化，液相成分沿 AE 线变化。当温度降至 2 点时，合金由 C 点成分的初生 α 相和 E 点成分的液相组成。根据杠杆定律可知，此时液相的质量分数为

$$L_E\% = \frac{C2}{CE} \times 100\%$$

这部分共晶成分的液相像合金 II 一样，在 183 ℃发生共晶转变，全部转变为共晶组织，此时组织为 $\alpha + (\alpha + \beta)$。其中共晶体的质量等于温度刚至 183 ℃时液相的质量。

2～3 点：初生 α 相的转变与合金 I 的相同，不断析出 β_{II} 相，成分由 C 点降至 F 点。共

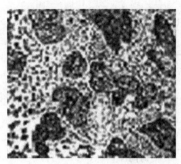

图 3-11 亚共晶合金的显微组织

晶体 α+β 的转变过程与合金Ⅱ的相同。

最终合金Ⅲ的室温组织为初生 α+β$_Ⅱ$+(α+β) 相,显微组织如图 3-11 所示,黑色的为初生 α 相,黑白相间的为共晶体 α+β,α 内的白色颗粒为 β$_Ⅱ$ 相。

室温下,三种组织组成物的相对质量分别为

$$\alpha\% = \frac{C'G}{FG} \cdot \frac{2E}{CE} \times 100\%$$

$$\beta_Ⅱ\% = \frac{FC'}{FG} \cdot \frac{2E}{CE} \times 100\%$$

$$(\alpha+\beta)\% = \frac{C2}{CE} \times 100\%$$

室温下,合金的组成相为 α 和 β 相,它们的相对质量分别为

$$\alpha\% = \frac{3G}{FG} \times 100\%$$

$$\beta\% = \frac{F3}{FG} \times 100\%$$

成分在 CE 之间的所有亚共晶合金的结晶过程均与合金Ⅱ的相同,仅组织组成物和组成相的相对质量不同。成分越靠近共晶点,合金的室温组织中共晶体的含量越多。

位于共晶点右边,成分在 ED 之间的合金为过共晶合金。它们的结晶过程与亚共晶合金的相似,也包括匀晶反应、共晶反应和二次结晶三个转变阶段;不同之处是初生相为 β 固溶体,二次结晶过程为 β→α$_Ⅱ$。所以室温组织为 β+α$_Ⅱ$+(α+β)。

3.3.3 组织组成物和相组成物

综上所述,虽然成分位于 F~G 点之间的 Pb-Sn 合金组织均由固相 α 及 β 组成,但是由于合金成分和结晶过程的差异,其组成相的大小、数量和分布状况,即合金的组织发生了很大的变化,这将导致合金性能发生改变。随着 Sn 含量的增大,显微组织依次为 α+β$_Ⅱ$、α+β$_Ⅱ$+(α+β)、(α+β)、β+α$_Ⅱ$+(α+β) 及 β+α$_Ⅱ$。其中 α、β、α$_Ⅱ$、β$_Ⅱ$ 及 (α+β) 在显微组织上均能清楚分开,是显微组织的独立组成部分,也是组织的组成物。而从相的本质看,它们又都是由 α、β 两相组成的,因此,α、β 相为相组成物。

由于各种成分的合金冷却时所经历的结晶过程不同,组织中所得到的组织组成物及其相对含量的多少是不同的,而这恰是决定合金性能最重要的方面。为了使 Pb-Sn 合金相图更清楚地反映其实际意义,采用组织来标注相图,如图 3-12 所示。这样相图上所标出的组织与金相显微镜下所观察到的显微组织能相互对应,便于了解合金系中任一合金在任一温度下的组织状态,以及该合金在结晶过程中的组织变化。

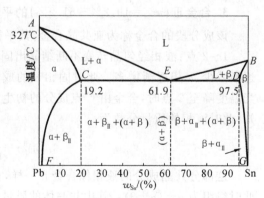

图 3-12 标注组织的 Pb-Sn 相图

实际生产过程中,共晶合金同样会出现非平衡组织,从而影响材料的各项性能。因此,可在稍低于共晶温度下进行扩散退火,来消除非平衡共晶组织和固溶体的枝晶偏析。

3.4　二元包晶相图

两组元在液态时完全互溶,在固态时形成两种不同的固相,并发生包晶转变的合金系,其相图称为包晶相图。所谓包晶转变是指一定成分的固相与剩余的一定成分的液相在恒温下相互作用而转变生成另一种固相的过程。金属材料中具有共晶相图的合金系有 Pt-Ag、Ag-Sn、Sn-Sb、Fe-C 等。

下面以 Pt-Ag 合金相图为例,对包晶相图及其合金的平衡结晶过程进行分析。

3.4.1　相图分析

图 3-13 所示的 Pt-Ag 二元包晶相图仍然可以利用前面介绍的二元相图读图规律进行相图分析。Pt-Ag 相图存在三种相:Pt 与 Ag 形成的液相 L,Ag 溶于 Pt 中形成的有限固溶体 α 相,Pt 溶于 Ag 中形成的有限固溶体 β 相。ACB 为液相线,$APDB$ 为固相线。D 点为包晶点。D 点成分的合金冷却到 D 点所对应的温度(包晶温度)时发生包晶转变为

$$\alpha_P + L_C \xrightleftharpoons{1186\,℃} \beta_D$$

发生包晶转变时三相共存,它们的成分确定,反应在恒温下平衡地进行。水平线 PDC 为包晶反应线。PE 为 Ag 在 α 中的溶解度线,DF 为 Pt 在 β 中的溶解度线。

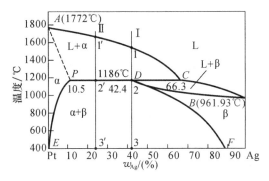

图 3-13　Pt-Ag 二元包晶相图

3.4.2　典型合金平衡结晶过程分析

1. 合金Ⅰ的平衡结晶过程

合金Ⅰ为包晶点对应的合金,其平衡结晶过程如图 3-14 所示。

1~2 点:液相经匀晶转变为 α 单相固溶体,1 点开始结晶,随着温度的降低,α 相含量不断增加,液相含量不断减少。

2 点:即包晶温度 T_D(1186 ℃),发生包晶转变:$\alpha_P + L_C \xrightleftharpoons{1186\,℃} \beta_D$,经过一段时间转变结束,全部转变为单相固溶体 β。

2～3 点：随着温度的降低，β 相发生二次结晶，析出 α_{II}。β 的成分由 D 点变为 F 点。最终合金 I 的室温组织为 $\beta+\alpha_{\text{II}}$。

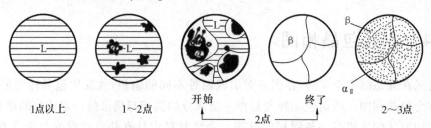

图 3-14　合金 I 的平衡结晶示意图

2. 合金 II 的平衡结晶过程

合金 II 的平衡结晶过程如图 3-15 所示。

$1'\sim2'$ 点：液相经匀晶转变为 α 单相固溶体，1 点开始结晶，随着温度的降低，α 相含量不断增加，液相含量不断减少。

$2'$ 点：即包晶温度 T_D（1186 ℃），发生包晶转变：$\alpha_P+L_C \xrightleftharpoons{1186\,℃} \beta_D$，经过一段时间转变结束，得到单相固溶体 β，此时有部分 α 相剩余。

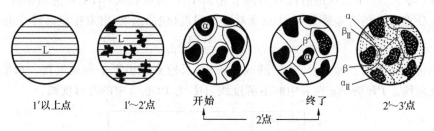

图 3-15　合金 II 的平衡结晶示意图

$2'\sim3'$ 点：随着温度的降低，α 和 β 相均发生二次结晶，分别析出 β_{II} 和 α_{II}。α 的成分由 P 点变为 E 点，β 的成分由 D 点变为 F 点。

最终合金 II 的室温组织为 $\alpha+\beta+\alpha_{\text{II}}+\beta_{\text{II}}$。

3.5　其他二元相图

3.5.1　二元共析相图

当液体凝固完毕后继续降低温度时，有些二元系合金在固态下还会发生相变。一定温度下，具有共析成分的单一固相转变生成两个结构与成分不同的新固相的过程，称为共析转变。具有共析转变的相图称为共析相图。共析相图的形状与共晶相图的相似，如图 3-16 下半部分所示。O 点成分（共析成分）的合金（共析合金）从液相经匀晶反应生成 γ 相后，继续冷却到 O 点温度（共析温度）时，发生共析反应，同时析出 C 点成分的 α 相和 D 点成分的 β 相，反应式为 $\gamma_O \xrightleftharpoons{\text{恒温}} \alpha_C+\beta_D$，此两相的混合物称为共析体。其他成分合金的结晶过程分析与共晶相图相同。

共析转变与共晶转变的相似之处在于,都是由一个相分解成两相的三相恒温转变,三相成分在相图上的分布也是一样的。两者的区别是,共晶转变是由液相同时结晶出两个固相,而共析转变是由一个固相转变为另外两个固相。由于共析转变时固相分解,其原子扩散比较困难,容易产生较大的过冷,形核率较高,所以共析组织远比共晶组织细小而弥散,主要有片状和粒状两种基本形态。

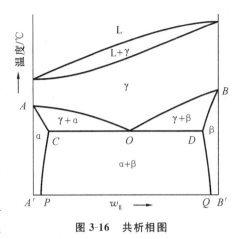

图 3-16　共析相图

具有共析转变相图的合金系有 Fe-C、Fe-Cu、Fe-Sn 等,最典型的是 Fe-C 相图中的珠光体转变。共析转变对合金的热处理强化具有重要意义,钢铁材料的某些热处理工艺就是建立在共析转变基础上的。

3.5.2　形成稳定化合物的相图

化合物有稳定化合物和不稳定化合物两类。所谓稳定化合物是指具有一定的化学成分、固定的熔点,且熔化前不分解,也不发生其他化学反应的化合物。如 Mg 和 Si 可形成分子式为 Mg_2Si 的稳定化合物,而 Mg-Si 合金相图就是形成稳定化合物的相图,如图 3-17 所示。

这类相图的主要特点是相图中有一个代表稳定化合物的垂线,垂足代表化合物的成分,顶点代表其熔点。分析这类相图时,可以把稳定化合物 Mg_2Si 看作是一个独立组元,从而可把相图分为左、右两个独立部分分别进行研究,使问题大大简化。

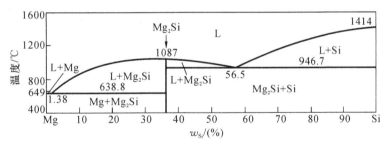

图 3-17　Mg-Si 合金相图

3.6　合金的性能与相图之间的关系

合金的性能取决于合金的化学成分和组织,而合金的化学成分与组织间的关系就体现在合金相图上,因此相图与性能之间必然存在着一定的联系。掌握了相图与性能的联系规律就可以大致判断不同成分合金的性能特点,并可作为选用和配制合金的依据。

3.6.1 使用性能与相图的关系

二元合金的室温平衡组织主要有两种类型,即单相固溶体和两相混合物。图 3-18 所示的是具有匀晶相图和共晶相图合金的力学性能和物理性能随成分变化而变化的一般规律。

图 3-18(a)所示的是形成单相固溶体合金的匀晶相图。图 3-18(b)所示为单相固溶体合金的共晶相图,由于溶质融入溶剂导致晶格畸变,引起合金的固溶强化,并使合金中自由电子的运动阻力增加,因此固溶体合金的强度、硬度和电阻都高于作为溶剂的纯金属,并且,随着溶质溶入量的增加,晶格畸变增大,导致固溶体的强度、硬度和电阻与合金成分间呈曲线关系。

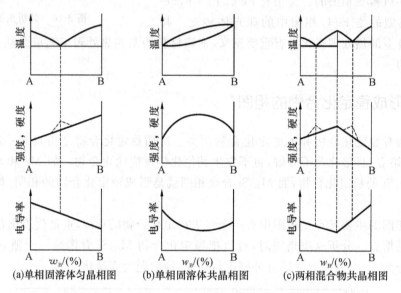

(a)单相固溶体匀晶相图　　(b)单相固溶体共晶相图　　(c)两相混合物共晶相图

图 3-18　合金的强度、硬度和导电率与相图间的关系

图 3-18(c)所示的是形成两相混合物合金的共晶相图。两相混合物合金的力学性能与物理性能介于两相性能之间,并随合金的成分变化呈现直线关系。同时,合金的性能还与两相的细密程度有关,尤其是对组织敏感的合金性能(如强度、硬度等),其影响更为明显。例如,共晶合金由于形成了细密共晶体,其力学性能将偏离直线关系而出现峰值。

3.6.2 铸造性能与相图的关系

单相固溶体合金的铸造性能与合金成分间的关系如图 3-19(a)所示。由图可见,相图中液相线与固相线之间的水平距离和垂直距离越大,合金的流动性越差,铸造性能越差。这是因为液相线与固相线之间的水平距离越大,结晶出的固相与剩余液相的成分差别越大,产生的偏析越严重,液相线与固相线之间的垂直距离越大,则结晶时液、固两相共存的时间越长,形成树枝状晶体的倾向就越大,这种细长易断的树枝晶阻碍液体在铸形内流动,致使合金的流动性变差。流动性越差,枝晶相互交错所形成的许多封闭微区越不易得到外界液体的补充,故易产生分散缩孔,使铸件组织疏松,性能恶化。

两相混合物合金的铸造性能与合金成分间的关系如图 3-19(b)所示。图形表明,合金

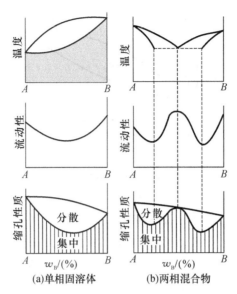

图 3-19　合金的铸造性能与相图间的关系

的铸造性能也取决于合金结晶区间的大小。因此,就铸造性能而言,共晶合金最好,因为它在恒温下进行结晶,同时熔点又最低,具有较好的流动性,在结晶时易形成集中缩孔,铸件的致密性好。故在其他条件许可的情况下,铸造用金属尽可能选用共晶成分附近的合金。

3.6.3　相图的局限性

应当指出,应用相图是有局限性的。首先,相图只给出平衡状态的情况,而平衡状态只有在极其缓慢的条件下进行冷却和加热,或者在给定温度长时间保温条件下才能实现,而实际生产条件下合金很少能达到平衡状态。因此用相图分析合金的相和组织时,必须注意该合金在非平衡结晶条件下可能出现的相和组织。其次,相图只能给出合金在平衡条件下存在的相、组织及其相对量,并不能反映各种组织的形状、大小和分布,即不能给出合金组织的形貌状态。此外要说明的是,二元相图只反映二元系合金的相平衡关系,实际使用的金属材料往往不只限于两个组元,必须注意其他元素加入对相图的影响,尤其是其他元素含量较高时,二元相图中的相平衡关系可能完全不同。

习题

1.30 kg 纯铜与 20 kg 纯镍熔化后慢冷至 1250 ℃,利用图 3-20 所示的 Cu-Ni 相图,确定:

(1)合金的组成相及相的成分;(2)相的质量分数。

2.什么叫共晶反应和共析反应?两种反应得到的组织有何不同?

3.为什么共晶线下所对应的各种非共晶成分的合金也能在共晶温度发生部分共晶转变呢?

4.某 A-B 二元合金的共晶转变如下:$L(50\%B) \rightarrow \alpha(10\%B) + \beta(90\%B)$。

(1)求含 $40\%B$ 的合金结晶后:①α 相与 β 相的质量分数;②初晶 α 与共晶体 α+β 的质

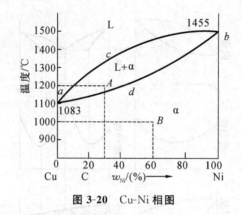

图 3-20　Cu-Ni 相图

量分数;③共晶体中 α 相与 β 相的质量分数。

(2)若显微组织中初晶 β 与共晶体 α+β 质量分数各为 50%,试确定合金的成分。

5.有两个形状和尺寸相同的 Cu-Ni 铸件,一个含质量分数为 50% 的 Ni,另一个含质量分数为 95% 的 Ni。铸件自然冷却后,哪个铸件的偏析严重? 为什么?

6.为什么铸造合金常选用纯金属或共晶合金? 为什么进行压力加工的合金常选用纯金属或单相固溶体成分的合金?

第 *4* 章 铁碳合金

【内容简介】

本章主要介绍铁碳合金中的基本相、Fe-Fe₃C相图、各种典型铁碳合金的结晶过程及碳钢的牌号等内容。

【学习目标】

(1)掌握铁碳合金相图,依据相图分析典型合金的结晶过程,并掌握常用碳钢的牌号。

(2)理解铁碳合金相图是研究铁碳合金最基本的工具,是研究碳钢和铸铁的成分、温度、组织及性能之间关系的理论基础,是制订热加工、热处理、冶炼和铸造等工艺的依据。

4.1 铁碳合金中的相和基本组织

众所周知,铁碳合金是目前工程上使用最为广泛的金属材料。工业上把铁-碳二元合金中碳质量分数大于 0.0218% 且小于 2.11% 的合金称为钢;而把碳质量分数大于 2.11% 的合金称为铸铁。尽管工业用钢和铸铁中除铁、碳元素外还含有其他组元,但为研究方便起见,可有条件地将它们看成二元合金,在此基础上再考虑其他合金元素的影响。不同成分的碳钢和铸铁,其组织和性能也不相同。铁碳相图是研究钢铁材料的组织、性能及其加工工艺的重要工具。

铁和碳可形成一系列稳定化合物,如 Fe_3C、Fe_2C、FeC。它们都可以作为纯组元来看待,但由于其碳的质量分数大于 Fe_3C 的碳的质量分数($w_C = 6.69\%$)时,合金太脆,已无实用价值,因此下面所讨论的铁碳合金相图实际上是 Fe-Fe_3C 相图。

4.1.1 纯铁及同素异构转变

Fe 是元素周期表上的第 26 个元素,相对原子质量为 56,属于过渡族元素。101.3 kPa 气压下的熔点为 1538 ℃,20 ℃时的密度为 7.87×10^3 kg/m³。纯铁在不同的温度区间有不同的晶体结构(同素异构转变),如图 4-1 所示,即

$$\delta\text{-Fe(体心)} \xrightleftharpoons{1394\ ℃} \gamma\text{-Fe(面心)} \xrightleftharpoons{912\ ℃} \alpha\text{-Fe(体心)}$$

通常所说的工业纯铁是指室温下的 α-Fe,其力学性能大致如下:抗拉强度 $\sigma_b = 180 \sim 270$ MPa,屈服强度 $\sigma_{0.2} = 100 \sim 170$ MPa,伸长率 $\delta = 30\% \sim 50\%$,硬度为 $50 \sim 80$ HBS,断面

收缩率 $\psi = 70\% \sim 80\%$，$a_K = 160 \sim 200$ J/cm^2。

可见，工业纯铁塑性、韧度较好，但强度、硬度较低，很少用做结构材料，常用来制作电工材料，如各类铁芯等。

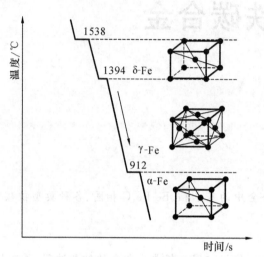

图 4-1　纯铁的同素异构转变

4.1.2　铁碳合金的基本相

铁碳合金中，铁和碳相互作用形成的相有三种，分别是铁素体、奥氏体和渗碳体。其中铁素体和奥氏体属于固溶体，渗碳体属于金属间化合物。

图 4-2　铁素体的显微组织

1. 铁素体

碳溶于 α-Fe 形成的间隙固溶体称为铁素体。用符号 F 或 α 表示。铁素体的结构为体心立方晶格，其溶碳能力很低，在 727 ℃时的溶碳能力最高，为 0.0218%，在室温下的溶碳能力仅为 0.0008%。铁素体的显微组织为多边形晶粒（见图 4-2），其性能与纯铁的相似，即强度、硬度低，塑性、韧度高。

碳溶于 δ-Fe 形成的间隙固溶体称为 δ 铁素体，又称高温铁素体，用符号 δ 表示。δ 铁素体的结构也是体心立方晶格，其最大溶碳量为 1495 ℃时的 0.09%。

2. 奥氏体

碳溶于 γ-Fe 形成的间隙固溶体称为奥氏体，用符号 A 或 γ 表示。奥氏体的结构为面心立方晶格，其溶碳能力比铁素体的高，在 1148 ℃时的溶碳能力最高，为 2.11%。奥氏体也是不规则多面体晶粒，但晶界较直。奥氏体强度低、塑性好、无磁性。因而钢材的热加工都在奥氏体相区进行。通常，碳钢的室温组织中并无奥氏体，但当钢中含有某些合金元素时，可部分或全部变为奥氏体组织。奥氏体的显微组织如图 4-3 所示。

图 4-3　奥氏体的显微组织

3. 渗碳体

渗碳体是铁与碳的间隙化合物,含碳的质量分数为 6.69%,用 Fe_3C 或 Cm 表示。渗碳体的硬度很高(约 800HBS),塑性和韧度几乎为零,在钢和铸铁中一般呈片状、网状或球状存在。它的尺寸、形状和分布对钢的性能影响很大,是铁碳合金的重要强化相。

渗碳体是介稳相,在一定的条件下,它将发生分解:$Fe_3C \rightarrow 3Fe + C$,所分解出的单质碳称为石墨,该分解反应对铸铁有着重要意义。由于碳在 α-Fe 中的溶解度很低,所以常温下碳在铁碳合金中主要以渗碳体或石墨的形式存在。

4.1.3　铁碳合金的基本组织

组织组成物是指构成显微组织的独立部分,可以是单相,也可以是两相或多相混合物。而显微组织是指在金相显微镜下所观察到的金属及合金内部的微观形貌,包括相和晶粒的形态、大小、分布等。钢中常见的显微组织有珠光体和莱氏体。

1. 珠光体

珠光体是由铁素体和渗碳体组成的机械混合物,用符号 P 表示,其中含碳的质量分数为 0.77%,是一个双相组织。珠光体的性能介于铁素体和渗碳体之间,强度较高,硬度适中,塑性和韧度较好($\sigma_b = 770$ MPa,180HBS,$\delta = 20\% \sim 35\%$,$A_{KU} = 24 \sim 32$ J)。

在显微镜下 P 的形态呈层片状。用放大倍数很高的显微镜,可清楚看到相间分布的渗碳体片(窄条)与铁素体片(宽条),如图 4-4 所示。

2. 莱氏体

含碳的质量分数为 4.3% 的液态铁碳合金冷却到 1147 ℃时,由液态中同时结晶出的奥氏体和渗碳体的机械混合物称为莱氏体,用符号 L_d 表示。在 727 ℃以下由珠光体和渗碳体组成的机械混合物称为低温莱氏体,用符号 L_d' 表示,其显微形貌为块状或粒状 A 分布在 Fe_3C 基体上,如图 4-5 所示。莱氏体的性能与渗碳体的相似,硬度很高,塑性很差。

图 4-4　珠光体显微组织(400×)

（a）莱氏体（200×）

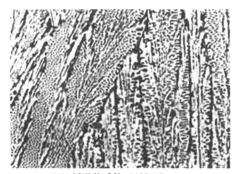

（b）低温莱氏体（400×）

图 4-5　莱氏体显微组织

另外,各个相若是独立存在于铁碳合金中,也都可视为单相的基本组织。这些基本组织均称为铁碳合金显微组织组成物。

4.2 铁碳合金相图

在铁碳合金中,铁和碳可形成 Fe_3C、Fe_2C、FeC 等一系列化合物。稳定的化合物可以视为一个独立的组元,因此整个铁碳相图可视为由 $Fe-Fe_3C$、$Fe-Fe_2C$、$Fe-FeC$ 等一系列二元系相图构成。但含碳的质量分数高于 6.69% 的铁碳合金脆性极大,没有实用价值,因此对铁碳相图只研究 $Fe-Fe_3C$ 部分。$Fe-Fe_3C$ 相图如图 4-6 所示,图中代表符号属通用,一般不随意改变。

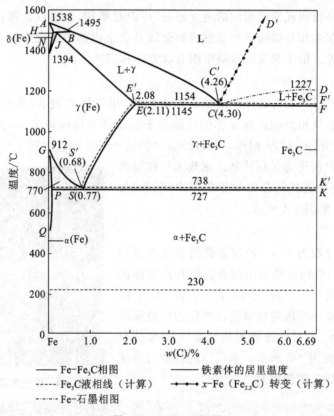

图 4-6 $Fe-Fe_3C$ 相图

4.2.1 相图分析

$Fe-Fe_3C$ 相图由三个基本相图(包晶相图、共晶相图和共析相图)组成。相图中有五个基本相:液相 L,高温铁素体相 δ,铁素体相 F,奥氏体相 A 和渗碳体相 Fe_3C。

1. $Fe-Fe_3C$ 相图中的特征点

$Fe-Fe_3C$ 相图中的各特征点的温度、成分及其含义如表 4-1 所示,其中 J、C、S 为三个最重要的点。

表 4-1　相图中各点的温度、碳的质量分数及含义

符　号	温度/℃	碳的质量分数/(%)	含　义
A	1538	0	纯铁的熔点
B	1495	0.53	包晶转变时液态合金的成分
C	1148	4.30	共晶点
D	1227	6.69	Fe_3C 的熔点
E	1148	2.11	碳在 γ-Fe 中的最大溶解度
F	1148	6.69	Fe_3C 的成分
G	912	0	α-Fe→γ-Fe 同素异构转变点
H	1495	0.09	碳在 δ-Fe 中的最大溶解度
J	1495	0.17	包晶点
K	727	6.69	Fe_3C 的成分
N	1394	0	γ-Fe→δ-Fe 同素异构转变点
P	727	0.0218	碳在 α-Fe 中的最大溶解度
S	727	0.77	共析点
Q	600（室温）	0.0057（0.0008）	600 ℃（或室温）时碳在 α-Fe 中的最大溶解度

1）J 为包晶点

合金在平衡结晶过程中冷却到 1495 ℃时，B 点成分的 L 与 H 点成分的 δ 发生包晶反应，生成 J 点成分的 A。包晶反应在恒温下进行，反应过程中 L、δ、A 三相共存，反应式为

$$L_B + \delta_H \xrightleftharpoons{1495\ ℃} A_J \quad 或 \quad L_{0.53} + \delta_{0.09} \xrightleftharpoons{1495\ ℃} A_{0.17}$$

2）C 为共晶点

合金在平衡结晶过程中冷却到 1148 ℃时，C 点成分的 L 发生共晶反应，生成 E 点成分的 A 和 Fe_3C。共晶反应在恒温下进行，反应过程中 L、A、Fe_3C 三相共存，反应式为

$$L_C \xrightarrow{1148\ ℃} A_E + Fe_3C \quad 或 \quad L_{4.3} \xrightarrow{1148\ ℃} A_{2.11} + Fe_3C$$

共晶反应的产物是 A 与 Fe_3C 的两相混合物，即莱氏体，所以共晶反应式也可表达为

$$L_{4.3} \xrightleftharpoons{1148\ ℃} L_{d4.3}$$

莱氏体组织中的渗碳体称为共晶渗碳体。

3）S 为共析点

合金在平衡结晶过程中冷却到 727 ℃时 S 点成分的 A 发生共析反应，生成 P 点成分的 F 和 Fe_3C。共析反应在恒温下进行，反应过程中 A、F、Fe_3C 三相共存，反应式为

$$A_S \xrightleftharpoons{727\ ℃} F_P + Fe_3C \quad 或 \quad A_{0.77} \xrightleftharpoons{727\ ℃} F_{0.0218} + Fe_3C$$

共析反应产物是铁素体与渗碳体的两相混合物，即珠光体，共析反应可简单表示为

$$A_{0.77} \xrightleftharpoons{727\ ℃} P_{0.77}$$

P 中的渗碳体称为共析渗碳体。

2. Fe-Fe₃C 相图中的特性线

1）液相线——$ABCD$

结晶时液相的成分，在其上的铁碳合金均为液相。

2）固相线——$AHJECF$

结晶时固相的成分，在其下的铁碳合金均为固相。

3）恒温转变的线——HJB、ECF、PSK

HJB 水平线（1495 ℃）为包晶线，与该线成分（$w_C = 0.09\% \sim 0.53\%$）对应的合金在该线温度下将发生包晶转变。

ECF 水平线（1148 ℃）为共晶线，与该线成分（$w_C = 2.11\% \sim 6.69\%$）对应的合金在该线温度下将发生共晶转变。

PSK 水平线（727 ℃）为共析线，与该线成分（$w_C = 0.0218\% \sim 6.69\%$）对应的合金在该线温度下将发生共析转变。共析线又称为 A_1 线。

4）固溶线——GS、ES、PQ

GS 线——降温时奥氏体中开始析出铁素体或升温时铁素体全部溶入奥氏体的转变线，常称此温度为 A_3 温度。

ES 线——碳在奥氏体中的溶解度曲线。此温度常称 A_{cm} 温度。低于此温度时，奥氏体中将析出渗碳体，称为二次渗碳体，用 Fe_3C_{II} 表示，以区别于从液态经 CD 线结晶出的一次渗碳体 Fe_3C_I。

FQ 线——碳在铁素体中的溶解度曲线。在 727 ℃ 时，碳在铁素体中的最大溶解度为 0.0218%，因此，铁素体从低于 727 ℃ 冷却下来时也会析出极少量的渗碳体，以三次渗碳体 Fe_3C_{III} 称之，以区别上述两种情况下产生的渗碳体。

5）同素异构转变线——NH 和 NJ，GS 和 GP

其中 GS 线又称 A_3 线，表示奥氏体向铁素体的转变开始线。

3. Fe-Fe₃C 相图中的相区

（1）单相区（五个）：L、δ、A、F、Fe_3C。

（2）两相区（七个）：$L+\delta$、$L+Fe_3C$、$L+A$、$\delta+A$、$A+F$、$A+Fe_3C$、$F+Fe_3C$。

4.2.2 典型铁碳合金平衡结晶过程分析

铁碳合金按含碳量划分为下列 7 种类型：

①工业纯铁，$w(C) < 0.0218\%$；

②共析钢，$w(C) = 0.77\%$；

③亚共析钢，$0.0218\% < w(C) < 0.77\%$；

④过共析钢，$0.77\% < w(C) < 2.11\%$；

⑤共晶白口铸铁，$w(C) = 4.3\%$；

⑥亚共晶白口铸铁，$2.11\% < w(C) < 4.3\%$；

⑦过共晶白口铸铁，$4.3\% < w(C) < 6.69\%$。

典型铁碳合金冷却时的组织转变过程分析如图 4-7 所示。

现在每种类型中选择一个合金来分析其平衡结晶时的转变过程和室温组织。

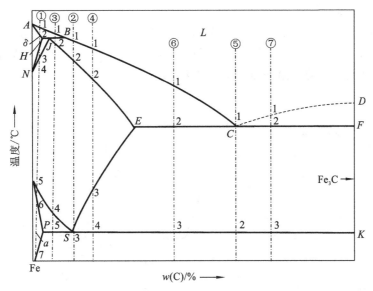

图 4-7　典型铁碳合金在简化 Fe-Fe₃C 相图中的位置

1. 工业纯铁(合金①)

此合金的冷却曲线和平衡结晶过程如图 4-8 所示。

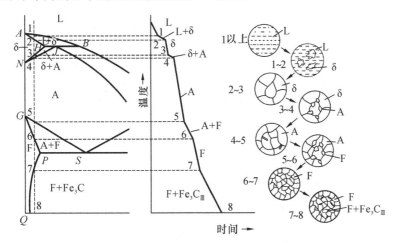

图 4-8　工业纯铁结晶过程示意图

合金在 1 点以上为液相 L。冷却至稍低于 1 点时,开始从 L 中结晶出 δ,至 2 点合金全部结晶为 δ。从 3 点起,δ 逐渐转变为 A,至 4 点转变完成。4~5 点间 A 冷却降温。自 5 点开始,从 A 中析出 F。F 在 A 晶界处生核并长大,至 6 点时 A 全部转变为 F。在 6~7 点间 F 冷却降温。在 7~8 点间,从 F 晶界析出 Fe₃C_Ⅲ。因此合金的室温平衡组织为 F+Fe₃C_Ⅲ,其显微组织如图 4-9 所示,F 呈白色块状;Fe₃C_Ⅲ 量极少,呈小白片状分布于 F 晶界处。

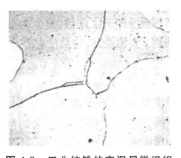

图 4-9　工业纯铁的室温显微组织

2. 共析钢(合金②)

如图 4-10 所示,合金冷却时,于 1 点起从 L 中结晶出 A,至 2 点全部结晶完毕。在 2～3 点间 A 冷却降温。至 3 点时,A 发生共析反应生成 P。从 3′点开始继续冷却至 4 点,P 皆不发生转变。因此共析钢的室温平衡组织全部为 P。

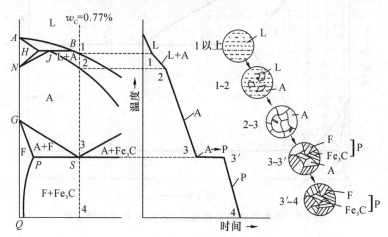

图 4-10　共析钢结晶过程示意图

3. 亚共析钢(合金③)

如图 4-11 所示,合金冷却时,从 1 点起自 L 中结晶出 δ,至 2 点时,L 相含碳的质量分数变为 0.53%,δ 相含碳的质量分数变为 0.09%,发生包晶反应生成 $A_{0.17}$,反应结束后尚有多余的 L。2′点以下,自 L 中不断结晶出 A,至 3 点合金全部转变为 A。在 3～4 点间 A 冷却降温。从 4 点开始,冷却时由 A 中析出 F,A 和 F 的成分分别沿 GS 和 GP 线变化。至 5 点时,A 相含碳的质量分数变为 0.77%,F 相含碳的质量分数变为 0.0218%。此时 A 发生共析反应,转变为 P,F 不变化。从 5′点开始继续冷却至 6 点,合金组织不发生变化,因此亚共析钢的室温平衡组织为 F+P,其显微形貌如图 4-12 所示,F 呈白色块状;P 呈层片状。

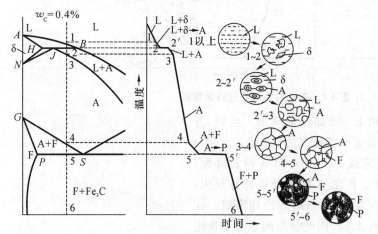

图 4-11　亚共析钢结晶过程示意图

图 4-12　亚共析钢的室
温显微组织

4. 过共析钢(合金④)

如图 4-13 所示,合金冷却时,从 1 点起自 L 中结晶出 A,至 2 点全部结晶完毕。在 2～3

点间 A 冷却降温,从 3 点起,由 A 中析出 Fe_3C_{II},Fe_3C_{II} 呈网状分布在 A 晶界上。至 4 点时,A 的含碳的质量分数降为 0.77%,$4\sim4'$ 点发生共析反应转变为 P,Fe_3C_{II} 不变化。在 $4'$ ~5 点间冷却时组织不发生转变。因此过共析钢的室温平衡组织为 $Fe_3C_{II}+P$,显微组织如图 4-14 所示,Fe_3C_{II} 呈网状分布在层片状 P 周围。

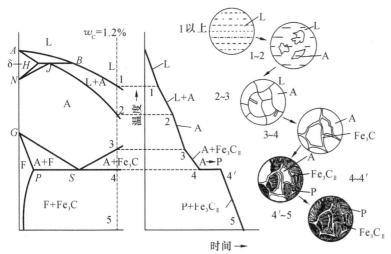

图 4-13　过共析钢结晶过程示意图

图 4-14　过共析钢的室温显微组织

5. 共晶白口铸铁(合金⑤)

如图 4-15 所示,合金在 1 点发生共晶反应,由 L 转变为高温莱氏体 $L_d(A+Fe_3C)$。在 $1'\sim2$ 点间,L_d 中的 A 不断析出 Fe_3C_{II}。Fe_3C_{II} 与共晶 Fe_3C 无界线相连,在显微镜下无法分辨,但此时的莱氏体由 $A+Fe_3C_{II}+Fe_3C$ 组成。由于 Fe_3C_{II} 的析出,至 2 点时 A 的含碳的质量分数降为 0.77%,并发生共析反应转变为 P;高温莱氏体 L_d 转变成低温莱氏体 $L_d'(P +Fe_3C_{II}+Fe_3C)$。从 $2'\sim3$ 点组织不变化。所以共晶白口铸铁的室温平衡组织为 L_d',其显微组织如图 4-16 所示,由黑色条状或粒状 P 和白色 Fe_3C 基体组成。

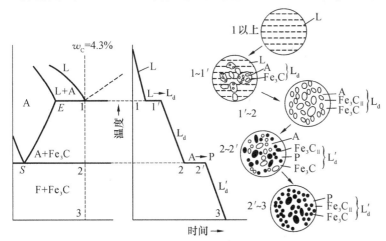

图 4-15　共晶白口铸铁结晶过程示意图

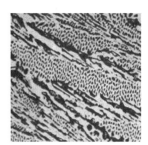

图 4-16　共晶白口铸铁的室温显微组织

6. 亚共晶白口铸铁(合金⑥)

如图 4-17 所示,合金自 1 点起,从 L 中结晶出初生 A,至 2 点时 L 的含碳的质量分数变为 4.3%(A 的含碳的质量分数变为 2.11%),发生共晶反应转变为 L_d,而 A 不参与反应。在 2′~3 点间继续冷却时,初生 A 不断在其外围或晶界上析出 Fe_3C_{II},同时 L_d 中的 A 也析出 Fe_3C_{II}。至 3 点时,所有 A 的含碳的质量分数均变为 0.77%,初生 A 发生共析反应转变为 P;高温莱氏体 L_d 也转变为低温莱氏体 L_d'。在 3′点以下到 4 点,冷却不引起转变。因此亚共晶白口铸铁的室温平衡组织为 $P + Fe_3C_{II} + L_d'$,其显微组织如图 4-18 所示,树枝状的大块黑色组成体是 P,其余部分为 L_d',Fe_3C_{II} 依附在共晶渗碳体上而难以分辨。

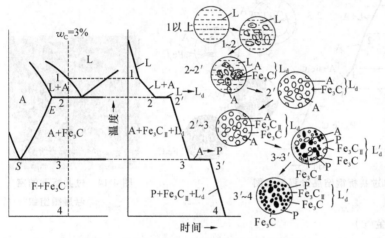

图 4-17 亚共晶白口铸铁结晶过程示意图

图 4-18 亚共晶白口铸铁的室温显微组织

7. 过共晶白口铸铁(合金⑦)

如图 4-19 所示,过共晶白口铸铁的结晶过程与亚共晶白口铸铁大同小异,唯一的区别是,其先析出相是一次渗碳体(Fe_3C)而不是 A,而且因为没有先析出 A,进而其室温组织中除 L_d' 中的 P 以外再没有 P,即过共晶白口铸铁的室温下组织为 $L_d' + Fe_3C$,组成相也同样为 $F + Fe_3C$,其显微形貌如图 4-20 所示,亮白色的长条为 Fe_3C_I。

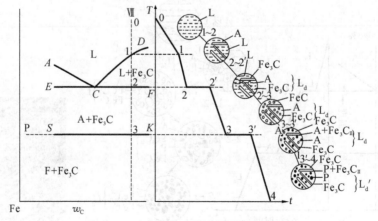

图 4-19 过共晶白口铸铁结晶过程示意图

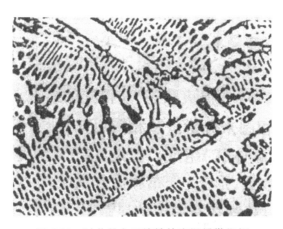

图 4-20 过共晶白口铸铁的室温显微组织

4.2.3 碳对铁碳合金的组织和性能的影响

1. 含碳量对合金平衡组织的影响

由 Fe-Fe$_3$C 相图可知,铁碳合金室温平衡组织都由 F 和 Fe$_3$C 两相组成。随着含碳量增高,F 含量下降,由 100% 按直线关系变至 0(w_C=6.69% 时);Fe$_3$C 含量相应增加,由 0 按直线关系变至 100%(w_C=6.69% 时)。改变含碳量,不仅会引起组成相的质量分数变化,还会产生不同的结晶过程,从而导致组成相的形态、分布发生变化,即改变了铁碳合金的组织。由图 4-21 可见,随着含碳量增加,室温组织变化如下:F+Fe$_3$C$_Ⅲ$→F+P→P→P+Fe$_3$C$_Ⅱ$→P+Fe$_3$C$_Ⅱ$+L$_d$'→L$_d$'→L$_d$'+Fe$_3$C。

组成相的相对含量及组织形态的变化,会对铁碳合金性能产生很大的影响。

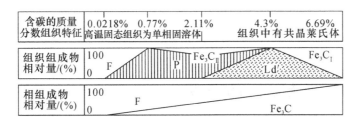

图 4-21 铁碳合金的含碳的质量分数和组织的关系

2. 含碳量对力学性能的影响

如前所述,呈体心立方结构的铁素体强度、硬度低,塑性好,而渗碳体则是硬而脆的间隙化合物。亚共析钢随含碳量增加,珠光体量增加。珠光体的性能介于铁素体和渗碳体之间,且其强度随其片层间距减小而提高。由于珠光体的强化作用,钢的强度、硬度升高,塑性、韧度下降,当含碳的质量分数为 0.77% 时,组织为 100% 的珠光体,钢的性能即珠光体的性能。当含碳的质量分数大于 0.9% 时,过共析钢中的二次渗碳体在奥氏体晶界上形成连续网状,因而强度、塑性、韧性下降,但硬度仍直线上升。含碳的质量分数大于 2.11% 时,由于组织中出现以渗碳体为基的莱氏体,此时因合金太脆而使白口铸铁在工业上很少应用。含碳量对平衡状态下碳钢力学性能的影响如图 4-22 所示。

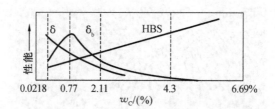

图 4-22 含碳量对平衡状态下碳钢力学性能的影响

3. 含碳量对工艺性能的影响

1) 切削加工性能

一般认为中碳钢的塑性比较适中,硬度在 200HBS 左右,切削加工性能最好。含碳量过高或过低,都会降低其切削加工性能。

2) 可锻性

低碳钢比高碳钢的可锻性好。由于钢加热至单相奥氏体区时,塑性好、强度低,便于塑性变形,所以一般锻造都是在单相奥氏体状态下进行。

3) 铸造性能

铸铁的流动性比钢的好,易于铸造,特别是靠近共晶成分的铸铁,其结晶温度低,流动性也好,更具有良好的铸造性能。从相图的角度来看,凝固温度区间越大,越容易形成分散缩孔和偏析,铸造工艺性能越差。

4) 可焊性

一般含碳量越低,钢的焊接性能越好,所以低碳钢比高碳钢更容易焊接。

4.3 铁碳合金相图的应用

Fe-Fe$_3$C 相图在生产中具有重大的实际意义,主要应用在钢铁材料的选用和加工工艺的制订两个方面。

4.3.1 在钢铁材料选用方面的应用

(1) Fe-Fe$_3$C 相图所表明的某些成分—组织—性能的规律,为钢铁材料选用提供了根据。

(2) 建筑结构和各种型钢需用塑性、韧度好的材料,因此选用含碳量较低的钢材。

(3) 各种机械零件需要强度高、塑性及韧度较好的材料,应选用含碳量适中的中碳钢。

(4) 各种工具要用硬度高和耐磨性好的材料,则选用含碳量高的钢种。

(5) 纯铁的强度低,不宜用做结构材料,但由于其导磁率高,矫顽力低,可作为软磁材料使用,例如做电磁铁的铁芯等。

(6) 白口铸铁硬度高、脆性大,不能切削加工,也不能锻造,但其耐磨性好,铸造性能优良,适用于做要求耐磨、不受冲击、形状复杂的铸件,例如拔丝模、冷轧辊、货车轮毂、犁铧、球磨机的磨球等。

4.3.2 在铸造工艺方面的应用

根据 Fe-Fe$_3$C 相图可以确定合金的浇注温度。浇注温度一般在液相线以上 50～100 ℃。从相图上可看出,纯铁和共晶白口铸铁的铸造性能最好,所以铸铁在生产上总是选在共晶成分附近。而在铸钢生产中,含碳的质量分数规定在 0.15%～0.6% 之间,因为这个范围内钢的结晶温度区间较小,铸造性能较好。

4.3.3 在热锻、热轧工艺方面的应用

钢处于奥氏体状态时强度较低,塑性较好,因此锻造或轧制选在单相奥氏体区内进行。

一般始锻、始轧温度应控制在固相线以下 100～200 ℃ 范围内,此时钢的变形抗力小,节约能源,设备要求的吨位低。但温度不能过高,以防止钢材严重烧损或发生晶界熔化(过烧)。

终锻、终轧温度不能过低,以免钢材因塑性差而发生锻裂或轧裂。亚共析钢热加工终止温度多控制在 GS 线以上一点,避免变形时出现大量铁素体,形成带状组织而使韧度降低。过共析钢变形终止温度应控制在 PSK 线以上一点,以便把呈网状析出的二次渗碳体打碎。终止温度也不能过高,否则再结晶后奥氏体晶粒粗大,使热加工后的组织也粗大。一般始锻温度为 1150～1250 ℃,终锻温度为 750～850 ℃。

4.3.4 在热处理工艺方面的应用

Fe-Fe$_3$C 相图对于制订热处理工艺有着特别重要的意义。一些热处理工艺如退火、正火、淬火的加热温度都是依据 Fe-Fe$_3$C 相图确定的。这些内容将在第 6 章中详细阐述。

4.4 碳钢

碳钢是近代工业中使用最早、用量最大的基本材料。碳钢比较容易冶炼、加工,且价格低廉。经过一定热处理后,其性能可满足大部分工程结构的要求,因而在钢铁材料中占很重要的位置。碳钢就是前面讨论的含碳的质量分数小于 2.11%,除铁、碳和一定量以内的硅、锰、磷、硫等杂质外,不含其他元素的钢。为了合理选择、正确使用各种碳钢,必须简要了解我国碳钢的分类、编号、用途以及一些常见杂质对碳钢的影响。

4.4.1 钢中的常存杂质

由于原料和冶炼工艺等原因,碳钢中除铁与碳两种元素外,还含有少量 Mn、Si、S、P 及微量的气体元素 O、H、N 等非特意加入的杂质元素。Si 和 Mn 是炼钢时作为脱氧剂(锰铁、硅铁)加入而残留在钢中的,其余的元素则是从原料或大气中带入钢中而冶炼时不能清除尽的有害杂质。它们对钢的质量和性能有一定影响。

1. Mn 和 Si 的影响

Si、Mn 作为脱氧剂加入钢中,可将钢液中的 FeO 还原成 Fe,形成 SiO$_2$ 和 MnO。Mn

还会与钢液中的 S 形成 MnS 而大大减轻 S 的有害作用。这些反应产物大部分进入炉渣,小部分残留钢中成为非金属夹杂。通常,钢中含 Mn 的质量分数为 0.25%～0.80%,含硅量通常小于 0.35%。

另外,脱氧剂中的 Si 与 Mn 总会有一部分溶于钢液,凝固后溶于铁素体,产生固溶强化作用。在含量不高($w_{Si(Mn)}<1\%$)时,可以提高钢的强度,而不降低钢的塑性和韧度,一般认为 Si、Mn 是钢中的有益元素。但当含硅量较高时,钢的塑性、韧性将下降。

2. 其他杂质的影响

1)硫(S)的影响

S 是炼钢时由矿石和燃料带到钢中来的。S 在固态铁中几乎不溶解,极易与铁形成熔点为 1190 ℃的 FeS,FeS 又会与 γ-Fe 形成熔点更低(985 ℃)的共晶体。即使钢中含 S 量不高,由于严重偏析,凝固快完成时,钢中的 S 几乎全部残留在枝晶间的钢液中,最后形成低熔点的共晶(Fe+FeS)。含有硫化物共晶的钢材进行热压力加工(加热温度一般在 1000～1250 ℃之间)时,分布在晶界处的共晶体处于熔融状态,一经轧制或锻打,钢材就会沿晶界开裂。这种现象称为钢的热脆。如果钢水脱氧不良,含有较多的 FeO,还会形成(Fe+FeO+FeS)三相共晶体,熔点更低(940 ℃),危害性更大。对于铸钢件,含 S 量过高,铸件易发生热裂。另外,S 也使焊件的焊缝处易发生热裂。

S 在钢中是有害杂质,其含量必须严格控制。在钢中增加含 Mn 量可以消除 S 的有害作用。因为 Mn 与 S 的亲和力大于 Fe 和 S 的亲和力,所以 Mn 能与 S 优先形成 MnS。MnS 的熔点在 1620 ℃,而且在高温下尚有一定的塑性,因此 Mn 可以间接消除 S 的有害作用。

2)磷(P)的影响

P 一般是炼钢时由原料生铁带入钢中的。P 在铁中溶解度较大,钢中的 P 一般都固溶于铁中。P 溶入铁素体后,有较之其他元素更强的固溶强化能力,尤其是较高的含 P 量,使钢的强度、硬度显著提高的同时,剧烈地降低钢的塑性和韧度,并且还提高了钢的脆性转化温度,使得低温工作的零件冲击韧度很低,脆性很大,这种现象通常称为钢的冷脆。

当 P 含量较高时,会使钢的韧脆转化温度升高。P 的存在还会使钢的焊接性能变坏。因此,P 在钢中是有害杂质,其含量应严格控制,在普通质量非合金钢中,其质量分数被限制在0.045%以下。如果要求更好的质量,则含量限制更严格。

在一定条件下,S、P 也被用于提高钢的切削加工性能。炮弹钢中加入较多的 P,可使炮弹爆炸时产生更多弹片,使之有更大的杀伤力。P 与 Cu 共存可以提高钢的抗大气腐蚀能力。

3)氧(O)、氢(H)、氮(N)的影响

O 在钢中溶解度很小,几乎全部以氧化物夹杂形式存在,如 FeO、Al_2O_3、SiO_2、MnO 等,这些非金属夹杂使钢的力学性能降低,尤其是对钢的塑性、韧度、疲劳强度等危害很大。

H 在钢中含量尽管很少,但溶解于固态钢中时,会剧烈地降低钢的塑性、韧度,增大钢的脆性,这种现象称为氢脆。

少量 N 存在于钢中,会起强化作用。N 的有害作用表现为造成低碳钢的时效现象,即含 N 的低碳钢自高温快速冷却或冷加工变形后,随时间的延长,钢的强度、硬度上升,塑性、韧度下降,脆性增大,同时脆性转变温度也提高了,造成了许多焊接工程结构和容器突然断裂的事故。

4.4.2 碳钢的分类

根据 GB/T 13304.1—2008:钢按化学成分分为非合金钢、低合金钢和合金钢等三类。其中非合金钢即为原国标中的碳钢。

碳钢主要有下列几种分类方法:

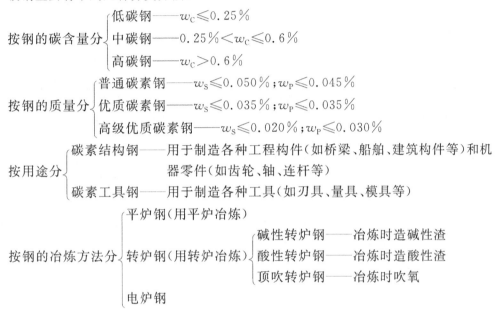

4.4.3 常见的牌号及用途

钢的品种很多,为了生产、加工处理和使用过程中不致造成混乱,必须对各种钢进行命名和编号。

1. 普通碳素结构钢

碳素结构钢原称普通碳素结构钢,国家标准修订后,增加了 C、D 质量等级的优质钢。碳素结构钢含碳的质量分数低($w_c=0.06\%\sim0.38\%$),硫、磷含量较高。这类钢通常在热轧空冷状态下使用,其塑性高,可焊性好,使用状态下的组织为铁素体加珠光体。碳素结构钢常以热轧板、带、棒及型钢使用,用量约占钢材总量的 70%,适合于焊接、铆接、栓接等。碳素结构钢的牌号、成分、性能及应用如表 4-2 所示。

表 4-2 碳素结构钢的牌号、成分、性能及应用

牌号	等级	化学成分及其质量分数/(%)			脱氧方法	力学性能			应用举例
		C	S	P		σ_s/MPa	σ_b/MPa	A/(%)	
Q195	—	0.06~0.12	≤0.050	≤0.045	F、Z	195	315~390	≥33	用于载荷不大的结构件、铆钉、垫圈、地脚螺栓、开口销、拉杆、螺纹钢筋、冲压件和焊接件
Q215	A	0.09~0.15	≤0.050	≤0.045	F、Z	215	335~410	≥31	
	B		≤0.045						

牌号	等级	化学成分及其质量分数/(%)			脱氧方法	力学性能			应用举例
		C	S	P		σ_s/MPa	σ_b/MPa	A/(%)	
Q235	A	0.14~0.22	≤0.050	≤0.045	F、Z	235	375~460	≥26	用于结构件、钢板、螺纹钢筋、型钢、螺栓、螺母、铆钉、拉杆、齿轮、轴、连杆,Q235C、Q235D 可用于重要焊接结构件
	B	0.12~0.20	≤0.045						
	C	≤0.18	≤0.040	≤0.040	Z				
	D	≤0.17	≤0.035	≤0.035	TZ				
Q255	A	0.18~0.28	≤0.050	≤0.045	Z	255	410~510	≥24	强度较高,用于承受中等载荷的零件,如键、链、拉杆、转轴、链轮、链环片、螺栓及螺纹钢筋等
	B		≤0.045						
Q275	—	0.28~0.38	≤0.050	≤0.045	Z	275	490~610	≥20	

GB/T 700—2006 对于普通碳素结构钢的牌号表示方法及符号做了如下规定:钢的牌号由代表屈服强度的字母 Q、屈服点数值(MPa)、质量等级符号和脱氧方法等四个部分按顺序组成。现将规定符号内容说明如下:Q 为"屈"字汉语拼音首位字母;A、B、C、D 表示质量等级;F 表示沸腾钢,Z 为镇静钢,TZ 为特殊镇静钢。但是在牌号中,"Z"和"TZ"符号,按规定予以省略。例如:Q235-AF,它表示屈服点 σ_s≥235 MPa 的 A 级、沸腾钢。

2. 优质碳素结构钢

优质碳素结构钢的钢号用平均含碳量的万分数表示。例如,钢号"20",即表示含碳的质量分数为 0.20%(万分之二十)的优质碳素结构钢,"45"表示含碳的质量分数为 0.45% 的优质碳素结构钢。若钢中含锰量较高,则在其钢号后附以符号"Mn",如 15Mn、45Mn 等。

优质碳素结构钢的化学成分、力学性能和用途如表 4-3 所示。这类钢硫、磷含量较低(均不大于 0.035%),力学性能优于(普通)碳素结构钢,多用于制造比较重要的机械零件,故又称机械零件用钢。它的产量极大,价格比合金钢便宜,并可通过热处理强化,用途广泛,普遍应用于机械产品中各种大小结构部件。

表 4-3 优质碳素结构钢的化学成分、力学性能和用途

牌号	统一数字代号	化学成分及其质量分数/(%)			力学性能					应用举例
		C	Si	Mn	σ_b/MPa	σ_s/MPa	A/(%)	ψ/(%)	A_{KU2}/J	
08F	U20080	0.05~0.11	≤0.03	0.25~0.50	295	175	35	60		属低碳钢,强度、硬度低,塑性、韧度好。其中08F、10F 属沸腾钢,成本低、塑性好,用于制造冲压件和焊接件,如壳、盖、罩等。15F 用于钣金件。08~25 钢常用来做冲压件、焊接件、锻件和渗碳钢,还用来制作齿轮、销钉、小轴、螺钉、螺母等。其中 20 钢用量最大
10F	U20100	0.07~0.13	≤0.07	0.25~0.50	315	185	33	55		
15F	U20150	0.12~0.18	≤0.07	0.25~0.50	355	205	29	55		
08	U20082	0.05~0.11	0.17~0.37	0.35~0.65	325	195	33	60		
10	U20102	0.07~0.13	0.17~0.37	0.35~0.65	335	205	31	55		
15	U20152	0.12~0.18	0.17~0.37	0.35~0.65	375	225	27	55		
20	U20202	0.17~0.23	0.17~0.37	0.35~0.65	410	245	25	55		
25	U20252	0.22~0.29	0.17~0.37	0.50~0.80	450	275	23	50	71	

续表

牌号	统一数字代号	化学成分及其质量分数/(%)			力学性能					应用举例
		C	Si	Mn	$\sigma_b/$MPa	$\sigma_s/$MPa	$A/$(%)	$\psi/$(%)	$A_{KU2}/$J	
30	U20302	0.27~0.34	0.17~0.37	0.50~0.80	490	295	21	50	63	属中碳钢。综合力学性能好。多在正火、调质状态下使用，主要用于制造齿轮、轴类零件，如曲轴、传动轴、连杆、拉杆、丝杆等。其中45钢应用最广泛
35	U20352	0.32~0.39	0.17~0.37	0.50~0.80	530	315	20	45	55	
40	U20402	0.37~0.44	0.17~0.37	0.50~0.80	570	335	19	45	47	
45	U20452	0.42~0.50	0.17~0.37	0.50~0.80	600	355	16	40	39	
50	U20502	0.47~0.55	0.17~0.37	0.50~0.80	630	375	14	40	31	
55	U20552	0.52~0.60	0.17~0.37	0.50~0.80	645	380	13	35		
60	U20602	0.57~0.65	0.17~0.37	0.50~0.80	675	400	12	35		属高碳钢，具有较高的强度、硬度、耐磨性，多在淬火、中温回火状态下使用。主要用于制造弹簧、轧辊、凸轮等耐磨件与钢丝绳等，其中65钢是最常用的弹簧钢
65	U20652	0.62~0.70	0.17~0.37	0.50~0.80	695	410	10	30		
70	U20702	0.67~0.75	0.17~0.37	0.50~0.80	715	420	9	30		
75	U20752	0.72~0.80	0.17~0.37	0.50~0.80	1080	880	7	30		
80	U20802	0.77~0.85	0.17~0.37	0.50~0.80	1080	930	6	30		
85	U20852	0.82~0.90	0.17~0.37	0.50~0.80	1130	980	6	30		
15Mn	U21152	0.12~0.18	0.17~0.37	0.70~1.00	410	245	26	55		应用范围基本同于相对应的普通含锰量钢。由于其淬透性、强度相应提高了，可用于截面尺寸较大或强度要求较高的零件。其中65Mn最常用
20Mn	U21202	0.17~0.23	0.17~0.37	0.70~1.00	450	275	24	50		
25Mn	U21252	0.22~0.29	0.17~0.37	0.70~1.00	490	295	22	50	71	
30Mn	U21302	0.27~0.34	0.17~0.37	0.70~1.00	540	315	20	45	63	
35Mn	U21352	0.32~0.39	0.17~0.37	0.70~1.00	560	335	18	45	55	
40Mn	U21402	0.34~0.44	0.17~0.37	0.70~1.00	590	355	17	45	47	
45Mn	U21452	0.42~0.50	0.17~0.37	0.70~1.00	620	375	15	40	39	

牌号	统一数字代号	化学成分及其质量分数/（%）			力学性能					应用举例
		C	Si	Mn	σ_b/ MPa	σ_s/ MPa	A/ （%）	ψ/ （%）	A_{KU2}/ J	
50Mn	U21502	0.48～ 0.56	0.17～ 0.37	0.70～ 1.00	645	390	13	40	31	
60Mn	U21602	0.57～ 0.65	0.17～ 0.37	0.70～ 1.00	695	410	11	35		
65Mn	U21652	0.62～ 0.70	0.17～ 0.37	0.90～ 1.20	735	430	9	30		
70Mn	U21702	0.67～ 0.75	0.17～ 0.37	0.90～ 1.20	785	450	8	30		

注：表中拉伸性能除 75、80、85 三个牌号为 820 ℃淬火加 480 ℃中温回火处理值外，其余均为正火处理值，冲击性能为调质处理（回火温度为 600 ℃）值，试样毛坯尺寸为 25 mm。

3. 铸钢

铸钢牌号的表示是在数字前冠以"ZG"（"铸钢"两字的汉语拼音字首），数字则代表钢的平均含碳量的万分数。例如 ZG25，表示含碳的质量分数为 0.25% 的铸钢。

铸钢的流动性较差，凝固时收缩较大，并易生成魏氏组织，使钢的塑性及韧度降低，必须采用热处理来消除。铸钢可用来铸造一切形状复杂而需要一定强度、塑性和韧度的零件，优质碳素铸钢的力学性能和用途如表 4-4 所示。

表 4-4 优质碳素铸钢的力学性能和用途

种类与钢号	对应旧钢号	力学性能（≥）					用途举例
		σ_s/MPa	σ_b/MPa	A/（%）	ψ/（%）	A_{kv}/J	
一般工程用碳素铸钢 ZG200-400	ZG15	200	400	25	40	30	良好的塑性、韧度、焊接性能，用于受力不大、要求高韧度的零件
ZG230-450	ZG25	230	450	22	32	25	有一定的强度和较好的韧度、焊接性能，用于受力不大、要求高韧度的零件
ZG270-500	ZG35	270	500	18	25	22	较高的强韧度，用于受力较大且有一定韧度要求的零件，如连杆、曲轴
ZG310-570	ZG45	310	570	15	21	15	较高的强度和较低的韧度，用于载荷较高的零件，如大齿轮、制动轮
ZG340-640	ZG55	340	640	10	18	10	高的强度、硬度和耐磨性，用于齿轮、棘轮、联轴器、叉头等

种类与钢号	对应旧钢号	力学性能(≥)					用 途 举 例
		σ_s/MPa	σ_b/MPa	A/(%)	ψ/(%)	A_{kv}/J	
焊接结构用碳素铸钢 ZG200-400H	ZG15	200	400	25	40	30	由于含碳量偏下限,故焊接性能优良,其用途基本同于 ZG200-400、ZG230-450 和 ZG270-500
ZG230-450H	ZG20	230	450	22	35	25	
ZG275-485H	ZG25	275	485	20	35	22	

注:表中力学性能是在正火(或退火)+回火状态下测定的。

4. 碳素工具钢

碳素工具钢的含碳的质量分数在 0.65%～1.3% 之间,钢号用平均含碳量的千分数表示,并在前面冠以"T"("碳"字的汉语拼音字首)字。例如,T9 是含碳量为 0.90%(即千分之九)的碳素工具钢。T12 是含碳的质量分数为 1.2%(即千分之十二)的碳素工具钢。

碳素工具钢均为优质钢。若属高级优质钢,则在钢号后标注"A"字。例如,T10A 表示含碳的质量分数为 1.0% 的高级优质碳素工具钢。常用碳素工具钢的牌号、成分、热处理、力学性能与主要用途如表 4-5 所示。

表 4-5　常用碳素工具钢的牌号、成分、热处理、力学性能与主要用途

牌号	化学成分及其质量分数/(%)					退火硬度/HBS 不大于	淬火温度/℃	淬火硬度 HRC	用 途 举 例
	C	Si	Mn	S	P				
				不大于					
T7	0.65～0.74	≤0.35	≤0.40	0.030	0.035	187	800～820		承受冲击,韧度较好、硬度适当的工具,如扁铲、冲头、手钳、大锤、改锥、木工工具、压缩空气工具
T8	0.75～0.84	≤0.35	≤0.40	0.030	0.035	187	780～800		
T8Mn	0.80～0.90	≤0.35	0.40～0.60	0.030	0.035	187			同上,但淬透性较大,可制断面较大的工具
T9	0.85～0.94	≤0.35	≤0.40	0.030	0.035	192		≥62	韧度中等、硬度高的工具,如冲头、木工工具、凿岩工具
T10	0.95～1.04	≤0.35	≤0.40	0.030	0.035	197	760～780		不受剧烈冲击、高硬度耐磨的工具,如车刀、刨刀、丝锥、钻头、手锯条
T11	1.05～1.14	≤0.35	≤0.40	0.030	0.035	207			
T12	1.15～1.24	≤0.35	≤0.40	0.030	0.035	207			不受冲击,要求高硬度、高耐磨的工具,如锉刀、刮刀、精车刀、丝锥、量具
T13	1.25～1.35	≤0.35	≤0.40	0.030	0.035	217			

注:淬火介质均为水。

习题

1.对某一碳钢(平衡状态)进行相分析,得知其组成相为 80％F 和 20％Fe_3C,求此钢的成分及其硬度。

2.计算铁碳合金中 Fe_3C 的最大可能含量。

3.计算低温莱氏体 Ld' 中共晶渗碳体、Fe_3C 和共析渗碳体的含量。

4.同样形状的一块含碳量为 0.15％的碳钢和一块白口铸铁,不做成分化验,有什么方法能区分它们?

5.用冷却曲线表示 E 点成分的铁碳合金的平衡结晶过程,画出室温组织示意图,标上组织组成物,计算室温平衡组织中组成相和组织组成物的相对质量。

6.10 kg 含碳量为 3.5％的铁碳合金从液态缓慢冷却到共晶温度(但尚未发生共晶反应)时所剩下的液体的成分及质量。

7.45 牌号的意义是什么? Q235 钢的主要用途是什么?

8.钢中的夹杂物有哪些? 对钢的性能有何影响?

9.什么是组织组成物?铁碳合金中的渗碳体有哪 5 种组织组成物? 其对性能有什么影响?

10.从 Fe-Fe_3C 相图的分析中回答以下问题,并说明其原因。

①随着碳质量分数的增加,硬度、塑性是增加还是减小?

②过共析钢中的网状 Fe_3C 对强度、塑性的影响怎样?

③钢有塑性而白口铁几乎无塑性吗?

④哪个区域熔点最低? 哪个区域塑性最好?

第5章 金属的塑性变形与再结晶

【内容简介】

　　本章主要介绍金属塑性变形原理,探究单晶体与多晶体塑性变形的差异性,重点讨论冷塑性变形对金属组织和性能的影响,以及冷塑性变形后的金属在加热时组织和性能的变化。

【学习目标】

　　(1)掌握冷塑性变形金属在加热时经历三个阶段所发生的组织和性能的变化。

　　(2)理解金属塑性变形的机理。

　　(3)了解单晶体与多晶体塑性变形的差异性。

　　金属材料在加工和使用过程中会因受外力作用而发生变形,其在外力作用下,发生不可恢复的变形称为塑性变形,塑性变形及其随后的加热对金属材料的组织和性能有着显著的影响,了解塑性变形的本质,塑性变形及加热时组织的变化,有助于发挥金属的性能潜力,正确确定加工工艺。

5.1　弹性变形与塑性变形

5.1.1　弹性变形

　　金属弹性变形的主要特点:①变形是可逆的,去除外力后,变形消失;②遵从胡克定律,应力和应变呈线性关系,即

$$\sigma = E\varepsilon \tag{5-1}$$

式中:σ——正应力;

　　　ε——正应变;

　　　E——弹性模量。

5.1.2　塑性变形

　　当材料所受应力超过其弹性极限,则产生的变形在外力去除后不能全部恢复,而残留一部分变形,材料不能恢复到原来的形状,这种残留的变形就是不可逆的塑性变形。在锻压、轧制、拔制等加工过程中,产生的弹性变形比塑性变形要小得多,通常可忽略不计。这类利

用塑性变形而使材料成形的加工方法,统称为塑性加工。

因此,研究金属的塑性变形,对于选择金属材料的加工工艺、提高生产效率、改善产品质量、合理使用材料等方面都有重要意义。

5.2 金属的塑性变形

工程上应用的金属材料通常是多晶体,但多晶体的变形与组成它的晶粒的形变有关。因此,首先分析单晶体的塑性变形,然后分析多晶体的塑性变形,以及冷、热变形和金属的超塑性。

5.2.1 单晶体的塑性变形

金属的塑性变形主要以滑移和孪生的方式进行。

1. 滑移

单晶体金属产生宏观塑性变形实际上是金属沿着某些晶面和晶向发生切向滑动,这种切向滑动称为滑移。发生滑移的晶面称为滑移面,滑移面上与滑移方向一致的晶向称为滑移方向。滑移面通常是原子密度最大的晶面,滑移方向是滑移面上原子密度最大的方向。图 5-1 所示的为不同原子密度晶面间的距离,晶面Ⅰ的原子密度大于晶面Ⅱ,由几何关系可知晶面Ⅰ之间的距离也大于晶面Ⅱ。在外力作用下,晶面Ⅰ会首先开始滑移。

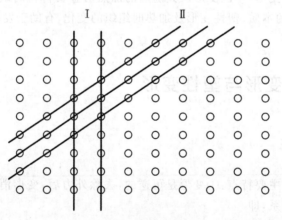

图 5-1　滑移面示意图

一个滑移面和该面上的一个滑移方向构成一个滑移系,滑移系表示晶体中一个滑移的空间位向。在通常情况下,晶体的滑移系越多,可提供滑移的空间位向也越多,金属的塑性变形能力也越大。金属的晶体结构决定了滑移系的多少。金属常见的三种晶格的滑移系见表 5-1。

滑移系越多,在其他条件(如变形温度、应力条件等)基本相同的情况下,该金属的塑性越好,特别是其中滑移方向对塑性变形所起的作用比滑移面更大。因此,面心立方晶格金属塑性要比体心立方晶格金属塑性好,而密排六方晶格金属塑性相对更差。

表 5-1　三种常见金属的滑移系

晶　　格	体　心　立　方	面　心　立　方	密　排　六　方
滑移面	{110}6 个	{111}4 个	六方底面 1 个
滑移方向	<111>2 个	<110>3 个	底面对角线 3 个
晶格类型简图			
滑移系数目	6×2＝12	4×3＝12	1×3＝3

图 5-2 所示是单晶体金属滑移示意图，τ 是作用于滑移面两侧晶体上的切应力，通常它只是金属所受的宏观外应力的分力，所以称为分切应力。当分切应力增大并超过某一临界值，即近似于等于滑移面两侧原子间的结合力时，滑移面两侧的晶体就会产生滑移。使晶体发生滑移的最小分切应力称为临界分切应力 τ_c，τ_c 是与金属成分、微观组织结构等因素有关的常数。

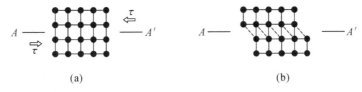

图 5-2　单晶体金属滑移示意图

在实际晶体模型中，塑性变形实质上是位错的连续运动（如图 5-3 所示），而不是如理想晶体模型那样以滑移面两侧晶体的整体同时相对运动，因而受外力作用时单个位错很容易产生运动，这称为位错的易动性。正因为如此，在位错密度不是太高时，含有位错的金属晶体就很容易在外力作用下发生塑性变形。

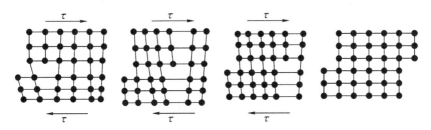

图 5-3　刃型位错在晶体中的运动过程示意图

通过上述对单晶体金属塑性变形微观过程的简要介绍可以清楚地说明，金属晶体塑性变形的实质是在分切应力作用下产生位错的连续运动，从而使金属沿一定的滑移面和滑移方向发生滑移。这对我们正确认识、深入理解金属的塑性变形及其对金属微观组织和性能的影响都具有重要意义。

2. 孪生

孪生是金属晶体进行冷塑性变形的另一种方式,是原子面彼此相对切边的结果,常作为滑移不易进行时的补充。一些密排六方的金属如镉、镁、锌等常发生孪生变形。体心立方及面心立方结构的金属在形变温度较低、形变速率极快时,也会通过孪生方式进行塑性变形。

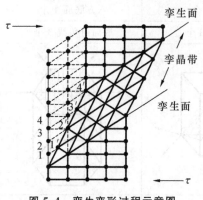

图 5-4 孪生变形过程示意图

孪生是指发生在晶体内部的均匀切变过程,总是沿晶体的一定晶面(孪晶面),沿一定方向(孪生方向)发生。孪生发生时,每相邻原子间的相对位移是原子间距的分数倍,变形后晶体的变形部分与未变形部分以孪晶面为分界面构成了镜面对称的位向关系,如图 5-4 所示,孪生变形会引起晶格位向发生变化。孪生变形是孪生带处众多原子协同动作的结果,所以孪生变形的速度极快,接近声速。

5.2.2 多晶体金属的塑性变形

大多数金属材料是由多晶体组成的。多晶体的塑性变形虽然是以单晶体的塑性变形为基础的,但取向不同的晶粒彼此之间的约束作用,以及晶界的存在会对塑性变形产生影响,所以多晶体塑性变形还有自己的特点。

1. 晶粒取向对塑性变形的影响

多晶体中各个晶粒的取向不同,在大小和方向一定的外力作用下,各个晶粒中沿一定滑移面和一定滑移方向上的分切应力并不相等,因此,在某些取向合适的晶粒中,分切应力有可能先满足滑移的临界应力条件而产生位错运动,这些晶粒的取向称为"软位向"。与此同时,另一些晶粒由于取向的原因还不能满足滑移的临界应力条件而不会发生位错运动,这些晶粒的取向称为"硬位向"。在外力作用下,金属中处于软位向的晶粒中的位错首先发生滑移运动,但是这些晶粒变形到一定程度后就会受到处于硬位向、尚未发生变形的晶粒的阻碍,只有当外力进一步增加时才能使处于硬位向的晶粒也满足滑移的临界应力条件,产生位错运动,从而出现均匀的塑性变形。

在多晶体金属中,由于各个晶粒取向不同,一方面使塑性变形表现出很大的不均匀性,另一方面也会产生强化作用。同时,在多晶体金属中,当各个取向不同的晶粒都满足临界应力条件后,每个晶粒既要沿各自的滑移面和滑移方向滑移,又要保持多晶体的结构连续性,所以实际的滑移形变过程比单晶体金属的复杂、困难得多。在相同的外力作用下,多晶体金属的塑性形变量一般比相同成分单晶体金属的塑性形变量小。

在多晶体中,像铜、铝这样一些面心立方结构的金属由于结构简单、对称性良好,即便是处于多晶体形态时也仍然有很好的塑性,而像镁、锌这样一些具有密排六方结构,以及对称性较差的结构的金属处于多晶态时,其塑性就要比单晶体形态的差很多。

2. 晶界对塑性形变的影响

在多晶体金属中,晶界原子的排列是不规则的,局部晶格畸变十分严重,还容易产生杂质原子和空位等缺陷的偏聚。位错运动到晶界附近时,会受到晶界的阻碍。在常温下多晶体金属受到一定的外力作用下时,首先在各个晶粒内部产生滑移或位错运动,只有外力进一步增大后,位错的局部运动才能通过晶界传递到其他晶粒形成连续的位错运动,从而出现更大的塑性变形。这表明与单晶体金属相比,多晶体金属的晶界可以起到强化作用。

金属晶粒越细小,晶界在多晶体中的体积百分比越大,它对位错运动产生的阻碍也越大,因此,细化晶粒可以对多晶体金属起到明显的强化作用。同时,在常温和一定的外力作用下,当总的塑性变形量一定时,细化晶粒后可以使位错在更多的晶粒中产生运动,这就会使塑性变形更均匀,不容易产生应力集中,所以细化晶粒在提高金属强度的同时也改善了金属材料的塑性和韧度。

5.3　冷塑性变形对金属组织和性能的影响

金属及合金的塑性变形不仅是一种加工成形的工艺手段,而且也是改善合金性质的重要途径,因为通过塑性变形后,金属和合金的显微组织将产生显著的变化,其性能也受到很大的影响。

5.3.1　塑性变形对金属组织的影响

1. 形成纤维组织

随着形变量的增加,多晶体金属和合金,原来等轴状的晶粒将沿其变形方向(拉伸方向和轧制方向)伸长。当形变量很大时,晶界逐渐变得模糊不清,一个一个细小的晶粒难以分辨,只能看到沿变形方向分布的纤维状条带,通常称为纤维组织或流线(如图 5-5 所示)。在这种情况下,金属和合金沿流线方向上的强度很高,而在其垂直的方向则有相当大的差别。

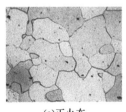
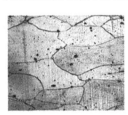

(a)正火态　　　　　　　(b)变形40%　　　　　　　(c)变形80%

图 5-5　工业纯铁在塑性变形前后的组织变化（400×）

2. 晶粒内部产生亚结构

亚结构一般是指晶粒内部的位错组态及其分布特征。在金属塑性变形的过程中,晶体中的位错密度 ρ(界面上单位面积中位错线的根数,或者单位面积中位错线的总长度)显著增加,一般退火的金属中 ρ 为 $10^6 \sim 10^7 / cm^2$,而经过强烈的冷塑性变形后增至 $10^{11} \sim 10^{12} / cm^2$。随着 ρ 的增加,位错的分布并不是均匀的,位错线在某些区域聚集,而在另一些区域则较少,从而形成胞状结构。随着形变量的进一步增大,位错胞的数量增多,尺寸减小,使晶粒分化成许多位向略有不同的小晶块,在晶粒内产生亚结构,如图 5-6 所示。

3. 织构现象

在多晶体变形过程中,每个晶粒的变形会受到周围晶粒的约束,为了保持晶体的连续性,各晶粒在变形的同时会发生晶体的转动。在多晶体中,每个晶粒的取向是任意的,当金属发生塑性变形时,各晶粒内的晶面会按一定的方向转动。当塑性形变量很大时(70%以上),绝大多数晶粒的某一方位(晶面或晶向)将与外力方向大体趋向一致,这种有序化结构称为形变织构,如图5-7所示。

织构形成后,会使金属的各种性能呈现出明显的各向异性,用热处理方法也难以消除,

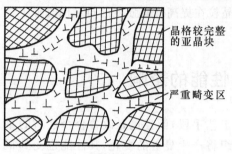

图5-6　金属变形后的亚结构

所以在一般情况下对加工成形是不利的。例如,用具有形变织构的轧制金属板拉延筒形工件时,由于材料的各向异性,引起变形不均匀,会出现所谓的"制耳"现象,如图5-8所示。但是在某些情况下,织构确实有利的。例如,制造变压器铁芯的硅钢片,有意使特定的晶面和晶向平行于磁感线方向,可以提高变压器铁芯的磁导率,减少磁滞损耗,使变压器的效率大为提高。

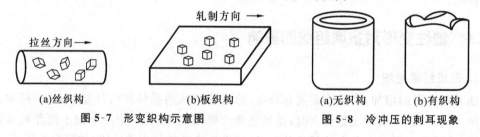

图5-7　形变织构示意图　　　　图5-8　冷冲压的制耳现象

5.3.2　塑性变形对金属性能的影响

塑性变形引起金属组织结构的变化,也必然引起金属性能的变化。

1. 产生加工硬化

金属在发生塑性变形时,随着冷变形量的增加,金属的强度和硬度提高,塑性和韧度下降的现象称为加工硬化。

图5-9所示为典型材料强度、塑性与变形量的关系。

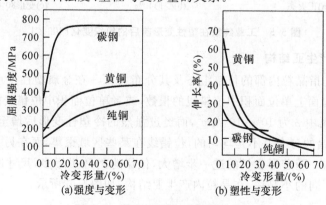

图5-9　强度、塑性与变形量的关系

加工硬化现象具有很重要的现实意义。首先,可利用加工硬化来提高金属的强度与硬度。这对于那些不能用热处理方法强化的金属材料,如某些铜合金和铝合金等尤其重要。当然这种强化是以降低材料的塑性和韧度为代价的。其次,加工硬化有利于金属进行均匀的塑性变形。这是由于金属已变形部分的强度会提高,继续变形将在未变形或变形量少的部分进行。因此,加工硬化使得金属制品能够用塑性变形方法成形。例如,冷拉钢丝时,由于加工硬化,因此能得到粗细均匀的钢丝。最后,加工硬化还可以在一定程度上提高金属零件和构件在使用过程中的安全性。

但是加工硬化也有其不利的一面,会使金属的塑性降低,变形抗力增加,给金属的进一步冷变形加工带来困难。例如,钢丝在冷拉过程中会越拉越硬,当形变量继续增加就会拉断。因此,需安排中间退火工序,通过加热消除加工硬化,恢复其塑性。

2. 残余内应力

塑性变形是一个复杂的过程,不仅会使金属的外形改变,也会引起金属内部组织结构的诸多变化。而形变在金属的内部总不可能是均匀的,这就必然在金属的内部造成残余内应力。金属在塑性变形时,外力所做的形变功除大部分转变成热能外,约占形变功 10% 的另一小部分则以畸变能的形式储存在金属中,主要以点阵畸变能的形式存在,残余内应力即是点阵畸变的一种表现。残余内应力一般分为以下三类。

1)第一类内应力(宏观内应力)

这种应力是由于不同区域的宏观变形不均匀所引起的。宏观内应力在较大的范围中存在,一般是不利的,应予以防止或消除。

2)第二类内应力(微观内应力)

这种应力存在于晶粒与晶粒之间,是由于各晶粒形变程度的差别而造成的,其作用范围是在晶粒的尺寸范围内。

3)第三类内应力

这种内应力是由于形变过程中形成的大量空位、位错等缺陷造成的,存在于更小的原子尺度的范围中,这类点阵的畸变能占整个存储能的大部分。

金属或合金经塑性变形后,存在着复杂的残余内应力,这是不可避免的。它对材料的变形、开裂、应力腐蚀等产生重大的影响,一般说来是不利的,需采用去应力退火加以消除。但是在某些条件下,残余压应力有助于改善工件的疲劳抗力,如表面滚压和喷丸处理,可在表面形成压应力,会使零件的疲劳寿命成倍增加。

5.4　冷变形金属在加热时组织和性能的变化

金属经塑性变形后,晶体缺陷密度增加,晶体畸变程度增大,内能升高,因此具有自发地恢复其原有组织结构状态的倾向。但是在室温下,由于原子的扩散能力低,这种转变不易进行。如果将冷塑性变形金属加热到较高的温度,会使原子具有一定的扩散能力,组织结构和性能就会发生一定的变化。随着温度的不同,金属会经过回复、再结晶和晶粒长大三个过程,如图 5-10 所示。

5.4.1 回复

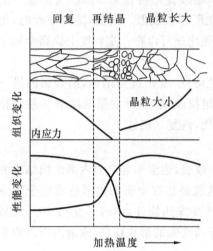

图 5-10　冷变形金属在不同加热温度时晶粒大小和性能变化示意图

当冷变形金属在较低的温度加热时(低于最低再结晶温度),金属内部的组织结构变化不明显,变形金属发生回复的过程。在回复过程中,通过原子短距离的扩散,可使某些晶体缺陷相互抵消,从而使缺陷数量减少,使晶格畸变程度减轻。例如,点缺陷作短距离迁移,使晶体内的一些空位和间隙原子合并而相互抵消,减少了点缺陷数量。又如,同一个滑移面上的两个异号刃型位错运动到同一个位置相互抵消,降低了位错密度。

由于晶格畸变程度减轻,使第一、二类残余内应力显著减少,物理性能(如电阻率降低)、化学性能(如耐腐蚀性能改善)也部分恢复到冷变形以前的状态。但是显微组织无明显变化,仍保留纤维组织。位错密度未显著减少,造成加工硬化的基本原因没有消除,力学性能变化不大,强度、硬度稍有下降,塑性、韧度略有上升。

工业上利用回复过程对变形金属进行去除应力退火,在保留加工硬化的情况下恢复某些物理、化学性能。如冷拔丝弹簧在绕制后,常进行低温退火处理,这样可以消除冷卷弹簧时的内应力而保留冷拔钢丝的高强度和弹性。

5.4.2 再结晶

当加热温度较高时,变形金属的显微组织发生显著的变化,破碎的被拉长的晶粒全部转变成均匀而细小的等轴晶粒,这一过程称为再结晶。再结晶时,金属不发生晶格类型的变化,而是通过形核与长大的方式生成无晶格畸变和加工硬化的等轴晶粒。等轴晶粒形成后,变形所造成的加工硬化的效果消失,金属的性能得到全面恢复。

经再结晶后,金属的强度、硬度下降,塑性明显升高,加工硬化现象消除。因此,再结晶在生产上主要用于冷塑性变形加工过程的中间处理,便于下道工序的继续进行,这种工艺称为再结晶退火。

再结晶不是一个恒温过程,是在一个温度范围内发生的,加热温度与再结晶能否实现有直接关系。把再结晶的开始温度称为再结晶温度。温度过低,不能发生再结晶;温度过高,会发生晶粒长大。对于纯金属,再结晶温度($T_{再}$)和熔点($T_{熔}$)之间存在以下的关系,即

$$T_{再} = (0.35 \sim 0.4) T_{熔} \tag{5-2}$$

式中:$T_{再}$、$T_{熔}$ 的单位为热力学温度(K)。

从式(5-2)中可以看出:金属的熔点越高,再结晶的温度也越高。

5.4.3　晶粒长大

金属经历回复、再结晶这两个阶段后,获得均匀细小的等轴晶粒,这些细小的晶粒暗藏长大的趋势。因为晶粒的大小对金属的性能有着重要的影响,所以生产上非常重视控制再结晶后的晶粒度,特别是无相变的金属和合金。

5.4.4　再结晶后的晶粒度

由于晶粒大小对金属的力学性能具有重大的影响,因而生产上非常重视再结晶退火后的晶粒度。影响再结晶退火后晶粒大小的因素有以下几点。

1. 加热温度和保温时间

加热温度越高,保温时间越长,金属的晶粒越大,加热温度的影响尤为显著,如图 5-11 所示。

2. 预先变形度

预先变形度的影响,实质上是变形均匀程度的影响。如图 5-12 所示,当变形度很小时,晶格畸变小,不足以引起再结晶。当变形度达到 2%～10%时,金属中只有部分晶粒变形,变形极不均匀,再结晶时晶粒大小相差悬殊,容易互相吞并后长大,再结晶后的晶粒特别粗大,这个变形度称为临界变形度。生产中应尽量避开临界变形度下的加工。

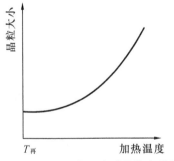

图 5-11　再结晶退火温度对晶粒度的影响

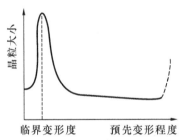

图 5-12　预先变形度与再结晶退火
后晶粒度的关系

超过临界变形度后,随变形程度增加,变形越来越均匀,再结晶时形核量大而均匀,使再结晶后的晶粒细而均匀,达到一定变形量之后,晶粒度基本不变。对于某些金属,当变形量相当大时(＞90%),再结晶后的晶粒又重新出现粗化现象,一般认为这与形成织构有关。

5.5　金属的热加工

5.5.1　热加工与冷加工的区别

工业生产中,通常习惯用冷、热加工来区分塑性成形零件工艺。再结晶温度以下的塑性变形称为冷加工,再结晶温度以上的塑性变形称为热加工。冷加工变形会导致加工硬化现象。但在热加工过程中,塑性变形引起的加工硬化,被随即发生的回复、再结晶的软化作用所抵消,使金属始终保持稳定的塑性状态,因此热加工不会出现加工硬化现象。

金属在高温下变形抗力小、塑性好,易于进行变形加工,因此加工硬化现象严重的金属,生产上常用热加工生产,热轧、热锻等工艺都属于热加工。

5.5.2 金属热加工时的组织和性能的变化

热加工变形时,加工硬化和再结晶过程同时存在,而加工硬化又几乎同时被再结晶消除。所以在热加工过程中,金属的组织和性能也会发生明显的变化,具体体现在以下几个方面。

(1)打碎铸态金属中的粗大枝晶和柱状晶粒,通过再结晶可以获得等轴细晶粒,使金属的力学性能得到全面提高。

(2)消除铸态金属的某些缺陷如:将气孔、疏松、微裂纹焊合,提高金属的致密度;消除枝晶偏析和改善夹杂物、第二相分布;细化晶粒,提高金属的综合力学性能,尤其是塑性和韧度。

(3)能使金属残存的枝晶偏析、可变形夹杂物和第二相沿金属流动方向被拉长形成热加工纤维组织(称为“流线”)。金属的强度和塑性沿流线方向的强度显著大于流线垂直方向上的相应性能。因此,在零件的设计与制造中,应尽量使流线与零件工作时承受的最大拉应力方向一致,而当外加切应力或冲击力垂直于零件流线时,流线最好沿零件外形轮廓连续分布,这样可以提高零件的使用寿命。

图5-13所示的曲轴,若采用锻造成形,流线分布合理,可以保证曲轴在工作中承受的最大拉应力与流线平行,而冲击力与流线垂直,使曲轴不易断裂。若采用切削加工成形,其流线分布不合理,容易在轴肩发生断裂。

对于受力复杂、载荷较大的重要工件的毛坯,一般通过热加工来制造。但是,热加工会使金属表面产生较多的氧化铁皮,造成表面粗糙,尺寸精度不高。

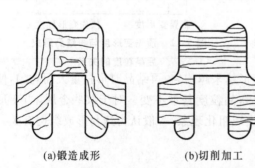

(a)锻造成形　　　　　(b)切削加工

图5-13　曲轴在不同加工工艺中的流线分布

图5-14　Cr钢的带状组织

(4)铸锭中存在着偏析和夹杂物,在压延时偏析区和夹杂物沿变形方向伸长呈带状条分布,冷却后即形成带状组织。图5-14所示为钢铸态下的组织在热加工时未充分消除而交替分布的带状组织。

带状组织会使金属的力学性能发生改变,特别是横向的塑性和韧度明显降低,使材料的切削性能恶化。带状组织不易用一般热处理方法消除,因此需要严格控制其出现。

习题

1. 名词解释。

滑移　滑移系　孪生　加工硬化　回复　再结晶

2. 分析滑移与孪生的异同,比较它们在塑性变形过程中的作用。

3. 多晶体的塑性变形有什么特点?

4. 金属经冷变形后,组织和性能发生什么变化?

5. 什么是加工硬化现象? 加工硬化有什么利弊?

6. 金属塑性变形造成了哪几种残余应力? 它们对机械零件可能产生哪些利弊?

7. 说明冷加工后的金属在回复和再结晶两个阶段中组织及性能变化的特点。

8. 如何区分冷加工与热加工? 它们在加工过程形成的纤维组织有何不同?

9. 在冷拉钢丝时,如果总的形变量很大,则需要穿插中间退火,原因是什么? 中间退火温度如何选择?

10. 制造齿轮时,有时采用喷丸法(即将金属丸喷射到零件表面上)使齿轮得到强化。请分析强化原因。

11. 铁丝在室温下反复弯折会越变越硬,直到断裂;铅丝在室温下反复弯折,却始终处于软态,分析其原因。

第**6**章 钢的热处理

【内容简介】

　　本章主要介绍钢的热处理的基本原理、基本概念,退火、正火、淬火、回火以及表面热处理和化学热处理等各种热处理工艺,以及当前热处理工艺的新发展、新技术等内容。

【学习目标】

　　(1)掌握钢的退火、正火、淬火和回火,以及几种典型表面热处理和化学热处理的基本理论、各自用途、特点及使用条件。

　　(2)理解钢在热处理过程中的组织转变。

　　(3)了解 C 曲线图的含义、影响因素及其应用。

　　(4)了解当前热处理工艺的新发展和新技术。

6.1 钢的热处理原理

　　热处理是一种改善金属使用性能和工艺性能的重要工艺,机械工业中的大部分重要机械零件在加工前后都必须进行热处理。

　　钢的热处理是将钢在固态下加热到预定的温度,保温一定的时间,然后以一定的方式冷却下来,以获得预期的组织结构与性能的工艺。热处理工艺方法很多,但其过程都包括加热、保温和冷却三个阶段,其基本工艺曲线如图 6-1 所示。

　　根据加热、冷却方式及获得组织和性能的不同,常用的热处理工艺可分为如下三类。

　　(1)普通热处理,即常说的退火、正火、淬火和回火等。

　　(2)表面热处理,仅对工件的表面进行强化,如感应加热、火焰加热、激光加热等各种表面淬火方法等。

　　(3)化学热处理,包括渗碳、渗氮、碳氮共渗、渗硼、渗硅、渗铝、渗硫等。

　　任何热处理均以加热为其第一步,首先讨论钢在加热时的转变。

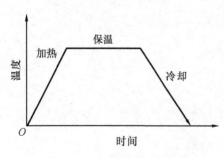

图 6-1　热处理基本工艺曲线

6.1.1 钢在加热时的转变

如图 6-2 所示,在 $Fe\text{-}Fe_3C$ 相图中,A_1、A_3、Ac_m 是钢理论上的组织转变温度(又称临界温度),而实际生产中不可能以非常缓慢的速度加热或冷却,其组织转变是在非平衡条件下进行的,其实际临界温度要高于(加热时)或低于(冷却时)理论值。随着加热或冷却速度的增加,这种偏离将逐渐增大。为便于区别,通常把加热时的各临界温度用 Ac_1、Ac_3、Ac_{cm} 表示,冷却时的则用 Ar_1、Ar_3、Ar_{cm} 表示。

1. 奥氏体的形成

由铁碳合金相图可知,钢在由室温加热到临界温度以上后,室温组织珠光体不复存在,原珠光体转变为了奥氏体,奥氏体的形成是通过形核和长大过程来实现的。具体珠光体向奥氏体转变可分为四个阶段,以共析钢为例,其奥氏体形成过程如图 6-3 所示。

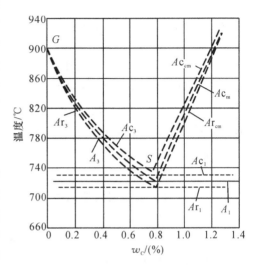

图 6-2 铁-碳平衡相图

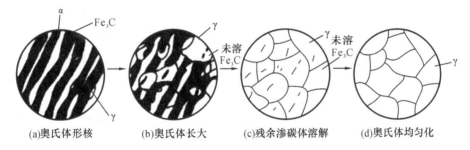

(a)奥氏体形核　　(b)奥氏体长大　　(c)残余渗碳体溶解　　(d)奥氏体均匀化

图 6-3 共析钢的奥氏体形成过程示意图

2. 奥氏体晶粒大小及影响因素

钢加热并保温后得到的奥氏体晶粒的大小直接影响到冷却后的组织和性能。奥氏体晶粒小,则冷却转变的产物晶粒就小,其性能强度高又韧性好。一般在加热时都希望得到细小的奥氏体晶粒以获得良好的综合力学性能。

1)奥氏体的晶粒度

奥氏体有三种不同概念的晶粒度。奥氏体化刚结束时的晶粒度称起始晶粒度,此时晶粒细小均匀。随加热温度升高或保温时间延长,会出现晶粒长大的现象。在给定温度下奥氏体的晶粒度称为实际晶粒度,它直接影响钢的性能。此外还有一种本质晶粒度,其表示钢在规定条件下奥氏体长大的倾向,通过将钢加热到(930±10)℃并保温 8 h 再冷却测得。须经热处理的工件,一般都用本质细晶粒钢制造。

2)影响晶粒长大的因素

(1)加热温度和保温时间。加热温度越高、保温时间越长,奥氏体晶粒越粗大。即使是本质细晶粒钢,当加热温度过高时,奥氏体晶粒也会迅速粗化。

（2）加热速度。加热速度越大，过热度越大，形核率越高，则晶粒越细。

（3）钢的化学成分。随着碳含量的增加，奥氏体晶粒长大倾向增大，但当碳含量超过一定限度后，反而会使奥氏体晶粒细小。若钢中加入某些合金元素，绝大多数如 Ti、V、Nb、Ta、Al 等，能阻碍奥氏体晶粒的长大，而若加入 Mn、P 则会增大奥氏体晶粒长大的倾向。

6.1.2　钢在冷却时的转变

由铁碳合金相图可知，钢在高于临界温度（A_1、A_3、Ac_m）时，其奥氏体是稳定的，当温度低于临界温度时，奥氏体将发生转变和分解。然而在实际冷却条件下，奥氏体虽然冷却到临界点以下，并不立即发生转变，这种处于临界温度以下尚未发生转变的奥氏体称为过冷奥氏体。因冷却方式不同，过冷奥氏体的组织转变可分为两类，如图 6-4 所示。一种是等温转变，即快速冷却至临界温度下的某一温度并保温一段时间，待奥氏体转变完全后再冷却至室温；一种是连续冷却转变。

1. 过冷奥氏体等温转变曲线

通过热分析、金相分析等方法，测出试样在不同温度下过冷奥氏体发生相变的开始时刻和终了时刻，并标在温度-时间坐标上，然后将所有转变起始点和转变终了点分别连接起来，就可得到该试样的过冷奥氏体等温转变曲线，称为 TTT（time-temperature-transformation）曲线，因其曲线形状像英文字母"C"，又称 C 曲线。如图 6-5 所示的是共析钢的 C 曲线示意图。A_1 是奥氏体向珠光体转变的临界温度；左边一条 C 形曲线为过冷奥氏体转变开始线；右边一条 C 形曲线为转变终了线。M_s 和 M_f 线分别是奥氏体向马氏体转变的开始线和终了线。A_1 线上部为奥氏体稳定区；A_1 线以下、M_s 线以上、过冷奥氏体转变开始线以左，

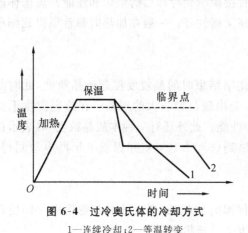

图 6-4　过冷奥氏体的冷却方式

1—连续冷却；2—等温转变

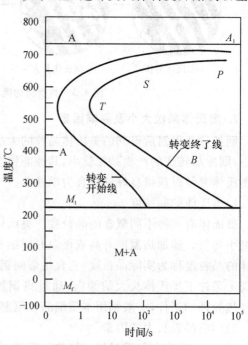

图 6-5　共析钢的 C 曲线图

是过冷奥氏体区;过冷奥氏体转变开始线和终了线之间是过冷奥氏体和转变产物的共存区;过冷奥氏体转变终了线以右是转变产物区;M_s 线以下是马氏体区。

过冷奥氏体在各个温度上等温转变时,都要经过一段孕育期,用从纵轴到转变开始线之间的距离来表示。孕育期的长短反映了过冷奥氏体稳定性的不同,在不同温度下,孕育期的长短是不同的,在 A_1 线以下,随着温度的降低,孕育期逐渐变短。对共析钢来说,大约 550 ℃时,孕育期最短,说明以此温度进行等温转变时,奥氏体最不稳定,最易发生转变,此处被称为 C 曲线的"鼻尖"。在此温度以下,随着温度的降低,孕育期逐步增大,即奥氏体的稳定性又逐渐增大了。

C 曲线并非一成不变的,奥氏体的成分和加热条件都会使 C 曲线发生改变。

(1)含碳量　亚共析钢随着含碳量的增加,C 曲线向右移,过共析钢随着含碳量的增加,C 曲线向左移,因此在碳钢中以共析钢的过冷奥氏体最稳定,如图 6-6 所示。

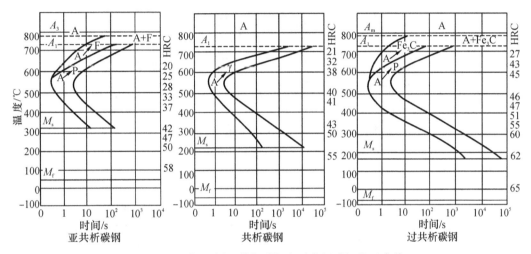

图 6-6　亚共析碳钢、共析碳钢和过共析碳钢的 C 曲线

(2)合金元素　除 Co 外,所有溶入奥氏体的合金元素都使 C 曲线右移,同时使 M_s 和 M_f 线下降。钢中碳化物形成元素量较多时,使 C 曲线的形状都发生改变,甚至使 C 曲线分开,形成上下两个 C 曲线,如图 6-7 所示。

(3)加热时的温度及保温时间　加热时的温度高,保温时间长,则奥氏体的成分均匀,晶粒长大,晶界面积减小,降低了过冷奥氏体在冷却转变时的形核率,使奥氏体稳定性增加,C 曲线右移。

2. 过冷奥氏体等温转变产物的组织与性能

过冷奥氏体在不同的温度区间,可以发生不同的转变,以共析钢为例:在 A_1 线至 C 曲线"鼻尖"区间发生高温转变,其转变产物是珠光体(P),故又称为珠光体转变;在 C 曲线"鼻尖"至 M_s 线区间发生中温转变,其转变产物是贝氏体(B),故又称为贝氏体转变;在 M_s 至 M_f 线之间的转变是低温转变,其转变产物是马氏体(M),故又称为马氏体转变。下面以共析钢为例讨论各种组织转变特点及不同组织对钢材性能的影响。

1)珠光体转变

将奥氏体过冷到 A_1 线至 C 曲线"鼻尖"(约 550 ℃)温度范围内发生珠光体转变,转变产物为珠光体类型组织。珠光体的形成过程是一个形核和长大的过程,其形成过程如图 6-8 所示。

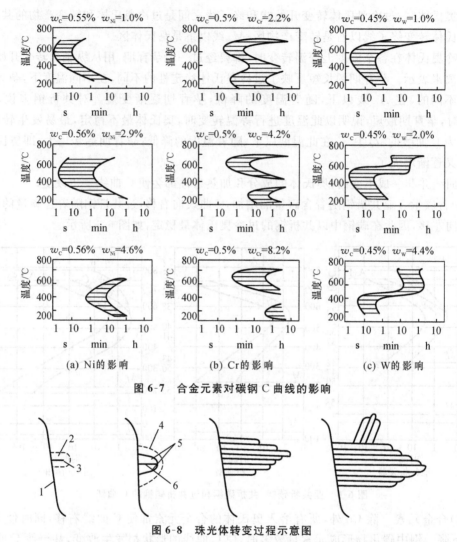

(a) Ni的影响 (b) Cr的影响 (c) W的影响

图 6-7 合金元素对碳钢 C 曲线的影响

图 6-8 珠光体转变过程示意图

1—奥氏体晶界;2—贫碳奥氏体;3—渗碳体;4—富碳奥氏体;5—铁素体;6—渗碳体

  珠光体片层的粗细与等温转变温度密切相关,随着转变温度的降低,珠光体中的铁素体和渗碳体的层片越来越薄,组织越细密。一般把 A_1~650 ℃温度范围形成的层片组织称为珠光体(如图 6-9(a)所示),用符号 P 表示,它的硬度较低,小于 25HRC;在 650~600 ℃温度范围内形成的细片状珠光体,称为索氏体(如图 6-9(b)所示),用符号 S 表示,它的硬度较高,达 25~35HRC;在 600~550 ℃温度范围形成的更细的层片状珠光体,称为托氏体,又称屈

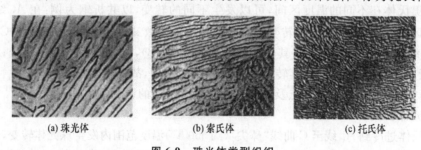

(a) 珠光体 (b) 索氏体 (c) 托氏体

图 6-9 珠光体类型组织

氏体(如图 6-9(c)所示),只有电子显微镜下才能分辨出其层片状,用符号 T 表示,它的硬度更高,达 35~40HRC。片间距的减小除了增加材料的硬度和强度外,也会提高材料的塑性和韧性。这是因为珠光体片间距越小,相界面积越大,其对材料的强化作用越大,因而强度和硬度升高;同时,由于此时渗碳体片较薄,易随铁素体一起变形而不脆断,从而具有较好的塑性和韧性。

　　除了片状珠光体外,若经过特殊的退火处理,片状的渗碳体将会球化,从而得到粒状珠光体,如图 6-10 所示。对于相同成分的钢,粒状珠光体较片状珠光体,硬度和强度要低,而塑性和韧性较高。

　　2)贝氏体转变

　　将奥氏体过冷到中温区域($550\ ℃\sim M_s$)范围内发生中温转变,转变产物为贝氏体类型组织。由于转变温度低,贝氏体转变时,只有 C 原子的扩散,而 Fe 原子不发生扩散,只能做很小的位移,由面心立方晶格转变为体心立方晶格。如图 6-11 所示,当转变温度稍高,先形成过饱和的铁素体,铁素体呈密集而平行排列的条状生长,随后铁素体中的部分 C 原子扩散迁移到条间的奥氏体中,使奥氏体析出不连续的短杆状的碳化物,此组织称为上贝氏体,具有羽毛状特征(如图 6-12(a)所示);当转变温度稍低,先形成的过饱和的铁素体呈针片状,而 C 原子扩散受到限制,只能在过饱和的铁素体内作短程迁移、聚集,形成的组织称为下贝氏体,呈黑色针状特征(如图 6-12(b)所示)。

图 6-10　球状珠光体组织

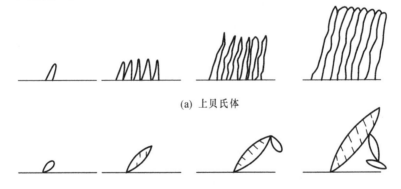

(a) 上贝氏体

(b) 下贝氏体

图 6-11　贝氏体组织的形成过程

(a) 上贝氏体光学金相形貌

(b) 下贝氏体光学金相形貌

图 6-12　贝氏体组织形貌

贝氏体的力学性能主要取决于贝氏体的组织形态。下贝氏体和上贝氏体的力学性能相差很大,下贝氏体具有较高的硬度和耐磨性,而且韧性和塑性亦高于上贝氏体,即下贝氏体具有良好的综合力学性能。故工业上常采用等温淬火的方式获得下贝氏体,以提高钢的综合机械性能。

3)马氏体转变

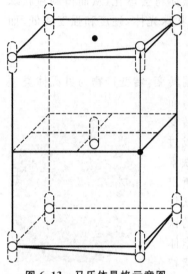

图6-13 马氏体晶格示意图

○─铁原子;

●─碳原子可能的位置;

〕─铁原子的振动范围

当钢从奥氏体状态快速冷却至M_s线以下时,发生无扩散型相变,转变为马氏体,马氏体是碳在α-Fe中的过饱和固溶体。当发生马氏体转变时,奥氏体中的碳全部保留在马氏体中,其晶格如图6-13所示,c/a称为马氏体的正方度,马氏体含碳量越高,其正方度越大,晶格畸变也越严重,马氏体的硬度也越高。

(1)马氏体组织转变特点。

马氏体组织转变在低温下进行,具有如下几个特点。

①无扩散性。这是由于相变是在相当低的温度下进行的,并且转变速度极快。在这样的条件下,铁原子和碳原子的扩散都不能进行,因而转变过程中没有成分变化。

②降温形成。马氏体转变量是在$M_s \sim M_f$温度范围内,通过不断降温来增加的。马氏体转变开始后,必须在不断降低温度的条件下转变才能继续进行,冷却中断,转变也就停止。

③极快的转变速度。马氏体形成时一般不需要孕育期,马氏体量的增加不是靠已形成的马氏体片的不断长大,而是靠新的马氏体片的不断形成。

④转变不完全。由于多数钢的M_f在室温以下,因此钢迅速冷却到室温时仍有部分未转变的奥氏体存在,称为残余奥氏体,记为$A_残$,且随着含碳量的增加,$A_残$也随之增加。

(2)马氏体的组织形态。

钢中马氏体的形态较多,其中板条状马氏体(如图6-14(a)所示)和针片状马氏体(如图6-14(b)所示)最为常见。随着钢中含碳量的增加,冷却后组织中的板条状马氏体逐渐减少,而针片状马氏体逐渐增多。当奥氏体含碳量大于1%时,组织中马氏体形态几乎全是针片状的;奥氏体含碳量小于0.3%时,组织中的马氏体形态几乎全是板条状的。

(a) 板条状马氏体

(b) 针片状马氏体

图6-14 马氏体组织

①板条状马氏体。呈细长板条状,显微组织呈一束束的细条状组织,每束内条与条之间大致平行排列,束与束之间有较大的晶格位差,透射电镜下,马氏体板条内的亚结构使高密度的位错,因而也称为位错马氏体。

②针片状马氏体。呈双凸透镜状,显微组织为针片状,是立体形态的截面。透射电镜下,针片状马氏体的亚结构主要是孪晶,因而又称为孪晶马氏体。

(3)马氏体的力学性能。

马氏体力学性能的显著特点是具有高强度和高硬度。马氏体的硬度主要取决于马氏体的含碳量,含碳量越高,则马氏体的硬度越高,如图 6-15 所示。而马氏体的塑性和韧性则主要取决于碳的饱和度与亚结构,板条状马氏体,碳的过饱和度小,晶格畸变小,残余应力小,且亚结构为位错,塑性和韧性相当好;而高碳针片状马氏体则因为碳过饱和度大,晶格畸变严重,残余应力大,且亚结构为孪晶,具有很差的塑性和韧性。

3. 过冷奥氏体连续冷却转变曲线

过冷奥氏体连续冷却转变是指钢经奥氏体化后在不同冷却速度下的连续冷却过程中过冷奥氏体所发生的相转变。实际生产中,过冷奥氏体大多是在连续冷却中转变的,因此研究过冷奥氏体连续冷却时的转变规律具有重要的意义。

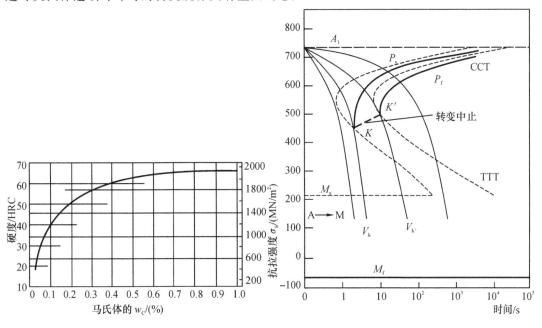

图 6-15　马氏体硬度与含碳量的关系　　图 6-16　共析钢的 CCT 曲线与 TTT 曲线

1)过冷奥氏体连续冷却转变图

过冷奥氏体连续冷却转变图是指钢经过奥氏体化后在不同冷却速度的连续冷却条件下,过冷奥氏体转变为亚稳定产物时,转变开始及转变终了的时间与转变温度之间的关系曲线,也称为 CCT 曲线,图 6-16 所示为共析钢的 CCT 图(图中虚线部分为 TTT 曲线)。

2)CCT 曲线分析

图中 P_s 线为过冷奥氏体转变为珠光体的开始线,P_f 线为转变终了线,两线之间为转变的过渡区。KK' 线为转变的终止线,当冷却到达此线时,过冷奥氏体终止转变。由图可知,

共析钢以大于 V_k 的速度冷却时,由于遇不到珠光体转变线,得到的组织为马氏体,这个冷却速度称为上临界冷却速度。V_k 越小,钢越容易得到马氏体。冷却速度小于 V_k 时,钢将全部转为珠光体,称为下临界冷却速度。V_k 越小,退火所需的时间越长。冷却速度介于两者之间时(如油冷),在到达 KK' 线之前,奥氏体全部转变为珠光体,从 KK' 线到 M_s 线剩余的奥氏体停止转变,直到 M_s 线以下时,才开始转变为马氏体。

临界冷却速度的大小受很多因素影响。凡是能增加过冷奥氏体稳定性的因素,都将使临界冷却速度变小。其中最主要的是金属材料的化学成分,合金钢由于加入一定量的合金元素,使过冷奥氏体的稳定性增加(钴、铝除外),从而降低了钢的临界冷却速度,使有些合金钢甚至在空冷条件下都能得到马氏体,如高速钢 W18Cr4V 即具有优良的淬透性,空冷亦可得马氏体,被称为"风钢"。

3)连续冷却转变曲线和等温转变曲线的比较

图 6-17 中,实线为共析钢的等温转变曲线,虚线为连续冷却转变曲线。由图可知:连续冷却转变曲线和等温转变曲线相差不大,形状基本一致;连续冷却转变曲线位于等温转变曲线的右下方,表明连续冷却时,奥氏体向珠光体转变的温度要低些,时间要长些;连续冷却转变曲线中没有奥氏体转变为贝氏体的部分,所以共析碳钢在连续冷却时得不到贝氏体组织,贝氏体组织只能在等温处理时得到。由于连续冷却转变曲线测定困难,而等温转变曲线上半部和连续冷却曲线相差不大,能较好地说明连续冷却时的组织转变,因此生产中常用等温转变曲线来定性地、近似地分析同一种钢在连续冷却时的转变过程。

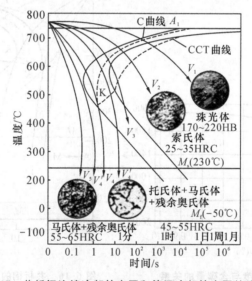

图 6-17 共析钢连续冷却转变图和等温冷却转变图的比较图

图 6-17 中,V_1、V_2、V_3、V_4 和 V_5 为共析钢的五种连续冷却速度的冷却曲线。V_1 相当于在炉内冷却时的情况(退火),与等温转变曲线相交在 $650 \sim 700 \, ℃$ 范围内,转变产物为珠光体。V_2 和 V_3 相当于两种不同速度空冷时的情况(正火),与等温转变曲线相较于 $600 \sim 650 \, ℃$,转变产物为细珠光体(索氏体和托氏体)。V_4 相当于油冷时的情况(油中淬火),在到达 $550 \, ℃$ 以前与转变开始线相交,并通过 M_s 线,转变产物为托氏体、马氏体和残余奥氏体。V_5 相当于水冷时的情况(水中淬火),不与等温转变曲线相交,直接通过 M_s 线冷却至室温,转变产物为马氏体和残余奥氏体。分析结果与根据 CCT 曲线分析的结果是一致的。

6.2 钢的普通热处理

普通热处理是将工件整体进行加热、保温和冷却,以使其获得均匀的组织和性能的一种操作,包括退火、正火、淬火和回火。其中退火和正火工艺常被用来消除冶金及热加工过程中产生的各种组织缺陷,改善金属材料的性能,为后续的切削加工和热处理做良好的组织准备,称为预备热处理;淬火和回火常结合起来使用,不仅可以显著提高钢的强度和硬度,而且可以获得不同强度、塑性、韧性的良好配合,满足各种机械零件对材料力学性能提出的要求,多放在热处理工艺的最后环节,称为最终热处理。当然这并不是绝对的,有时退火、正火也被用做最终热处理,而淬火+高温回火也可被用做预备热处理。

6.2.1 钢的退火

退火是将工件加热到适当温度,保温一段时间后,以十分缓慢的冷却速度(多为炉冷)进行冷却的一种操作。退火的目的如下:

(1)消除偏析,均匀化学成分;

(2)降低硬度,便于切削加工;

(3)消除或减少内应力,消除加工硬化,以便进一步冷变形加工;

(4)细化晶粒,改善组织或消除组织缺陷(如带状组织、魏氏组织);

(5)改善高碳钢中碳化物形态和分布,为零件最终热处理作好组织准备。

根据加热温度可分为两大类:一类是加热到临界温度以上的退火,称为相变重结晶退火,包括完全退火、不完全退火、扩散退火和球化退火等;另一类是加热温度低于临界温度的退火,包括再结晶退火、去应力退火、去氢退火和软化退火等。

1. 完全退火

工艺:将钢材或钢件加热到 Ac_3 温度以上,保温足够的时间,使组织完全奥氏体化,然后缓慢冷却。

目的:细化晶粒,均匀组织,消除内应力和热加工缺陷,降低硬度,改善切削加工性能和冷塑性变形性能,为最终热处理作组织准备。

应用:完全退火主要用于亚共析钢的铸件、锻件、热轧型材及焊接件等,如 20CrMnTi 钢制的汽车齿轮锻件,在切削加工前常进行完全退火。

2. 等温退火

工艺:将钢材或钢件加热到 Ac_3(或 Ac_1)以上,保温一段时间使组织完全奥氏体化,再快速冷却到珠光体转变温度区间的某一温度保温,使奥氏体转变为珠光体型组织,然后在空气中冷却。

目的:等温退火是完全退火和不完全退火等普通退火工艺在工艺上的重要改进,其目的与完全退火、不完全退火一致。

应用:等温退火可准确控制转变的过冷度,保证工件内外基本在同一温度转变,并可大大缩短工艺周期。高碳钢、合金工具钢和高合金钢多适用等温退火。但是对于大截面工件和大批量炉料,等温退火不易使工件内部达到等温温度,故不宜采用此法。

3. 球化退火

工艺:将钢材或钢件加热到 Ac_1 以上 20～30 ℃,保温一段时间后,以不大于 50 ℃/h 的冷却速度随炉冷却,使片状渗碳体和网状渗碳体转变为球状或粒状。球化退火后的组织是由铁素体和球状渗碳体组成的球状珠光体。

目的:降低硬度,改善切削加工性能,并为以后淬火做准备。

应用:球化退火主要应用于共析钢,过共析钢和合金工具钢。如果存在网状渗碳体,必须先用正火来加以消除,然后进行球化退火,否则球化难以进行。

4. 扩散退火

工艺:将钢材或钢件加热至其熔点以下 100～200 ℃,保温时间一般为 10～15 h,使晶内偏析通过充分扩散达到均匀化,以提高性能。一般碳钢的加热温度为 1100～1200 ℃,合金钢为 1200～1300 ℃。

目的和应用:扩散退火主要用于重要的合金钢锻铸件,消除化学成分偏析和组织的不均匀性。通常扩散退火会导致晶粒粗大,需要完全退火或正火来细化晶粒。

5. 再结晶退火

工艺:将钢材或钢件加热至再结晶温度以上 100～200 ℃,适当保温后缓慢冷却。

目的和应用:再结晶退火主要用冷变形工件,使被拉长、破碎的晶粒重新形核和长大成为均匀的等轴晶粒,从而消除变形强化状态和残余应力,为下道工序做准备。

6. 去应力退火(低温退火)

工艺:将工件随炉缓慢加热(100～150 ℃/h)至 500～650 ℃(低于 A_1 点温度),保温一段时间后随炉冷却,至 200 ℃出炉空冷。

目的和应用:去应力退火主要用于消除铸件、锻件、焊接件、冷冲压件(或冷拔件)及机加工后零件的残余内应力。这些应力若不消除会导致零件在随后的切削加工或使用中的变形与开裂,降低机器的精度,甚至发生事故。

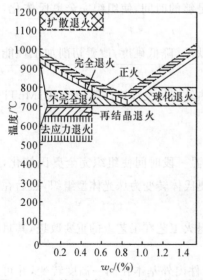

图 6-18 钢的退火与正火工艺规范示意图

6.2.2 钢的正火

正火是将工件加热到 Ac_3 或 Ac_{cm} 以上 30～50 ℃,经适当保温后在空气中冷却的工艺。与退火的区别是冷却速度快,组织细,强度和硬度有所提高。当钢件尺寸较小时,正火后的组织是索氏体,而退火后的组织是珠光体。钢的退火与正火工艺规范图见图 6-18。

1. 正火的目的及应用

(1)低碳钢或含碳量低的低合金钢,可通过正火提高硬度,改善切削加工性能。

(2)消除中碳钢热加工缺陷,并细化晶粒、均匀组织、消除内应力,为淬火作好组织准备。

(3)消除过共析钢的网状碳化物,为球化退火作准备。

(4)对于性能要求不高的结构件,可以用正火处理达到一定的综合力学性能,替代调质处理作为最终热处理。

2. 退火和正火的选择

退火与正火在某些方面有着相似之处,在实际选用时可从以下三个方面考虑。

1)从切削加工性方面考虑

钢材硬度在 170～230HB 时,其切削加工性最佳。硬度过高,刀具容易磨损,难以加工;硬度过低,切削时易产生"黏刀",使刀具发热而磨损,加工后零件表面精度低、表面糙度大。故对于低、中碳钢以正火作为预先热处理,高碳钢以退火为宜。

2)从使用性能方面考虑

如工件性能要求不高,随后不再进行淬火和回火,那么往往用正火来提高其力学性能,作为最终热处理。例如,35 钢制作的机油泵齿轮,最终热处理就采用正火。但若零件的形状较复杂,正火的冷却速度有形成裂纹的危险,则应采用退火。

3)从经济性方面考虑

正火比退火的生产周期短,耗能少,且操作简单,生产效率高。故在条件允许的情况下,多考虑用正火替代退火。

6.2.3　钢的淬火

1. 淬火的定义及目的

淬火是将钢加热到临界点 Ac_1 或 Ac_3 以上一定温度,保温一定时间,然后以大于临界淬火速度的速度冷却,以获得所需组织的热处理工艺。淬火是为了得到马氏体或下贝氏体组织,但马氏体或下贝氏体不是所要得到的最终组织,实际生产中淬火必须与回火相配合。

2. 钢的淬火工艺

为了获得所需性能,淬火工艺必须正确地确定加热温度、加热时间、冷却介质及冷却方法。

1)淬火加热温度的确定

加热温度的选择应以得到均匀细小的奥氏体晶粒为原则,以便淬火后得到细小的马氏体组织。温度过高而形成粗大的奥氏体晶粒,不但会造成钢在淬火后得到脆性很大的针片状马氏体,而且在淬火时由于工件内外温差较大,不能同时发生转变,从而产生很大的内应力,引起工件变形或开裂。

一般情况下,亚共析钢的淬火加热温度为 Ac_3 以上 30～50 ℃;共析钢的淬火加热温度为 Ac_1 以上 30～50 ℃,如图 6-19 所示。

对于合金钢,除了少数的奥氏体晶粒容易长大的锰钢外,多数情况下,都需要稍微提高它们的淬火加热温度,以便使合金元素充分溶解和均匀化,获得较好的淬火效果。

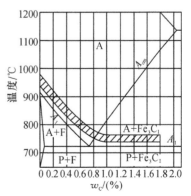

图 6-19　钢的淬火温度范围

2)淬火加热时间的确定

一般情况下,将工件升温和保温时间计算在一起,统称为淬火加热时间。加热时间受钢件成分、尺寸和形状、装炉量、加热炉类型、炉温和加热介质等因素的影响。可以根据经验公式来估算,再通过多次实验来确定。常用的经验公式如下

$$\tau = \alpha K D$$

式中:τ —— 加热时间,min;

α —— 加热系数,min/min;

K —— 装炉修正系数;

D —— 零件有效厚度,min。

3)冷却介质的选择

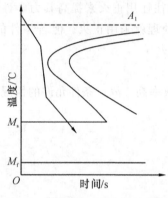

图6-20 理想的淬火冷却介质示意图

淬火冷却介质首先应具有足够的冷却能力,其冷却能力必须保证工件的冷却速度不小于临界淬火冷却速度,但同时冷却能力又不宜过大而导致工件变形或开裂。理想的淬火冷却介质如图6-20所示。在650~500 ℃(C曲线鼻尖附近)过冷奥氏体最不稳定,应快速冷却使过冷奥氏体不致发生分解形成珠光体。在300~200 ℃之间,过冷奥氏体进入马氏体转变区,为防止内应力过大而使零件产生变形或开裂,应缓慢冷却。但到目前为止尚未找到符合全部特性要求的理想淬火冷却介质。

目前常用的淬火冷却介质有水和油。

水是应用最广泛的淬火冷却介质,因为水廉价易得且具有较强的冷却能力。其在650~500 ℃范围冷却速度大,在300~200 ℃范围需要慢冷时,其冷却速度依然较大,这样易使零件产生变形,甚至开裂。故水只能用做尺寸较小、外形较简单的碳钢零件的淬火冷却介质。水中加入某些物质如 NaCl 或 NaOH 等,可在一定程度上改变其冷却能力(见表6-1)。

表6-1 常用淬火介质的冷却能力

淬火介质	最大冷却速度[1]		平均冷却速度[1]/(℃/s)		备 注
	所在温度/℃	冷却速度/(℃/s)	650~550 ℃	300~200 ℃	
静止自来水,20 ℃	340	775	135	450	
静止自来水,40 ℃	285	545	110	410	
静止自来水,60 ℃	220	275	80	185	
10%NaCl 水溶液,20 ℃	580	2000	1900	1000	冷却速度由
15%NaOH 水溶液,20 ℃	560	2830	2750	775	ϕ20 mm 银球
15%Na$_2$CO$_3$ 水溶液,20 ℃	430	1640	1140	820	所测
10 号机油,20 ℃	430	230	60	65	
10 号机油,80 ℃	430	230	70	55	
3 号锭子油,20 ℃	500	120	190	50	

注:①各冷却速度值均系根据有关冷却速度特性曲线估算的。

用做淬火冷却介质的油主要是各种矿物油,其冷却能力较弱。在300～200 ℃范围冷却较慢,有利于减少工件的变形,但在650～500 ℃范围需要快冷时,其冷却速度也很慢,不利于防止过冷奥氏体的分解,使淬火效果大打折扣。故此,油只能于一些形状复杂、过冷奥氏体较稳定的合金钢或尺寸较小的碳钢件的淬火。

除水和油外,用得较多的还有熔融的碱和硝盐(碱浴和硝盐浴),它们的冷却能力介于油和水之间,主要用于截面不大、形状复杂、变形要求严格的碳钢和合金钢工件。

4)淬火方法

为了使工件淬火成马氏体并防止变形和开裂,单纯依靠淬火冷却介质的选择是不行的,还必须采取正确的淬火方法。常见的淬火方法有如下四种(如图6-21所示)。

(1)单液淬火。

单液淬火就是将奥氏体化工件迅速浸入某一种淬火介质中,一直冷却到室温的操作方法。

单液淬火操作简单、容易实现机械化和自动化。其缺点是冷却速度受介质冷却特性的限制而影响淬火质量。例如,碳钢淬油会因冷却速度太慢而使淬火效果打折扣,淬不硬,淬水或盐水则因为在300～200 ℃范围冷却速度依然很高,而容易导致工件的变形和开裂。因此,单液淬火对碳钢而言只适用于形状较简单的工件。

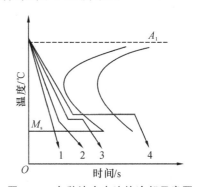

图 6-21　各种淬火方法的冷却示意图

1—单液淬火;2—双液淬火;
3—分级淬火;4—等温淬火

(2)双液淬火。

双液淬火就是将奥氏体化工件先浸入一种冷却能力强的介质,在工件还未开始马氏体转化之前取出,马上浸入另一种冷却能力弱的介质中冷却。如碳素工具钢的水淬油冷。

双液淬火受人为因素影响较大,一定要控制好在第一种介质中的冷却时间。时间太短则会发生非马氏体组织转变而淬不硬;时间太长,则在第一种介质中即发生马氏体转变,使双液淬火失去意义。故在应用上有一定的局限性。

(3)分级淬火。

分级淬火是将奥氏体化钢件浸入温度在 M_s 点附近的液态介质(盐浴或碱浴)中,保持适当时间,待钢件的内、外层都达到介质温度后取出空冷,以获得马氏体组织的淬火工艺。

分级淬火可以减少钢件内外的温差并降低马氏体转变时的冷却速度,从而有效地减少内应力,防止产生变形和开裂。但由于盐浴或碱浴的冷却能力低,只能适用于零件尺寸较小,要求变形小,尺寸精度高的工件,如模具、刀具等。

(4)等温淬火。

等温淬火是将奥氏体化钢件浸入温度稍高于 M_s 的液态介质(盐浴或碱浴)中,保温足够长的时间,以获得下贝氏体组织的淬火工艺。

下贝氏体的硬度高且强度、韧性、塑性及疲劳强度等均比相同硬度的马氏体高,故等温淬火一般适用于变形要求严格,并要求具有良好强韧性的精密零件和模具。但由于盐浴温度较高,冷却效率低,故等温淬火只适用于尺寸不大的工件。

分级淬火和等温淬火有些相似,但本质不同。分级淬火等温时间短,在随后的空冷时发生马氏体转变;而等温淬火的等温时间长在等温期间发生下贝氏体转变。

3. 钢的淬硬性和淬透性

淬硬性和淬透性是表征钢材接受淬火能力大小的两项指标,它们也是选材、用材的重要依据。

1)淬硬性和淬透性的概念

淬硬性是指钢以大于临界冷却速度冷却时,获得的马氏体组织所能达到的最高硬度。钢的淬硬性主要取决于马氏体的含碳量,即取决于淬火前奥氏体的含碳量,与钢中的合金元素关系不大。

而所谓淬透性是指在规定条件下,决定钢材淬硬深度和硬度分布的特性。即钢淬火时得到淬硬层深度大小的能力,它是钢材固有的一种属性。淬透性好的钢材,可使钢件整个截面获得均匀一致的力学性能,可减少变形和开裂。

淬透性和淬硬性是两个不同概念,淬火后硬度高的钢,不一定淬透性就高;而硬度低的钢也可能具有较高的淬透性。

2)影响淬透性的因素

影响钢的淬透性的主要因素就是临界冷却速度,临界冷却速度越小,钢的淬透性就越大。

(1)钢的化学成分。

对于亚共析钢,随着含碳量的增加,钢的临界冷却速度降低,淬透性增加;对于过共析钢,随着含碳量的增加,钢的临界冷却速度反而增加,淬透性降低。

除钴外,多数合金元素都会降低钢的临界冷却速度,而使钢的淬透性显著提高。

(2)加热条件。

提高加热温度或延长保温时间可使更多的合金元素融入奥氏体并稳定过冷奥氏体,使C曲线向右移,提高钢的淬透性。

(3)第二相。

未溶入奥氏体的碳化物、氮化物及其他非金属夹杂物,由于能促进奥氏体转变产物的形核,所以将减少过冷奥氏体的稳定性,使淬透性降低。

3)淬透性的测定方法

测定钢淬透性最常用的方法是末端淬火试验法(Jominy 试验),简称端淬法。GB/T 225—2006 规定的试样形状、尺寸及实验原理如图 6-22 所示。实验将标准尺寸的端淬试样($\phi25$ mm×100 mm)加热至奥氏体区奥保温一段时间后,从加热炉中取出并迅速置于实验装置上(时间不应超过 5 s),对末端喷水冷却(时间至少 10 min),试样上距末端越远,冷却速度越小,硬度值越低。试样冷透后取下,磨平两侧(磨削深度应为 0.4~0.5 mm)。然后自末端 1.5 mm 处开始,沿长度方向逐点测定硬度,将所测的数据记录并绘制成硬度分布曲线,这种用试样进行端淬试验测得的硬度与距末端距离的关系曲线称为淬透性曲线。端淬法就是用淬透性曲线来表示钢的淬透性。

由于钢的淬透性受材料化学成分、晶粒度、冶炼情况等众多因素的影响,故实际测得的数值会在一定范围内波动。因此,各种钢的淬透性曲线实际上是一条淬透性带,如图 6-23 所示。各种钢的淬透性曲线可从有关热处理手册中查出。

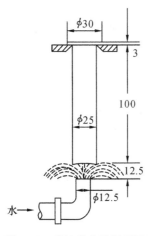

图 6-22 端淬法实验原理图

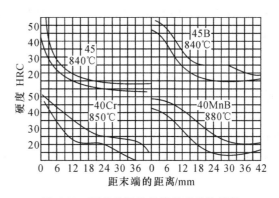

图 6-23 两条淬透性曲线组成的淬透带

4)淬透性的应用

淬透性是机械零件设计时选择材料和制定热处理工艺的重要依据。

淬透性不同的钢材,淬火后得到的淬硬层深度不同,所以沿截面的组织和机械性能差别很大,通常淬透性低的钢材力学性能较差。因此机械制造中截面较大或形状较复杂的重要零件,以及应力状态较复杂的螺栓、连杆等零件,应选用淬透性好的钢材;若生产中不需要工件整体力学性能良好,只对工件表面的力学性能有要求时,可选用淬透性差的钢材;特别是有些零件所受应力分布不均匀,内外部对材料力学性能要求不同时,必须选用淬透性差的钢材。此外,为了避免在焊缝热影响区内出现淬火组织,造成焊缝变形和开裂,焊接件也不能选用淬透性高的钢材。

6.2.4 钢的回火

淬火后的钢虽然具有高强度和高硬度,但其得到的组织是不稳定的,同时内部残留有很大的淬火应力,所以必须对淬火钢进行回火处理。

1. 回火的目的与意义

回火是将淬火工件加热到 Ac_1 以下的某一温度,保温一段时间,冷却到室温的热处理工艺。它的主要目的如下。

(1)合理地调整钢的硬度和强度,提高钢的韧性,使工件满足使用要求;

(2)稳定组织,使工件在长期使用过程中不发生组织转变,从而稳定工件的形状与尺寸;

(3)降低或消除工件的淬火内应力,以减少工件的变形,并防止开裂。

2. 回火工艺的分类及应用

回火时,决定钢的组织和性能的主要因素是加热温度。根据回火温度的不同,得到的组织各不相同,回火可以分为以下三类。

1)低温回火(温度低于 250 ℃)

对要求有高的强度、硬度、耐磨性的淬火零件,通常在淬火后进行低温回火,获得以回火马氏体为主的组织,回火后的硬度一般为 58~64HRC。它主要适用于中、高碳钢制造的各类工模具、机械零件。对于渗碳及碳氮共渗淬火后的零件,也要进行低温回火。

2)中温回火(温度 350～500 ℃)

在此温度范围回火,可以获得回火屈氏体组织,钢材的弹性极限显著提高,同时又具有足够的强度、塑性、韧性,硬度一般在 35～45HRC。含碳量在 0.5%～0.7%的各类弹簧钢均在此温度范围内回火。

3)高温回火(温度 500～650 ℃)

钢经高温回火后可以获得回火索氏体组织,使钢的强度、塑性、韧性达到比较适当的配合,具有良好的综合力学性能,其硬度一般为 25～35HRC。习惯上将钢件的"淬火＋高温回火"的复合热处理工艺称为调质处理。

调质处理主要应用于含碳量在 0.3%～0.5%的碳钢和合金钢制造的各类连接和传动的结构零件,如轴、连杆、螺栓、齿轮等,也可作为要求较高的精密零件、量具等的预备热处理。

3. 回火脆性

淬火钢的韧性并不总是随着回火温度上升而提高的。在某些温度范围内回火时,淬火钢出现冲击韧性显著下降的现象称为回火脆性,如图 6-24 所示。

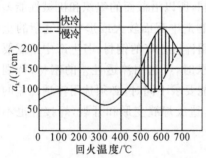

图 6-24　钢的冲击韧性与回火温度的关系示意图

1)低温回火脆性

钢在 250～350 ℃回火时出现的脆性称为低温回火脆性,又称为第一类回火脆性或不可逆回火脆性。几乎所有淬火后形成马氏体的钢在该温度范围内回火时,都不同程度地产生这种脆性,目前尚无有效办法完全消除这类回火脆性,所以一般不在250～350 ℃范围内回火。

2)高温回火脆性

钢在 500～650 ℃范围内回火后出现的脆性称为高温回火脆性,又称为第二类回火脆性或可逆回火脆性。这类脆性主要是因为回火时长时间保温或慢冷导致的。重新在较高温度回火并快冷,韧度又会提高,脆性会消除,故这种高温回火脆性具有可逆性。

除快速冷却可以防止高温回火脆性外,在钢中加入 W、Mo 等合金元素也可有效抑制这类回火脆性的产生。

6.3　钢的表面热处理

许多机器零件在扭转、弯曲等交变载荷下工作,有时表面要受摩擦,承受交变或脉动接触应力,有时还承受冲击力,如传动轴、传动齿轮等。这些零件表面承受着比心部高的应力,要求在工作表面的有限深度范围内有高的强度、硬度和耐磨性,而其心部又有足够的塑性和韧性,以承受一定的冲击力。根据这一要求及金属材料淬火硬化的规律,发展了表面淬火工艺,构成了表面热处理的主体。

表面淬火是通过快速加热使钢件表面达到临界温度(A_{c1} 或 A_{c3})以上,不等热量传到工件内层就迅速予以冷却,只使表面被淬硬为马氏体,而内层仍为塑韧性良好的调质态组织

（调质后得到的组织）。

表面淬火通常按供给表面能量的形式不同分为火焰加热表面淬火、感应加热表面淬火、电解液加热表面淬火、激光表面淬火等几类,其中生产中最常用的是火焰加热表面淬火和感应加热表面淬火。

6.3.1　火焰加热表面淬火

用高温火焰或燃烧后的气体将工件表面局部或全部加热到淬火温度,随之快速冷却的淬火工艺,称为火焰加热表面淬火。火焰淬火供给表面的热量必须大于自表面传给心部或散失的热量,以便达到所谓"蓄能效应",才能实现表面淬火。

火焰淬火的特点是设备简单、操作方便、成本低,适用于各种形状零件特别是大尺寸工件的局部淬火或表面淬火。其最大缺点是淬火加热时,温度不易把握、容易过热、质量不稳定。

1. 常用燃料和设备

火焰加热表面淬火通常采用包括可燃气体和助燃气体的混合气体为燃料,氧气为助燃气体,而常用可燃气体是乙炔。火焰加热表面淬火的主要设备有喷枪、喷嘴、淬火机床、乙炔发生器和氧气瓶等,其中喷嘴的形状直接影响着火焰的质量,为了获得均匀加热,要求火焰外形尺寸尽可能与淬火部位的形状尺寸一致。

2. 火焰加热表面淬火工艺

根据喷嘴与零件相对运动的情况不同,火焰加热表面淬火工艺可分为多种,其中前进法使用较多,这里以此为例,对工艺进行介绍。如图 6-25 所示,火焰喷嘴和冷却装置沿淬火零件表面作平行移动,一边加热,一边冷却淬火,淬火零件可缓慢移动或不动。

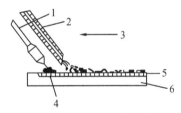

图 6-25　前进法火焰加热表面淬火示意图
1—烧嘴;2—喷水管;3—移动方向;
4—加热层;5—淬硬层;6—工件

火焰加热表面淬火的淬硬层深度一般为 2～6 mm,适用于中碳钢和中碳合金钢制成的、小批量生产零件及大型零件(如大模数齿轮和大型轴类等)。

3. 注意事项

1)淬火前的准备

为使钢的淬硬层深度与硬度均匀一致,并具有强韧的心部组织,在淬火前应进行预备热处理(通常是正火或调质处理)。

2)预热

合金钢、铸钢件及铸铁件进行火焰加热表面淬火时,由于材料导热性差,形成裂纹的倾向较大,因此淬火前必须进行预热。

3)回火工艺

表面淬火后的工件应立即回火,以消除应力,防止开裂。回火温度一般为 $180\sim200\ ^{\circ}\text{C}$,回火保温时间一般为 $1\sim2$ h。

6.3.2 感应加热表面淬火

感应加热表面淬火是以交变电磁场作为加热介质,利用感应电流通过工件所产生的热效应,将工件表面局部迅速加热到淬火温度,然后快速冷却的一种淬火方法。

根据设备输出频率的高低,感应加热表面淬火可分为高频淬火、中频淬火、低频淬火和超音频淬火等。

1. 基本原理

感应加热表面淬火的基本原理如图 6-26 所示。将工件放入铜管制成的感应器中,然后向感应器通入一定频率的交流电,以产生交变磁场,于是在工件内就会产生感应电流,并自成回路,称为"涡流"。"涡流"在工件截面上分布不均匀,表面密度大,心部密度小。并且电流频率越高,"涡流"集中的表面层越薄,称此现象为"集肤效应"。由于工件本身有电阻,因而集中于工件表层的"涡流",可使表层迅速被加热到淬火温度,而心部温度仍处于相变点以下,在随即的喷水快冷后,工件表层被淬硬,而心部仍保留原来的组织,达到表面淬火的目的。

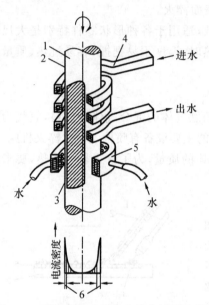

图 6-26　感应加热表面淬火基本原理示意图
1—工件;2—间隙;3—加热淬火层;4—加热感应圈;
5—淬火喷水套;6—电流集中层

2. 感应加热表面淬火的分类

工件淬硬层深浅由所选择的交流电频率高低而定。按所用电流频率不同,感应淬火分为如下几类。

（1）高频感应加热。电流频率 $100\sim 500\ kHz$,电源设备为电子管式高频加热装置。感应电流透入深度很小（$0.5\sim 1\ mm$）,主要用于小模数齿轮和小轴类工件的表面淬火。

（2）超音频感应加热。电流频率 $20\sim 40\ kHz$,电源设备为电子管式中高频加热装置。感应电流透入深度略大（$2.5\sim 3.5\ mm$）,主要用于中小模数齿轮、花键及凸轮轴、曲轴类表面淬火。

（3）中频感应加热。电流频率 $500\sim 10000\ Hz$,电源设备为机械式中频加热装置和可控硅中频发生器。感应电流透入深度较大（$2\sim 10\ mm$）,主要用于较大模数齿轮、凸轮轴、曲轴类及中小轴类及轴承套圈的表面淬火。

（4）低频感应加热（工频感应加热）。电流频率在 $50\ Hz$,电源设备为机械式工频加热装置。感应电流透入深度很大（$80\sim 100\ mm$）,主要用于大型轧辊和大直径零件（如火车车轮）的表面淬火。

3. 感应加热表面淬火的特点

与普通淬火相比,感应加热表面淬火是一种先进的热处理方法,它的特点有以下几个方面。

（1）加热速度快,生产效率高,零件由室温加热到淬火温度仅需要几秒到几十秒。

（2）淬火质量好,由于加热迅速,奥氏体晶粒不易长大,淬火后表层可获得细针状马氏体,硬度比普通淬火高 2～3HRC,耐磨性提高,表面氧化、脱碳极微,工件变形很小。

（3）淬硬层深度易于控制,操作易实现机械化和自动化,生产效率高,适用于大批量生产。

它的不足之处是感应加热设备较为复杂,维修、调整困难,形状复杂的感应线圈不易制造,不适于单件生产。

6.4 钢的化学热处理

钢的化学热处理是将工件放在一定的活性介质中加热,利用物理（活性原子的表面吸附、扩散等）、化学反应来改变工件表面的成分与组织,从而使工件表面获得与心部不同的物理或化学性能的热处理方法。它与表面淬火不同之处在于,表面淬火是通过改变工件表层组织的办法改变工件表层的性能;而化学热处理则是通过改变工件表层的化学成分进而改变工件表层的组织和性能。

化学热处理的基本过程可简单概括为分解、吸附、扩散。分解是指化合物的分解,渗剂分解为活性原子;吸附是指活性原子被工件表面吸附,通常吸附在缺陷部位;扩散是指由工件表层向内部扩散,扩散的种类有纯扩散和反应扩散。纯扩散形成固溶体,而反应扩散形成化合物。

根据渗入元素不同,化学热处理可分为渗碳、渗氮、碳氮共渗、渗硼、渗金属（如 Cr、Al）等。

6.4.1 渗碳

渗碳是向钢的表面层渗入碳原子的过程。其目的是使工件在热处理后表面具有高硬度和耐磨性,而心部仍保持一定强度及较高的韧性和塑性。

渗碳的优点是可获得比高频淬火硬度更高、更耐磨的表层及韧性更好的心部,渗碳工艺不受零件形状的限制;与渗氮工艺相比,渗碳的渗层厚、可承受重负荷、工艺时间短。其缺点是工艺过程烦琐,渗碳后还要进行淬火加回火的处理,工件变形大;与高频淬火比,生产成本高;渗碳层的硬度和耐磨性不如渗氮层高,而且不能在较高的温度条件下工作。

按照采用的渗碳剂不同,渗碳可分为气体渗碳、固体渗碳、液体渗碳三种。由于液体渗碳会产生氢氰酸,危害人体健康,目前已不采用,常用的是前面两种,尤其是气体渗碳。

1. 气体渗碳

气体渗碳目前常用的方法如下:将工件置于密封的加热炉（如图 6-27 所示的井式气体渗碳炉）中,往井式炉中直接滴入煤油,煤油挥发并分解的混合气体（CO、CO_2、H_2、H_2O、CH_4 组成）作为气体渗碳剂,在 $900\sim950$ ℃加热,保温,在工件表面进行渗碳。使用煤油的原因是煤油有足够的活性,价格低廉,供应充足;但有容易产生碳墨的缺点。除煤油外,采用较多的是复合渗碳剂如甲醇＋丙酮,将它们按照一定比例同时滴入炉内,可使渗碳零件获得满意的质量。渗碳气体在工件的表面进行如下的气相反应,得到活性碳原子并向工件的内

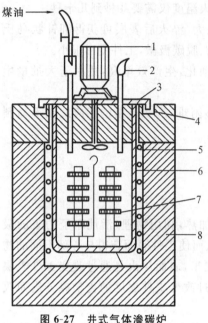

图 6-27 井式气体渗碳炉

1—风扇电动机;2—废气火焰;3—炉盖;
4—砂封;5—电阻丝;6—耐热罐;
7—工件;8—炉体

部扩散,实现渗碳。

$$2CO \longrightarrow [C]+CO_2$$

$$CO+H_2 \longrightarrow [C]+H_2O$$

$$CH_4 \longrightarrow [C]+2H_2$$

气体渗碳具有生产效率高、劳动条件好、渗碳过程容易控制、渗碳层质量稳定、易于实现机械化与自动化等优点。

2. 固体渗碳

固体渗碳则是将工件放在固体渗碳剂中进行渗碳,通常固体渗碳剂由碳粒与碳酸盐($BaCO_3$ 或 Na_2CO_3)组成。在封闭的箱体中其反应如下

$$BaCO_3(Na_2CO_3) \longrightarrow BaO(Na_2O)+CO_2$$

$$CO_2+C(碳粉) \longrightarrow 2CO$$

在渗碳温度下 CO 不稳定,在工件表面发生反应($2CO \longrightarrow CO_2+[C]$)生成活性碳原子,向工件内部扩散,完成渗碳。与其他渗碳法比较,固体渗碳法的渗碳速度慢,生产效率低,劳动条件差,质量不易控制,但设备简单,所需投入小,适合中小型生产。

3. 渗碳层的组织及热处理

工件经渗碳后,其表面的含碳量最高,由表面向内,其含碳量逐渐降低,直至原始含碳量。因此,工件从渗碳温度缓冷至室温后的组织由表面向中心依次为过共析组织(少量渗碳体+珠光体)、共析组织(珠光体)、亚共析组织(少量铁素体+珠光体)、心部的原始组织。

渗碳只为提高工件表层硬度、耐磨性和心部良好强韧性的配合提供必要条件,而渗碳件的优越性能必须在渗碳后进行淬火和低温回火才能得以实现。渗碳零件表面的含碳量最好在 $0.8\% \sim 1.1\%$ 范围内。表面含碳量过低,淬火低温回火后得到含碳量较低的回火马氏体,硬度低、耐磨性差;表面含碳量过高,渗碳层出现大块状或网状渗碳体,引起脆性,造成剥落,同时由于残余奥氏体量的增加,也使表面硬度、耐磨性及疲劳强度降低。

渗碳工件经淬火+低温回火处理后的表层组织为针状回火马氏体+二次渗碳体+少量的残余奥氏体,其硬度为 $58 \sim 64HRC$,而心部组织则随钢的淬透性而定。对于普通碳钢如 15、20,其心部组织为铁素体和珠光体,硬度为 $10 \sim 15HRC$;对于低碳合金钢如 20CrMnTi,其心部为低碳回火马氏体(或铁素体和屈氏体),硬度为 $35 \sim 45HRC$,具有较高的心部强度和足够高的塑性和韧性。

6.4.2 渗氮

渗氮是向钢的表面层渗入氮原子的过程。其目的是提高工件表面的硬度和耐磨性,并提高疲劳强度和耐蚀性。其优点是处理温度低、变形小、硬度高、耐磨性好、疲劳强度高,并且具有一定的耐蚀性和热硬性。因此,渗氮工艺被广泛应用于在交变载荷下工作并要求耐磨的重要结构零件,如高精度机床主轴等,也可用于在较高温度下工作的耐热、耐蚀、耐磨零

件,如阀门、排气阀等。其缺点是生产周期长(一般的渗氮时间长达数十至一百小时)、成本高、渗氮层较薄(不到 1 mm),且脆性较大、易剥落,因而其应用受到了很大的限制。此外,渗氮处理仅适用于特定的钢种,如含 Al、Mo、Cr、W、V 等元素的合金钢。

类似于渗碳工艺,根据渗氮时使用介质不同,渗氮工艺也可分为固体渗氮、液体渗氮和气体渗氮三种。

1. 渗氮原理及工艺

目前,广泛应用的是气体渗氮法。氨被加热分解出活性氮原子,氮原子被工件吸收并溶入其表面,在保温过程中向内扩散,形成渗氮层。氨的分解反应如下

$$2NH_3 \longrightarrow 3H_2 + 2[N]$$

工件在渗氮前一般需要进行调质处理,以获得回火索氏体组织,来提高渗氮件的心部强度,保证良好的综合力学性能。渗氮温度较低,一般仅为 500~600 ℃,因为氨在 200 ℃ 即开始分解,且铁素体对氮有一定的溶解能力。渗氮一般需要保温较长时间(20~50 h),有时甚至需要长达数天。而渗氮层由于形成了高硬度的氮化物(65~70 HRC),无需进行淬火便具有了较高的耐磨性,故渗氮工艺在氮化结束后一般先随炉降温到 200 ℃ 以下,再出炉冷却,而不采用淬火工艺。

2. 渗氮件的组织、结构及性能

通常工件在渗氮前经调质处理,组织为回火索氏体,经氮化缓冷后,工件的最外层为白亮层 ε(Fe₂N) 及 γ′ 相的氮化物薄层;中间是暗黑色的含氮共析体(α+γ′)层;心部仍为原始回火索氏体组织。渗氮层厚度一般在 0.15~0.75 mm,具有很高的硬度(65~70HRC),较脆,耐蚀,在磨损条件下易剥落。

由于渗氮层较薄,且氮固溶于铁素体中使密度增加,因而在渗氮层中出现较高的残余压应力,使疲劳强度大大提高。同时因为渗氮温度不高,故渗氮件变形较小。此外,渗氮件因为加入某些合金元素的原因,还具有一定的热硬性,其表面在 500 ℃ 以下可以长期保持高硬度,短时间加热到 600 ℃,硬度无明显下降,只有当加热温度超过 600 ℃ 时,才会因氮化物的聚集和基体组织转变等原因而使硬度下降。

3. 渗氮用钢

为使渗氮件具有更高的热硬性,渗氮钢中常加入 Al、Cr、Mo、W、V 等合金元素。它们的氮化物 AlN、CrN、MoN 等都很稳定,并在钢中均匀分布。常用的渗氮钢有 35CrAl、38CrMoAlA 等,尤其 38CrMoAlA 称为"渗氮王牌钢"。

6.4.3　碳氮共渗

碳氮共渗就是向钢的表面同时渗入碳、氮两种原子的过程,因为此工艺早期多采用氰化物为渗剂,又称为氰化。目前,以氰化物为渗剂的液体碳氮共渗已很少使用,多采用气体碳氮共渗工艺,尤以中温气体碳氮共渗和低温气体碳氮共渗应用最广。中温气体碳氮共渗的主要目的是提高钢的硬度、耐磨性和疲劳强度,以渗碳为主;低温气体碳氮共渗以渗氮为主,其主要目的是提高钢的耐磨性和抗咬合性。

1. 中温气体碳氮共渗

将气体渗碳设备进行简单的改装并添置供氨系统,便可用于共渗处理。将工件放入密

封炉内,加热至共渗温度(700~880 ℃),向炉内滴入煤油并通入氨气,经保温,工件即获得一定厚度的共渗层。一般在830~850 ℃,保温1~2 h,可获得0.2~0.5 mm的共渗层,升高或延长保温时间可增加共渗层的厚度。

碳氮共渗零件经淬火+低温回火后其表层组织为细针状回火马氏体+颗粒状碳氮化合物+少量残余奥氏体。

和渗碳工艺相比,中温气体碳氮共渗因得到的是含氮马氏体,耐磨性更好,且共渗层较渗碳层耐蚀性也更好,此外还有时间短、生产效率高等优点;但中温碳氮共渗处理后的工件表层常出现孔洞和黑色组织,气氛难控制,容易造成工件氢脆,而且共渗层较薄,只能用于小型耐磨零件。

2. 低温气体碳氮共渗

低温气体碳氮共渗是在Fe-C-N三元素的共析温度(570 ℃左右)下同时向工件表面渗入碳、氮原子,因温度较低称为低温气体碳氮共渗,又因为其以渗氮为主,常被称为氮碳共渗或软氮化。

低温气体碳氮共渗速度快、时间短(一般1~6 h)、温度低、零件变形小,共渗层硬度比渗氮层低,但其韧性好,故硬而不脆,不易剥落。此外,此工艺还可提高疲劳强度和耐蚀性,且不受钢种的限制,可以用于碳钢、合金钢、铸铁、粉末冶金材料等。其缺点是共渗层仅0.01~0.02 mm,且加热气氛有毒性,限制了应用。

6.5 热处理新技术和新工艺

随着时代的不断进步,对工业产品的性能、质量、可靠性等方面的要求越来越高,传统的热处理技术已无法满足这些要求。近年来随着科学技术的不断进步,各种新的科技成果如真空技术、激光技术等被应用于传统的热处理工艺,使热处理工艺水平大幅提高,改善现有的工艺条件,产品质量和性能不断提高;同时,热处理理论也得到发展,全新的热处理工艺被开发出来,大幅扩大了热处理工艺的应用范围。

1. 激光热处理

激光是20世纪人类的重大发明之一,激光具有定向发光、亮度高、颜色纯、能量密度极大等特点。激光表面淬火就是以高能量激光作为能源,以极快速度加热工件的表面,并自冷硬化的淬火工艺。此工艺最主要的是控制工件表面温度和加热深度,因而激光扫描加热时关键是控制扫描速度和功率密度。如果扫描速度太慢,或功率密度过大,则温度可能迅速上升到超过材料的熔点,或者加热深度过深以致不能自行冷却;若扫描速度太快,或功率密度太小,材料又得不到足够的热量,以致达不到淬火所需的相变温度。

由于激光这一特殊热源,使得激光热处理这一热处理新技术具有如下特点。①加热及冷却迅速:激光可以使金属局部在很短的时间内升高相当大的温度,而撤去激光,或激光扫过后,由于金属的良好导热性,受热部分又能迅速地冷却下来。②精确局部加热:激光可以聚焦在极细小的部位,且由于光的特殊性,可利用光的反射,对拐角、不通孔底部、深孔内壁等部位进行精确局部加热。③变形小、劳动条件好:激光热处理是局部加热,变形小,且在加热过程中无烟雾、噪声小、辐射热也小,整个过程易于实现自动化,劳动条件大幅改善。④处理后工件硬度高、疲劳强度高。⑤由于金属表面能反射光束,故在激光热处理前需要对金属表面施加吸光涂层以增加吸收率。

2. 表面气相沉积

气相沉积是利用气相中发生的物理、化学过程在工件表面形成具有特殊性能的金属或化合物涂层,是近五十年来逐渐发展起来的新工艺,主要分为化学气相沉积(CVD)和物理气相沉积(PVD)两种。

化学气相沉积是反应物质在气态条件下发生化学反应,生成固态物质沉积在加热的固态基体表面的新型工艺技术。将此技术引入传统的热处理工艺,使工件表面在热条件下沉积特定的材料,从而极大改善工件表面特性。工业生产中,已广泛使用此法,将硬质合金、高碳高铬冷作钢、热作钢及油淬工具钢等材料制造的工件性能大大优化。

物理气相沉积则是通过蒸发、电离或溅射等物理过程产生金属粒子,这些金属粒子在工件表面形成金属涂层,从而强化工件表面的工艺技术。

气相沉积镀层的特点是附着力强、均匀、快速、质量好、公害小,可以获得全包覆的镀层,因此在机械制造、航天、原子能、电气、轻工等部门得到了广泛的应用。

3. 真空热处理

真空是指低于大气压力的气体的给定空间,即每立方厘米空间中气体分子数少于两千五百亿亿个的给定空间。而真空技术是人为地制造真空空间的技术,将此技术应用于传统的热处理工艺,得到了突飞猛进的发展,几乎全部热处理工艺如退火、淬火、回火、渗碳、渗氮等均可以进行真空热处理。

在真空条件下,金属材料进行热处理,与常压下的行为有着显著的区别,概括起来有如下几点。

(1)防止氧化作用。真空环境下,氧的分压很低,氧化的作用被抑制了,若使氧的分压低于氧化物的分解压,则可达到完全无氧化的目的。

(2)脱气作用。采用真空熔炼难熔金属、活泼金属,可以去除金属中的 H_2、N_2、O_2 等气体,使金属更纯净,组织更细密,有效避免氢脆的产生。

(3)清除表面附着物。金属表面的附着物大多泛指氧化皮而言。因真空中极低的氧气分压,氧化物趋于分解,随着真空泵不断运转,金属表面的氧化物(锈迹)得到清洁。

(4)蒸发作用。常压下,金属加热不会引起金属元素的蒸发,但当炉内真空度过高时,易导致 Zn、Mg、Mn、Al、Cr 等金属元素的蒸发,从而使零件表面这类金属元素贫化。如常用不锈钢 1Cr18Ni9Ti 在真空处理时,由于 Cr 的蒸发,使表面变得粗糙,光亮度和光洁度均下降。故在真空处理时要选择合适的真空度,并非真空度越高越好。

目前,真空热处理技术已在工业生产中得到了广泛的应用,航空工业的机翼大梁、起落架及高强度螺栓等结构件,机械制造中的齿轮(渗碳)、轴类(渗碳)等零部件,以及所需的工具模具等均要用到真空热处理。

4. 形变热处理

形变热处理是将塑性变形和热处理两种强化材料的方式有机结合起来,以提高材料力学性能的复合工艺。此法使材料高强度与高塑性、高韧性良好结合,同时大大简化金属材料的生产流程,因而在机械制造业中受到广泛重视。因处理温度不同,常见的形变热处理分为低温形变热处理和高温形变热处理。

1)低温形变热处理

低温形变热处理是将钢加热到奥氏体状态,保温一段时间,迅速冷却到过冷奥氏体的亚稳区进行塑性变形,然后立即进行淬火和回火。

钢的低温形变淬火处理与普通淬火处理相比,在保持塑性基本不变的情况下,抗拉强度提高 30～70 MPa,适用于要求强度极高的零件,如飞机起落架、固体火箭蒙皮等。另一方面低温形变热处理的形变温度较低,需要形变速度快,对压力加工设备的功率要求高,故而此法强化效果虽好,但工艺实施较难,成本高,限制了使用范围。

2)高温形变热处理

高温形变热处理是将钢加热到奥氏体状态,保温一段时间,并在此状态下形变,随后进行淬火回火。其工艺要点在于,在稳定的奥氏体状态下变形时,为保留形变强化的效果,在形变后应立即快速冷却。

高温形变热处理对钢材无特殊要求,一般碳钢、合金钢均可以应用。除能提高钢的综合力学性能外,由于钢件表面有较大的残余应力,高温形变热处理还可使疲劳强度显著提高,但强化效果略低于低温形变淬火。通常高温形变热处理很容易安排到锻造或轧制生产流程中去,省去重新加热过程,从而节约能源,减少材料的氧化、脱碳和变形,因而得到了较快发展。

5. 计算机辅助热处理

计算机是 20 世纪最伟大的发明之一,在工业生产中的应用日益广泛,将计算机技术引入传统的热处理工艺,也得到了大力发展,目前其主要有如下几个方面的应用。

1)热处理计算机仿真

建立相应热处理工艺的数学模型,通过计算机仿真技术进行模拟实验,预测结果,最终达到优化热处理工艺的目的。

2)对热处理工艺生产过程的控制

计算机能对生产过程进行高精度的检测及控制,利用计算机对温度、时间、气氛、压力等参数进行控制,完成对整个热处理工艺过程的检测与控制。

3)计算机辅助设计

利用计算机强大的计算能力及其相配合的图形处理软件,帮助设计人员对热处理工艺及热处理设备进行设计,如控制气氛平衡常数计算、热处理炉辅助设计、热处理车间设计等。

习题

1.名词解释。

(1)奥氏体的起始晶粒度、实际晶粒度、本质晶粒度;

(2)等温冷却转变、连续冷却转变;

(3)C 曲线;

(4)奥氏体、过冷奥氏体、残余奥氏体;

(5)珠光体、索氏体、屈氏体、贝氏体、马氏体;

(6)正火、退火、淬火、回火、渗碳、渗氮;

(7)淬透性、淬硬性;

(8)回火马氏体、回火屈氏体、回火索氏体;

(9)调质处理。

2.何谓钢的热处理? 钢的热处理操作有哪些基本类型? 钢为什么要进行热处理? 热处理时改变哪些因素才能改善或达到钢所需要的性能?

3.何谓球化退火? 为什么过共析钢必须采用球化退火而不采用完全退火?

4.确定下列钢件的退火方法,并指出退火目的及退火后的组织。

(1)经冷轧后的 15 钢钢板,要求降低硬度;

(2)ZG35 的铸造齿轮;

(3)锻造过热后的 60 钢钢坯;

(4)具有片状渗碳体的 T12 钢坯。

5.试分析产生下列热处理缺陷的原因。

(1)一批 35 钢冷镦螺钉,经再结晶退火后发现晶粒长大;

(2)一批 45 钢锻件,完全退火后硬度偏高;

(3)一批 T12 手丝锥坯料,球化退火后发生下列缺陷:有 Fe_3C 网,球化不完全,球化后硬度变高。

6.指出下列零件的锻造毛坯进行正火的主要目的及正火后的显微组织。

(1)20 钢齿轮;　(2)45 钢小轴;　(3)T12 钢锉刀。

7.常用的淬火方法有哪几种? 说出它们的主要特点及应用范围。

8.说明 45 钢试样经下列温度加热、保温并在水中冷却得到的室温组织:700 ℃、760 ℃、840 ℃、1100 ℃。

9.指出下列工件的淬火及回火温度,并说明其回火后获得的组织和大致的硬度:

(1)45 钢小轴,要求综合机械性能好;

(2)60 钢弹簧;

(3)T12 钢锉刀。

10.回火的目的是什么? 常用的回火操作有哪几种?

11.化学热处理包括哪几个基本过程? 常用的化学热处理方法有哪几种?

12.拟用 T10 钢制造形状简单的车刀,工艺路线为锻造→热处理→机加工→热处理→磨削加工。

(1)试写出各热处理工序的名称并指出各热处理工序的作用;

(2)指出最终热处理后的显微组织及大致硬度;

(3)制订最终热处理工艺(温度、冷却介质)。

13.用 20 钢进行表面淬火和用 45 钢进行渗碳处理是否合适? 为什么?

第7章 合金钢

【内容简介】

本章重点阐述工业用钢的分类和合金元素的作用,各种常用钢的牌号、成分、热处理方法及具体热处理后的最终组织和用途。

【学习目标】

(1)掌握基本合金元素对金属性能的影响。

(2)掌握典型钢种的牌号、组成和用途。

(3)理解各种不同钢种的加工性能。

7.1 概述

碳钢的应用比较广泛且价格低廉,但在性能要求较高的场合中,比如各种轴、齿轮等要求较高强度、韧性和淬透性;刃具和模具要求较高的硬度、耐磨性和热硬性(随着温度的上升而保持高硬度的性能);在高温及各种腐蚀介质中工作的零件,则要求耐热性和耐腐蚀性等,碳钢则暴露出使用性能的不足之处。因此为了提高碳钢的力学性能、工艺性能及物理和化学性能,故意往碳钢中加入一定量的元素,这些元素就被称为合金元素。而合金钢就是在普通碳钢中有意加入各种合金元素得到的钢种,常用的合金元素有铬、镍、锰、硅、钨、钼、钒、钛、钴、铝、铜、铌、锆、稀土元素等。

7.1.1 合金元素对钢的影响

1. 合金元素对钢中基本相的影响

铁素体和渗碳体是碳素钢中的两个基本相,合金元素进入钢中将对这两个基本相的成分、结构和性能产生影响。

1)溶于铁素体,起固溶强化作用

加入钢中的非碳化物形成元素及过剩的碳化物形成元素都将溶于铁素体,形成合金铁素体,起固溶强化作用。图 7-1 和图 7-2 所示为几种合金元素对铁素体硬度和韧性的影响,可以看出,P、Si、Mn 的固溶强化效果最显著,但当其含量超过一定值后,铁素体的韧性将急剧下降。而 Cr、Ni 在适当的含量范围内不但能提高铁素体的硬度,而且还能提高其韧性。

因此,为了获得良好的强化效果,应控制固溶强化元素在钢中的含量。

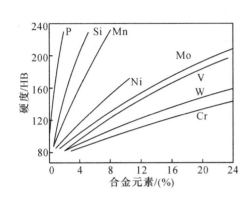 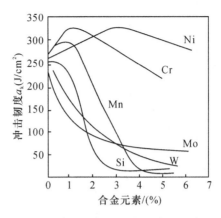

图 7-1　合元素对铁素体硬度的影响　　　图 7-2　合金元素对铁素体冲击韧性的影响

2)形成碳化物

加入到钢中的合金元素,除溶入铁素体外,还能进入渗碳体中,形成合金渗碳体,如铬进入渗碳体形成(Fe、Cr)₃C。当碳化物形成元素超过一定量后,将形成这些元素自己的碳化物。合金元素与碳的亲和力从大到小的顺序为 Zr、Ti、Nb、V、W、Mo、Cr、Mn、Fe。合金元素与碳的亲和力越大,所形成化合物的稳定性、熔点、分解温度、硬度、耐磨性就越高。在碳化物形成元素中,钛、铌、钒是强碳化物形成元素,所形成的碳化物如 TiC、VC 等;钨、钼、铬是中碳化物形成元素,所形成的碳化物如 $Cr_{23}C_6$、Cr_7C_3、W_2C 等。锰、铁是弱碳化物形成元素,所形成的碳化物如 Fe_3C、Mn_3C 等。碳化物是钢中的重要组成相之一,其类型、数量、大小、形态及分布对钢的性能有着重要的影响。

2. 合金元素对铁碳相图的影响

1)对奥氏体相区的影响

加入到钢中的合金元素,依其对奥氏体相区的作用可分为以下两类。

一类是扩大奥氏体相区的元素,如 Ni、Co、Mn、N 等,这些元素使 A_1、A_3 点下降,A_4 点上升。当钢中的这些元素含量足够高(如 $w_{Mn}>13\%$ 或 $w_{Ni}>9\%$)时,A_3 点降到零度以下,因而室温下钢具有单相奥氏体组织,称为奥氏体钢。

另一类是缩小奥氏体相区的元素,如 Cr、Mo、Si、Ti、W、Al 等,这些元素使 A_1、A_3 点上升,A_4 点下降。当钢中的这些元素含量足够高(如 $w_{Cr}>13\%$)时,奥氏体相区消失,室温下钢具有单相铁素体组织,称为铁素体钢。

图 7-3 和图 7-4 所示分别为锰和铬对奥氏体相区的影响。

2)对 S 点和 E 点位置的影响

几乎所有合金元素都会使 E 点和 S 点左移,即这两点的含碳量下降。由于 S 点的左移,使含碳量低于 0.77% 的合金钢出现过共析组织(如 4Cr13),在退火状态下,相同含碳量的合金钢组织中的珠光体的含量比碳钢的多,从而使钢的强度和硬度提高。同样,由于 E 点的左移,使含碳量低于 2.11% 的合金钢出现共晶组织,成为莱氏体钢,如 W18Cr4V(平均含碳量为 0.7%~0.8%)。

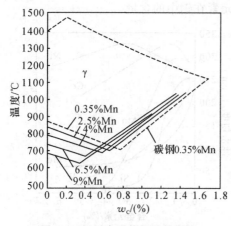

图 7-3 锰对奥氏体相区的影响

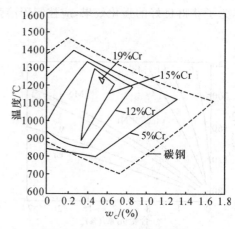

图 7-4 铬对奥氏体相区的影响

3. 合金元素对钢中相变过程的影响

1)对钢加热时奥氏体化过程的影响

(1)对奥氏体形成速度的影响。

大多数合金元素(除镍、钴以外)都减缓钢的奥氏体化过程。因此,合金钢在热处理时,要相应地提高加热温度或延长保温时间,才能保证奥氏体化过程的充分进行。

(2)对奥氏体晶粒长大倾向的影响。

碳、氮化物形成元素阻碍奥氏体长大。合金元素与碳和氮的亲和力越大,阻碍奥氏体晶粒长大的作用也越强烈,因而强碳化物和氮化物形成元素具有细化晶粒的作用。Mn、P 对奥氏体晶粒的长大起促进作用,因此含锰钢加热时应严格控制加热温度和保温时间。

2)对钢冷却时过冷奥氏体转变过程的影响

(1)对 C 曲线和淬透性的影响。

除 Co 外,凡溶入奥氏体的合金元素均使 C 曲线右移,钢的临界冷却速度下降,淬透性提高。淬透性的提高,可使钢的淬火冷却速度降低,这有利于减少零件的淬火变形和开裂倾向。合金元素对钢淬透性的影响取决于该元素的作用强度和溶解量,钢中常用的提高淬透性元素为 Mn、Si、Cr、Ni、B。如果采用多元少量的合金化原则,对提高钢的淬透性将会更为有效。

对于中强碳化物和强碳化物形成元素(如铬、钨、钼、钒等),溶于奥氏体后,不仅使 C 曲线右移,而且还使 C 曲线的形状发生改变,使珠光体转变与贝氏体转变明显地分为两个独立的区域。合金元素对 C 曲线的影响如图 7-5 所示。

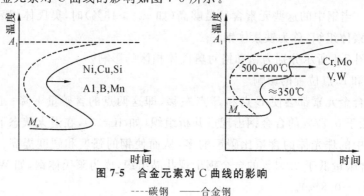

图 7-5 合金元素对 C 曲线的影响

----碳钢 ——合金钢

(2)对 M_s、M_f 点的影响。

除 Co、Al 外,所有溶于奥氏体的合金元素都使 Ms、M_f 点下降,使钢在淬火后的残余奥氏体量增加。一些高合金钢在淬火后残余奥氏体量可高达 30%～40%,这对钢的性能会产生不利的影响,可通过淬火后的冷处理和回火处理来降低残余奥氏体量。

3)对淬火钢回火转变过程的影响

(1)提高耐回火性。

淬火钢在回火过程中抵抗硬度下降的能力称为耐回火性。由于合金元素阻碍马氏体分解和碳化物聚集长大过程,使回火时的硬度降低过程变缓,从而提高钢的耐回火性。因此,当回火硬度相同时,合金钢的回火温度比相同含碳量的碳钢的高,这对于消除内应力是有利的。而当回火温度相同时,合金钢的强度、硬度要比碳钢的高。

(2)产生二次硬化。

含有 W、Mo、Cr、V 等元素的钢在淬火后回火加热时,由于析出细小弥散的这些元素碳化物及回火冷却时残余奥氏体转变为马氏体,使钢的硬度不仅不下降,反而升高,这种现象称为二次硬化。二次硬化使钢具有热硬性,这对于工具钢是非常重要的。

(3)防止第二类回火脆性。

如第五章所述,在钢中加入 W、Mo 可防止第二类回火脆性。这对于需调质处理后使用的大型件有着重要的意义。

7.1.2　合金钢的分类

合金钢按照其用途通常可以分为以下几类。

(1)合金结构钢:包括低合金结构钢、渗碳钢、调质钢、弹簧钢、轴承钢及易切削钢等。

(2)合金工具钢:包括刃具钢、模具钢及量具钢。

(3)特殊性能钢:包括不锈钢、耐热钢、耐磨钢、磁钢等。

通常情况下,把钢材中的合金元素总量小于 5% 的称为低合金钢,5%～10% 的称为中合金钢,大于 10% 的称为高合金钢。

我国和多数国家合金钢的编号均采用字母、合金元素符号和数字相结合的系统,通常情况下,通过编号就可以大致知道合金钢的主要成分、用途和其他一些基本特征。

我国合金钢的编号的一般形式是字母＋数字＋化学元素符号＋数字＋字母。牌号首部用数字标明钢的含碳量。为了标明用途,规定结构钢以万分之一为单位的数字(两位数)、工具钢和特殊性能钢以千分之一为单位的数字(一位数)来表示含碳量(与碳钢编号一样),而工具钢含碳量超过 1% 时,含碳量不标出。在标明含碳量的数字之后,用元素符号标明钢中主要合金元素,含量由其后数字标明,平均含量少于 1.5% 时不标数,平均含量为 1.5%～2.49%、2.5%～3.49% 等时,相应地标为 2、3 等。

根据以上编号方法,40Cr 钢为结构钢,平均含碳量为 0.40%,主要合金元素为 Cr,其含 Cr 量在 1.5% 以下。5CrNiMo 钢为工具钢,平均含碳量为 0.5%,含有 Cr、Ni、Mo 三种主要合金元素,含量皆在 1.5% 以下。CrWMn 钢也为工具钢,平均含碳量大于 1.0%,含有 Cr、

W、Mn 合金元素,合金元素含量都少于 1.5%。

专用钢用其用途的汉语拼音字首来标明。例如,滚动轴承钢钢号前标以字母"G",GCr15 表示含碳量约 1.0%、含铬量约 1.5%(含铬量以千分之一为单位的数字表示)的滚动轴承钢。对于高级优质钢,则在钢号的末尾加"A"字表明,例如,20Cr2Ni4A 等。要比较精确地确定钢种、成分及大致用途,除需要熟悉钢的编号方法外,还要对各类钢的含碳量及所含合金元素特点有所了解。另外,少数特殊用途钢的编号方法有例外,例如,属于特殊性能的耐热钢 12CrlMoV,编号方法就与结构钢相同,但这种情况极少。

7.2 合金结构钢

用于制造重要工程结构和机器零件的合金结构钢是合金钢中用途最广、用量最大的一类钢。下面分别介绍低合金高强度钢、合金调质钢、合金渗碳钢、弹簧钢、滚动轴承钢的性能要求、合金化原理、常见钢种及牌号、热处理特点。

7.2.1 低合金高强度钢

1. 使用条件及性能要求

低合金高强度钢又称为普低钢,英文缩写为 HSLA,是一种低碳工程结构用钢,合金元素含量较少,一般在 3% 以下,主要用于制造桥梁、船舶、车辆、锅炉、高压容器、输油输气管道、大型钢结构等。其基本性能要求有以下几个方面。

1)高强度

屈服强度在 300 MPa 以上,由于强度高,故能减轻结构自重、节约钢材和减少消耗。因此,在保证塑性和韧性的条件下,应尽量提高其强度。

2)高韧性

用高强钢制造的大型工程结构一旦发生断裂,往往会带来灾难性的后果,所以许多在低温下工作的构件必须具有良好的低温韧性。而大型的焊接结构,因不可避免地存在各种缺陷(如焊接冷、热裂纹),必须具有较高的断裂韧性。

3)良好的焊接性能和冷成形性能

大型结构大都采用焊接制造,焊前往往要冷成形,焊后又不易进行热处理,因此要求钢具有很好的焊接性能和冷成形性能。低合金结构钢的含碳量低,合金元素含量比较少,塑性好,不易在焊缝处产生淬火组织及裂纹,而且钢中的钛等合金元素可以抑制焊缝处晶粒长大,使其焊接性能大大提高。铝、钼及某些元素的复合作用,可以使钢材有相对于碳钢更高的耐大气、海水、土壤腐蚀能力。

2. 成分特点及合金化原理

这类钢的低含碳量满足工程构件用钢的工艺性能要求,主加元素 Mn 可显著强化铁素体,还可降低钢的韧脆温度,使珠光体数量增加,进一步提高强度;在此基础上加入极少量强碳化物元素如 V、Ti、Nb 等,可阻止晶粒长大,产生第二相强化,不但提高强度,还会消除钢的过热倾向。如 Q235 钢、16Mn、15MnV 钢的含碳量相当,但往 Q235 中加约 1%Mn 时,就成为 16Mn 钢,强度却增加约 50%,为 350 MPa,在 16Mn 基础上多加 V(0.04%~0.12%),强度又增加至 400 MPa。在合金化过程中材料的其他性能也有所改善,大大提高了构件的可靠性和紧凑性,减少了原材料消耗和能源消耗。

3. 热处理特点

这类钢一般在热轧空冷状态下使用,不需要进行专门的热处理。在有特殊要求时,如为了改善焊接区性能,可进行一次正火处理。

4. 常见钢种及牌号

我国列入行业标准(YB)的低合金高强钢有 21 种。它们按屈服强度从 300~650 MPa 分为六级,常见低合金高强度结构钢的化学成分和力学性能见表 7-1。

表 7-1　低合金高强度结构钢的化学成分和力学性能

牌号	质量等级	化学成分/(%)									力学性能		
		C≤	Mn	Si≤	P≤	S≤	V	Al	Cr	Ni	σ_b/MPa	σ_s/MPa ≥	δ/(%) ≥
Q295	A	0.16	0.80~1.50	0.55	0.045	0.045	0.02~0.15	—			390~570	295	23
	B	0.16	0.80~1.50	0.55	0.040	0.040	0.02~0.15	—			390~570	295	23
Q345	A	0.20	1.00~1.60	0.55	0.045	0.045	0.02~0.15	—			470~630	345	21
	B	0.20	1.00~1.60	0.55	0.040	0.040	0.02~0.15	—			470~630	345	21
	C	0.20	1.00~1.60	0.55	0.035	0.035	0.02~0.15	0.015			470~630	345	22
	D	0.18	1.00~1.60	0.55	0.030	0.035	0.02~0.15	0.015			470~630	345	22
	E	0.18	1.00~1.60	0.55	0.025	0.025	0.02~0.15	0.015			470~630	345	22
Q390	A	0.20	1.00~1.60	0.55	0.045	0.045	0.02~0.20	—	0.30	0.70	490~650	390	19
	B	0.20	1.00~1.60	0.55	0.040	0.040	0.02~0.20	—	0.30	0.70	490~650	390	19
	C	0.20	1.00~1.60	0.55	0.035	0.035	0.02~0.20	0.015	0.30	0.70	490~650	390	20
	D	0.20	1.00~1.60	0.55	0.030	0.030	0.02~0.20	0.015	0.30	0.70	490~650	390	20
	E	0.20	1.00~1.60	0.55	0.025	0.025	0.02~0.20	0.015	0.30	0.70	490~650	390	20
Q420	A	0.20	1.00~1.70	0.55	0.045	0.045	0.02~0.20	—	0.40	0.70	520~680	420	18
	B	0.20	1.00~1.70	0.55	0.040	0.040	0.02~0.20	—	0.40	0.70	520~680	420	18
	C	0.20	1.00~1.70	0.55	0.035	0.035	0.02~0.20	0.015	0.40	0.70	520~680	420	19
	D	0.20	1.00~1.70	0.55	0.030	0.030	0.02~0.20	0.015	0.40	0.70	520~680	420	19
	E	0.20	1.00~1.70	0.55	0.025	0.025	0.02~0.20	0.015	0.40	0.70	520~680	420	19

续表

牌号	质量等级	化学成分/(%)									力学性能		
		C≤	Mn	Si≤	P≤	S≤	V	Al	Cr	Ni	σ_b/MPa	σ_s/MPa ≥	δ/(%) ≥
Q460	C	0.20	1.00～1.70	0.55	0.035	0.035	0.02～0.20	0.015	0.70	0.70	550～720	460	17
	D	0.20	1.00～1.70	0.55	0.030	0.030	0.02～0.20	0.015	0.70	0.70	550～720	460	17
	E	0.20	1.00～1.70	0.55	0.025	0.025	0.02～0.20	0.015	0.70	0.70	550～720	460	17

注:①各牌号钢中均含有 0.015～0.060Nb 和 0.02～0.20Ti;
　　②表中的屈服点为直径不大于 16 mm 时的值。

Q345(16Mn)是应用最广、用量最大的低合金高强度结构钢,其综合性能好,广泛用于制造石油化工设备、船舶、桥梁、车辆等大型钢结构,如我国的南京长江大桥就是用 Q345 钢制造的。Q390 钢含有 V、Ti、Nb,其强度高,可用于制造高压容器等。Q460 钢含有 Mo 和 B,正火后组织为贝氏体,强度高,可用于制造石化工业中的高压容器等。

7.2.2　合金渗碳钢

1. 使用条件及性能要求

用于制造渗碳零件的钢称为渗碳钢,主要用于制造汽车和拖拉机的变速齿轮、内燃机凸轮轴、活塞销等零件。这类零件工作时遭受强烈摩擦磨损和较大的交变载荷,特别是强烈的冲击载荷,其性能要求有以下几个方面。

(1)有较高的强度和塑性,以抵抗拉伸、弯曲、扭转等变形破坏。

(2)表面有较高的硬度和耐磨性,以抵抗磨损及表面接触疲劳破坏。

(3)有较高的韧性,以承受强烈的冲击作用。

(4)当外载荷是循环作用时,要求零件有良好的抗疲劳破坏能力。

2. 成分特点及合金化原理

渗碳钢"表硬里韧"的性能特点要求选择低含碳量钢,经过渗碳后构件表面和整体力学性能均匀,并具有高的淬透性。渗碳钢中常使用的合金元素有 Cr、Mn、Ni、Mo、Ti、B 等,其中 Cr、Ni、Mn、B 等可提高材料的淬透性,也可强化铁素体;而 Mo、Ti 等碳化物形成元素通过形成细小弥散的稳定碳化物细化晶粒,提高强度、韧性,如含碳量基本相同的 20、20Cr、20CrMnTi 钢,其淬透性和强韧性依次增加,制造的零件性能也依次提高。

3. 热处理特点

合金渗碳钢热处理工艺为渗碳后直接淬火,再低温回火。对渗碳时容易过热的 20Cr、20MnV 等需先正火消除过热组织,然后进行淬火和低温回火。热处理后,表面渗碳层的组织由合金渗碳体与回火马氏体及少量残余奥氏体组成,硬度为 60～62 HRC。心部组织与钢的淬透性及零件截面尺寸有关。完全淬透时为低碳回火马氏体,硬度为 40～48 HRC。多数情况下是屈氏体、回火马氏体和少量铁素体,硬度为 25～40 HRC。心部韧度一般都高于 700 kJ/m²。

4. 主要钢种

常见渗碳钢的牌号、化学成分、热处理、性能及用途见表 7-2。

表 7-2 常用渗碳钢的牌号、化学成分、热处理、性能及用途

类别	钢号	主要化学成分 w/(%)							热处理/℃				机械性能(不小于)					毛坯尺寸/mm	应用举例
		C	Mn	Si	Cr	Ni	V	其他	渗碳	预备处理	淬火	回火	σ_b/MPa	σ_s/MPa	δ/(%)	ψ/(%)	A_{kU_2}/J		
低淬透性	15	0.12~0.18	0.35~0.65	0.17~0.37					930	880~900空	770~800水	200	≥500	≥300	15	≥55		<30	活塞销等
	20Mn2	0.17~0.24	1.40~1.80	0.17~0.37					930	850~870	880油	200	785	590	10	40	47	15	小齿轮,小轴,活塞销等
	20Cr	0.17~0.24	0.50~0.80	0.20~0.40	0.70~1.00				930	880水、油	780~820水、油	200	835	540	10	40	47	15	齿轮、小轴、活塞销等
	20MnV	0.17~0.24	1.30~1.60	0.17~0.37			0.07~0.12		930		880水、油	200	785	590	10	40	55	15	同上,也用作锅炉、高压容器管道等
中淬透性	20CrMn	0.17~0.23	0.90~1.20	0.17~0.37	0.90~1.20				930		850油	200	930	735	10	45	47	15	齿轮、轴、蜗杆、活塞销、摩擦轮
	20CrMnTi	0.17~0.23	0.80~1.10	0.17~0.37	1.00~1.30			Ti0.04~0.10	930	880油	870油	200	1080	850	10	45	55	15	汽车、拖拉机上的变速箱齿轮
	20MnTiB	0.17~0.24	1.30~1.60	0.17~0.37				Ti0.04~0.10 B0.0005~0.0035	930		860油	200	1130	930	10	45	55	15	代20CrMnTi
高淬透性	18Cr2Ni4WA	0.13~0.19	0.30~0.60	0.17~0.37	1.35~1.65	4.00~4.50		W0.80~1.20	930	950空	850空	200	1180	835	10	45	78	15	大型渗碳齿轮和轴类件
	20Cr2Ni4	0.17~0.23	0.30~0.60	0.17~0.37	1.25~1.65	3.25~3.65			930	880油	780油	200	1180	1080	10	45	63	15	同上

注:①钢中的磷、硫含量均不大于0.035%。

7.2.3 合金调质钢

1. 使用条件及性能要求

调质钢广泛用于制造汽车、拖拉机、机床和其他机器上的如齿轮、轴类件、连杆、高强螺栓等重要零件。大多需承受多种和较复杂的工作载荷,要求具有高水平的综合力学性能。

但不同零件受力状况不同,其性能要求会有所差别,截面受力均匀的零件如连杆,要求整个截面都有较高的强韧性。截面受力不均匀的零件,如承受扭转或弯曲应力的传动轴,主要要求受力较大的表面区有较好的性能,心部要求可低些。因此此类钢材在性能上的要求有以下几个方面。

(1)高的屈服强度、疲劳极限和良好的韧性塑性,即要求具有良好的综合的力学性能。

(2)局部表面要求一定的耐磨性。

(3)高的淬透性。

2. 成分特点及合金化原理

为达到强度和韧性的良好配合,合金调质钢的成分要求一般如下。

1)中碳

含碳量一般在 $0.25\%\sim0.50\%$ 之间,以 0.40% 居多。含碳量过低,不易淬硬,回火后强度不足,含碳量过高则韧性不够。

2)合金元素的作用

调质钢的合金化经历了一个由单一元素到多元素复合加入的发展过程,从 40→40Mn→40CrMn→40CrMnMo 或 40→40Cr→40CrNi→40CrNiMo 发展,合金元素主要作用如下。

(1)提高淬透性 在碳钢的基础上常单独或多元复合加入提高淬透性的元素 Mn、Cr、Ni、Mo、Si、B 等,使钢的淬透性增大,不仅使零件在截面上得到均匀的力学性能,而且能使用较缓和的冷却介质淬火,大大减小淬火变形开裂的倾向。

(2)固溶强化 合金元素溶入铁素体形成置换固溶体,能使基体得到强化。虽然这种强化效果不及提高淬透性的贡献,但仍是有效的。在常用合金元素中以 Si、Mn、Ni 的强化效果最显著。

(3)防止第二类回火脆性 调质钢的高温回火温度正好处于第二类回火脆性温度范围,钢中所含的 Mn、Ni、Cr、Si、P 元素会增大回火脆性倾向。为了防止和消除回火脆性的影响,除在回火后采用快冷方法,还可在钢中加入 Mo 或 W,使第二类回火脆性大大减弱。

(4)细化晶粒 在钢中加入碳化物形成元素 W、Al、V、Ti 可以有效地阻止奥氏体晶粒在淬火加热时长大,使最终组织细化,降低了钢的韧脆转变温度。

3. 热处理和组织性能

合金调质钢的热处理主要是毛坯的预备热处理(退火或正火)及粗加工件的调质处理。预备热处理可以改善锻造件组织缺陷,获得细小索氏体组织。最终热处理组织为回火索氏体,其组织具有以下几个特点。

(1)在铁素体基体上均匀分布粒状碳化物的弥散强化作用与溶入基体中的碳和合金元素的固溶强化作用使调质钢具有较高的屈服强度和疲劳强度。

(2)组织均匀,减小裂纹在局部薄弱区域形成的可能性,使钢的塑性和韧性良好。

（3）由淬火马氏体转变而来的铁素体晶粒细小，钢的韧脆转变温度较低。

4. 常用钢种及牌号

合金调质钢在机械制造业中是用量最大的一类钢种。我国常用调质钢按照淬透性的高低，大致分为三类，具体见表7-3。

表7-3　常用调质钢的牌号、化学成分、热处理、性能及用途

类别	牌号	化学成分 w/(%)					热处理		力学性能					用途举例
		C	Si	Mn	Cr	其他	淬火温度/℃	回火温度/℃	σ_b/MPa	σ_s/MPa	δ_5/(%)	ψ/(%)	A_k/J	
									不小于					
低淬透性	40Cr	0.37~0.44	0.17~0.37	0.50~0.80	0.80~1.10		850油	520水、油	980	785	9	45	47	重要的齿轮、轴、曲轴、套筒、连杆
	40Mn2	0.37~0.44	0.17~0.37	1.40~1.80			840油	540水、油	885	735	12	45	55	轴、半轴、蜗杆、连杆等
	40MnB	0.37~0.44	0.17~0.37	1.10~1.40		B:0.0005~0.0035	850油	500水、油	980	785	10	45	47	可代替40Cr作小截面重要零件，如汽车转向节、半轴、蜗杆、花键轴
	40MnVB	0.37~0.44	0.17~0.37	1.10~1.40		B:0.0005~0.0035 V:0.05~0.10	850油	520水、油	980	785	10	45	47	可代替40Cr作柴油机缸头螺栓、机床齿轮、花键轴等
中淬透性	35CrMo	0.32~0.40	0.17~0.37	0.40~0.70	0.80~1.10	Mo:0.15~0.25	850油	550水、油	980	835	12	45	63	用作截面不大而要求力学性能高的重要零件，如主轴、曲轴、锤杆等
	30CrMnSi	0.27~0.34	0.90~1.20	0.80~1.10	0.80~1.10		880油	520水、油	1080	885	10	45	39	用作截面不大而要求力学性能高的重要零件，如齿轮、轴、轴套等
	40CrNi	0.37~0.44	0.17~0.37	0.50~0.80	0.45~0.75	Ni:1.00~1.40	820油	500水、油	980	785	10	45	55	用作截面较大、要求力学性能较高的零件，如轴、连杆、齿轮轴等
	38CrMoAl	0.35~0.42	0.20~0.45	0.30~0.60	1.35~1.65	Mo:0.15~0.25 Al:0.70~1.10	940水、油	640水、油	980	835	14	50	71	氮化零件专用钢，用作磨床、自动车床主轴、精密丝杠、精密齿轮等

类别	牌号	化学成分 $w/(\%)$					热处理		力学性能					用途举例
		C	Si	Mn	Cr	其他	淬火温度/℃	回火温度/℃	σ_b/MPa	σ_s/MPa	δ_5/(%)	ψ/(%)	A_k/J	
									不小于					
高淬透性	40CrMnMo	0.37~0.45	0.17~0.37	0.90~1.20	0.90~1.20	Mo:0.20~0.30	850油	6000水、油	980	785	10	45	63	截面较大,要求强度高、韧性好的重要零件,如汽轮机轴、曲轴等
	40CrNiMo	0.37~0.44	0.17~0.37	0.50~0.80	0.60~0.90	Mo:0.15~0.25 Ni:1.25~1.65	850油	600水、油	980	835	12	45	78	截面较大,要求强度高、韧性好的重要零件,如汽轮机轴、叶片曲轴等
	25Cr2Ni4WA	0.21~0.28	0.17~0.37	0.30~0.60	1.35~1.65	W:0.80~1.20 Ni:4.00~4.50	850油	550水、油	1080	930	11	45	71	200 mm 以下,要求淬透的大截面重要零件

注:试样尺寸 $\phi25$ mm;38CrMoAl 钢试样尺寸为 $\phi30$ mm。

7.2.4 合金弹簧钢

弹簧钢是一种专用结构钢,主要用于制造各种弹簧和类似弹簧性能的零件。中碳钢和高碳钢都可用来制作弹簧,但因其淬透性和强度较低,只能用来制造截面较小、受力较小的弹簧。合金弹簧钢则可制造截面较大、屈服极限较高的重要弹簧。

1. 使用条件及性能要求

在机器设备中弹簧类零件主要是利用弹性变形吸收能量以缓和振动和冲击,或者依靠弹性储能来起驱动作用。根据工作要求,弹簧钢应具备以下几方面的性能。

(1)高的弹性极限和屈强比,以保证弹簧具有高的弹性变形能力和弹性承载能力。

(2)高的疲劳极限,因弹簧一般在交变载荷下工作。

(3)足够的塑性和韧性,以免受冲击时发生脆断。

此外,弹簧钢还应有较好的淬透性,不易脱碳和过热,容易绕卷成形及在高温和腐蚀性条件下工作具有好的环境稳定性等。

2. 成分特点及合金化原理

合金弹簧钢的化学成分有以下几个特点。

(1)为保证高的弹性极限和疲劳极限,弹簧钢的含碳量应比调质钢高,一般为 0.45%~0.70%。含碳量过高,塑性、韧性降低,易发生脆断,疲劳抗力也下降。

(2)加入以 Si、Mn 为主的元素以提高钢的淬透性,同时也提高屈强比,强化铁素体基体和提高回火稳定性。

(3)加入 Cr、W、V 为辅加合金元素,克服 Si、Mn 钢的不足(过热、石墨化倾向)。此外,弹簧钢的净化对疲劳强度有很大的影响,所以弹簧钢均为优质钢或高级优质钢。

3. 弹簧钢的热处理

弹簧的加工方法分为热成形和冷成形。热成形方法一般用于大中型弹簧和形状复杂的弹簧,热成形后再经淬火和中温回火。冷成形方法则适用于小尺寸弹簧,用已强化的弹簧钢丝冷成形后再进行去应力退火。

4. 典型钢种与牌号

常用弹簧钢的牌号、化学成分、热处理、性能及用途见表7-4。

表 7-4 常用弹簧钢的牌号、化学成分、热处理、性能及用途

牌　号	化学成分/(%)						热处理/℃		力学性能(不小于)				用途举例
	C	Mn	Si	Cr	P,S 不大于	其他	淬火	回火	σ_b MPa	σ_s MPa	$\delta_5 \cdot \delta_{10}$ /(%)	ψ/ (%)	
65	0.62 ~ 0.70	0.50 ~ 0.80	0.17 ~ 0.37	≤ 0.25	0.035		840	500	980	785	9	35	调压调速弹簧、柱塞弹簧、测力弹簧及一般机械上用的圆、方螺旋弹簧
70	0.72 ~ 0.80	0.50 ~ 0.80	0.17 ~ 0.37	≤ 0.25	0.035		820	480	1080	880	7	30	
85	0.82 ~ 0.90	0.50 ~ 0.80	0.17 ~ 0.37	≤ 0.25	0.035		820	480	1130	980	6	30	机车车辆、汽车、拖拉机的板簧及螺旋弹簧
65Mn	0.62 ~ 0.70	0.90 ~ 1.20	0.17 ~ 0.37	≤ 0.25	0.035		830	480	1000	800	8	30	小汽车离合器弹簧、制动弹簧,气门簧
55Si2Mn	0.52 ~ 0.60	0.60 ~ 0.90	1.50 ~ 2.00	≤ 0.35	0.035		870	480	1275	1177	6	30	用于机车车辆、汽车、拖拉机上的板簧、螺旋弹簧、汽缸安全阀簧、止回阀簧及其他高应力下工作的重要弹簧,还可用作250℃以下工作的耐热弹簧
55Si2MnB	0.52 ~ 0.60	0.60 ~ 0.90	1.50 ~ 2.00	≤ 0.35	0.035	0.0005 ~ 0.004B	870	480	1275	1177	6	30	
55SiMnVB	0.52 ~ 0.60	1.00 ~ 1.30	0.70 ~ 1.00	≤ 0.35	0.035	0.08~0.16V 0.0005~0.0035B	860	460	1373	1226	5	30	
60Si2Mn	0.56 ~ 0.64	0.60 ~ 0.90	1.50 ~ 2.00	≤ 0.35	0.035		870	480	1275	1177	5	25	
60Si2MnA	0.56 ~ 0.64	0.60 ~ 0.90	1.60 ~ 2.00	≤ 0.35	0.030		870	440	1569	1373	5	20	

牌　号	化学成分/(%)					热处理/℃		力学性能(不小于)				用途举例
	C	Mn	Si	Cr	其他	淬火	回火	σ_b MPa	σ_s MPa	δ_5,δ_{10} /(%)	ψ /(%)	
					P,S 不大于							
60Si2CrA	0.56~0.64	0.40~0.70	1.40~1.80	0.70~1.00	0.030	870	420	1765	1569	6	20	用于承受重载荷及300~350℃以下工作的弹簧,如调速器弹簧、汽轮机汽封弹簧等
60Si2CrVA	0.56~0.64	0.40~0.70	1.40~1.80	0.90~1.20	0.030 0.10~0.20V	850	410	1863	1667	6	20	
55CrMnA	0.52~0.60	0.65~0.95	0.17~0.37	0.65~0.95	0.030	830~860	460~510	1226	1079	9	20	用于载重汽车、拖拉机、小轿车上的板簧、50mm直径的螺旋弹簧
60CrMnA	0.56~0.64	0.70~1.00	0.17~0.37	0.70~1.00	0.030	830~860	460~520	1226	1079	9	20	
60CrMnMoA	0.56~0.64	0.70~1.00	0.17~0.37	0.70~0.90	0.030 0.25~0.35Mo	—	—	—	—	—	—	
60CrMnBA	0.56~0.64	0.70~1.00	0.17~0.37	0.70~1.00	0.030 0.0005~0.004B	830~860	460~520	1226	1079	9	20	
50CrVA	0.46~0.54	0.50~0.80	0.17~0.37	0.80~1.10	0.030 0.10~0.20V	850	500	1275	1128	10	40	大截面高负荷的重要弹簧及300℃以下工作的阀门弹簧、活塞弹簧、安全阀弹簧等
30W4Cr2VA	0.26~0.34	≤0.40	0.17~0.37	2.00~2.50	0.50~0.80V 4~4.5W 0.030	1050~1100	600	1471	1324	7	40	≤300℃温度下工作的弹簧,如锅炉主安全阀弹簧、汽轮机汽封弹簧片等

注:① 65钢的力学性能为正火状态时的力学性能,正火温度为810℃;
　　② 淬火介质为油。

7.2.5　滚动轴承钢

轴承钢主要用来制造滚动轴承的内圈、外圈、滚动体和保持架。

1. 工作条件及性能要求

轴承元件工况复杂苛刻,工作时实际受载面积很小,交变载荷高度集中。因此对轴承钢的性能要求主要有以下几方面。

(1)高的接触疲劳强度,轴承元件如滚珠与套圈,运转时为点或线接触,接触处的压应力高达 1500～5000 MPa;应力交变次数 1 min 达几万次甚至更多,往往造成接触疲劳破坏,产生麻点或剥落。

(2)高硬度和耐磨性,滚动体和套圈之间不但有滚动摩擦,而且有滑动摩擦,轴承常常因过度磨损破坏,因此必须具有高而均匀的硬度。一般应为 62～64 HRC。

(3)足够的韧性和淬透性。

(4)在大气和润滑介质中有一定的耐蚀能力。

(5)良好的尺寸稳定性。

2. 成分特点及合金化原理

(1)高含碳量。为了保证轴承钢的高硬度、高耐磨性和高强度,含碳量应较高,一般为 0.95％～1.1％。

(2)Cr。为基本合金元素,用来提高淬透性,Cr 呈细密、均匀状分布,可以提高钢的耐磨性特别是接触疲劳强度。但 Cr 含量过高会增大残余奥氏体量和碳化物分布的不均匀性,使钢的硬度和疲劳强度反而降低,适宜含量为 0.40％～1.65％。

(3)Si、Mn、V 等。Cr、Mn 进一步提高淬透性,便于制造大型轴承。Si 还可以提高钢的回火稳定性。V 部分溶于奥氏体中,部分形成碳化物碳化钒,提高钢的耐磨性并防止过热。无铬钢中都含有钒。

(4)纯度要求极高。规定 $w_S < 0.02％$,$w_P < 0.027％$。非金属夹杂对轴承钢接触疲劳性能影响大,因此轴承钢一般用电炉冶炼,为提高纯度可采用真空脱气等新冶炼技术。

3. 热处理特点

轴承钢的热处理主要为球化退火、淬火和低温回火。

1)球化退火

目的不仅是降低钢的硬度,以利于切削加工,更重要的是可以获得细的球状珠光体和均匀分布的过剩的细粒状碳化物,为零件的最终热处理作组织准备。

2)淬火和低温回火

淬火温度要求十分严格,温度过高会过热,使韧性和疲劳强度降低;温度过低,奥氏体溶解碳化物不足,钢的淬透性和淬硬性均不够。淬火加热温度一般在 840 ℃左右。淬火后立即回火(160 ℃±5 ℃)2.5～3 h。轴承钢经过淬火回火后的组织为极细的回火马氏体、均匀分布的细粒状碳化物及少量的残余奥氏体。

4. 典型钢种和牌号

表 7-5 列出常用滚动轴承钢的牌号、化学成分及热处理。我国轴承钢可分为以下两类。

1)铬轴承钢

最常用的为 GCr15,用于制造中、小轴承的内、外套圈及滚动体,此外也常用来制造冷冲模、量具、丝锥等。

2)添加 Mn、Si、Mo、V 的轴承钢

这类轴承钢如 GCr15SiMn,使淬透性得到提高;为了节约 Cr,添加 Mo、V 得到无铬轴承钢,如 GSiMnMoV 和 GSiMnMoVRe 等。

表 7-5 常用滚动轴承钢的牌号、化学成分及热处理

牌号	主要化学成分/(%) C	Si	Mn	Cr	Mo	热处理 淬火/℃	常规回火/℃	零件名称	成品尺寸/mm	硬度 HRC 淬火后不小于	常规回火后	高温回火后 200℃	250℃	300℃	350℃不小于
GCr4	0.95~1.05	0.15~0.30	0.15~0.30	0.35~0.50	≤0.08	800~820	150~160	套圈有效壁厚	≤12	63	60~85	59~64	57~62	55~59	52
GCr15	0.95~1.05	0.15~0.35	0.25~0.45	1.40~1.65	≤0.1	800~820	150~160		12~30	62	58~64	57~62	56~60	54~58	52
									>30	60	57~63	56~61	55~59	53~57	52
								钢球直径	≤30	64	61~66	61~66	61~66	56~60	52
GCr15SnMo	0.95~1.05	0.45~0.75	0.95~1.25	1.40~1.65	≤0.1	820~840	170~190		30~50	62	59~64	59~64	57~61	55~59	52
									>50	61	58~64	58~64	56~61	54~58	52
GCr15SnMo	0.95~1.05	0.65~0.85	0.20~0.40	1.40~1.70	0.30~0.40	820~840	170~190	滚子有效直径	≤20	63	60~65	60~65	60~65	55~59	52
									20~40	62	58~64	58~64	57~61	54~58	52
GCr18Mo	0.95~1.05	0.20~0.40	0.25~0.40	1.65~1.95	0.15~0.25	820~840	170~190		>40	60	57~63	57~63	56~59	53~57	52

注:中、小尺寸轴承零件选用 GCr4、GCr15 钢,大尺寸轴承零件选用 GCr15SiMn、GCr15SiMo、GCr18Mo 钢制造。

7.3 合金工具钢

工业生产中使用的工具多种多样,用得最多的是刃具、模具、量具等。对刃具材料来说,除要求适当的强度和韧性,主要要求具有高硬度和耐磨性,且必须在高温下具有高硬度,通常称为红硬性。冷作模具材料必须具有高强度、高硬度、高耐磨性和足够的韧性;热作模具还必须具有良好的抗热疲劳性、导热性及一定的抗氧化、抗腐蚀的能力。量具材料则应具有较高的硬度和耐磨性及一定的强度和韧性以减少磨损和破坏;同时还应有较高的组织稳定性,以免发生时效或其他相变变形而影响尺寸的精确性。

7.3.1 刃具钢

刃具钢主要用于制作车刀、铣刀、钻头等金属切削刀具。合金刃具钢分为两类:一类主要用于低速切削,称为低合金刃具钢;另一类用于高速切削,称为高速钢。

1. 低合金刃具钢

低合金刃具钢的工作温度一般不超过 300 ℃,常用于制造截面较大、形状复杂、切削条件较差的刃具,如搓丝板、丝锥、板牙等。

1)成分特点

(1)低合金刃具钢的含碳量高,一般在 0.75%～1.5% 之间,以保证淬火后获得高硬度(＞62HRC),并形成适当数量碳化物以提高耐磨性。

(2)加入 Cr、Si、Mn、W、V 等元素,提高淬透性及回火稳定性,并能强化基体,细化晶粒。因此低合金刃具钢耐磨性和热硬性比碳素刃具钢好,淬透性较碳素钢好;淬火冷却可在油中进行,使变形、开裂倾向减小。合金元素的加入导致临界点升高,通常淬火温度较高,脱碳倾向增大。

2)典型钢种及其热处理

常用合金工具钢的牌号、化学成分、热处理、性能及用途见表 7-6。

表 7-6 常用合金工具钢的牌号、化学成分、热处理、性能及用途

统一数字代号	钢组	牌号	化学成分/(%)					淬火		交货状态硬度/HB	用途举例
			C	Si	Mn	Cr	其他	温度/℃	硬度/HRC		
T30100	量具刃具用钢	9SiCr	0.85～0.95	1.20～1.60	0.30～0.60	0.95～1.25		820～860 油	≥62	241～197	丝锥、板牙、钻头、铰刀、齿轮铣刀、冷冲模、轧辊
T30000		8MnSi	0.75～0.85	0.30～0.60	0.80～1.10			800～820 油	≥60	≤229	一般多用作木工凿子、锯条或其他刀具
T30060		Cr06	1.30～1.45	≤0.40	≤0.40	0.50～0.70		780～810 水	≥64	241～187	用作剃刀、刀片、刮刀、刻刀、外科医疗刀具
T30201		Cr2	0.95～1.10	≤0.40	≤0.40	1.30～1.65		830～860 油	≥62	229～179	低速、材料硬度不高的切削刀具、量规、冷轧辊等
T30200		9Cr2	0.80～0.95	≤0.40	≤0.40	1.30～1.70		820～850 油	≥62	217～179	主要用于用作冷轧辊、冷冲头及冲头、木工工具等
T30001		W	1.05～1.25	≤0.40	≤0.40	0.10～0.30	W 0.80～1.20	800～830 水	≥62	229～187	低速切削硬金属的刀具,如麻花钻、车刀等
T20000	冷作模具钢	9Mn2V	0.85～0.95	≤0.40	1.70～2.00	—	V 0.10～0.25	780～810 油	≥62	≤229	丝锥、板牙、铰刀、小冲模、冷压模、料模、剪刀等
T20111		CrWMn	0.90～1.05	≤0.40	0.80～1.10	0.90～1.20	W 1.20～1.60	800～830 油	≥62	255～207	拉刀、长丝锥、量规及形状复杂精度高的冲模、丝杠等

注:各钢种 S、P 含量均不大于 0.030%。

典型钢种 9SiCr,含有提高回火稳定性的 Si,经 230～250 ℃回火,硬度不低于 60 HRC,使用温度达 250～300 ℃,广泛用于制造各种低速切削刃具,如板牙,也可用做冷冲模。

低合金刃具钢的加工过程为球化退火、机加工,然后淬火和低温回火。淬火温度应根据工件形状、尺寸及性能要求严格控制,一般都要预热;回火温度为 160～200 ℃。热处理后的组织为回火马氏体、剩余碳化物和少量残余奥氏体。

2. 高速钢

高速钢是制造高速切削刀具用钢。它的主要性能特点是热硬性高,当切削温度达到 600 ℃时,硬度仍能保持在 55～60 HRC 以上。高速钢的淬透性高,空冷即可淬火,俗称"风钢"。

1)成分特点

(1)高碳　含碳量为 0.70％～1.6％,以保证形成足够量的碳化物。

(2)合金元素　主要加入的元素是 Cr、W、Mo、V,加 Cr 的主要目的是为了提高淬透性,各高速钢的铬含量大多在 4％左右。铬还提高钢的耐回火性和抗氧化性。W、Mo 的主要作用是提高钢的热硬性,原因是在淬火后的回火过程中,析出了这些元素的碳化物,使钢产生二次硬化。V 的主要作用是细化晶粒,同时由于 VC 硬度极高,可提高钢的硬度和耐磨性。

2)加工与热处理

高速钢的加工工艺路线为下料→锻造→退火→机加工→淬火＋回火→喷砂→磨削加工。

(1)锻造　高速钢是莱氏体钢,其铸态组织为亚共晶组织,由鱼骨状莱氏体与树枝状的马氏体和托氏体组成(如图 7-6 所示),这种组织脆性大且无法通过热处理改善。因此,需要通过反复锻打来击碎鱼骨状碳化物,使其均匀地分布于基体中。可见,对于高速钢而言,锻造具有成型和改善组织的双重作用。

(2)退火　高速钢的预备热处理是球化退火,其目的是降低硬度,便于切削加工,并为淬火作组织准备。退火后组织为索氏体加细颗粒状碳化物,如图 7-7 所示。

(3)淬火　高速钢的导热性较差,故淬火加热时应在 600～650 ℃和 800～850 ℃预热两次,以防止变形与开裂。高速钢的淬火温度高达 1280 ℃,以使更多的合金元素溶入奥氏体中,达到淬火后获得高合金元素含量马氏体的目的。淬火温度不宜过高;否则,易引起晶粒粗大。淬火冷却多采用盐浴分级淬火或油冷,以减少变形和开裂倾向。淬火后的组织为隐针马氏体加颗粒状碳化物和较多的残余奥氏体(约 30％),如图 7-8 所示。硬度为 61～63 HRC。

(4)回火　高速钢淬火后通常在 550～570 ℃进行三次回火,其主要目的是减少残余奥

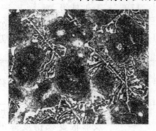

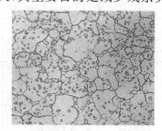

图 7-6　W18Cr4V 钢的铸态组织(400×)　　图 7-7　W18Cr4V 钢的退火组织(400×)　　图 7-8　W18Cr4V 钢的淬火组织(400×)

氏体量,稳定组织,并产生二次硬化。在回火过程中,随温度升高,大量细小弥散的钨、钼、钒碳化物从马氏体中析出,使钢的硬度不仅不降,反而明显提高;同时由于残余奥氏体中的碳和合金元素含量下降及所受马氏体的压力降低,M_s 点上升,在回火冷却时转变为马氏体,也使硬度提高,产生二次硬化。W18Cr4V 钢的硬度与回火温度的关系如图 7-9 所示。

采用多次回火是为了逐步减少残余奥氏体量,同时每次回火加热都使前一次回火冷却时产生的淬火马氏体回火。经淬火和三次回火后,高速钢的组织为回火马氏体、细颗粒状碳化物加少量残余奥氏体($<3\%$),如图 7-10 所示。

3)常用钢种

常用的高速钢列于表 7-7。其中最常用的钢种为钨系的 W18Cr4V 和钨-钼系的 W6Mo5Cr4V2。这两种钢的组织性能相似,但前者的热硬性较好,后者的耐磨性、热塑性和韧性较好。主要用于制造高速切削刃具,如车刀、刨刀、铣刀、钻头等。

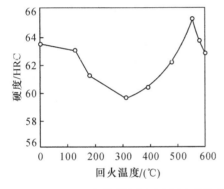

图 7-9　W18Cr4V 钢的硬度与回火温度的关系

图 7-10　W18Cr4V 钢淬火、回火后的组织($400\times$)

表 7-7　常用高速钢的牌号、成分、热处理及硬度

牌　　号	化学成分/(%)						交货通火硬度 HBS 不大于	热处理/℃				回火后硬度 HRC 不小于	应用举例
	C	W	Mn	Cr	V	Al 或 Co		预热	淬火		回火		
									热浴炉	精式炉			
W18Cr4V	0.70~0.80	17.50~19.00	≤0.30	3.50~4.40	1.00~1.40		255	820~870	1270~1285油	1270~1285油	550~570	65	制造一般高速切制用车刀、制刀、钻头、铣刀等
W18Cr4V2Co5	0.75~1.85	17.50~19.00	0.50~1.25	3.75~5.00	1.80~2.40	Co7.00~9.50	285	820~870	1270~1290油	1280~1300油	540~560	63	制造形状简单截面较粗的刀具,用于加工堆切制材料。如高温合金、难熔金属、超高强调钢、铁合金以及离氏体不锈钢等
W12Cr4V5Co5	1.50~1.60	11.75~13.00	≤1.00	3.75~5.00	4.50~5.25	Co4.50~5.25	277	277	820~870油	1230~1250油	530~550	65	

牌 号	化学成分/(%)						交货通火硬度 HBS 不大于	热处理/℃				回火后硬度 HRC 不小于	应 用 举 例
	C	W	Mn	Cr	V	Al或Co		预热	淬火		回火		
									热浴炉	精式炉			
W6Mo5Cr4V3	0.80~0.90	5.50~6.75	4.50~5.50	3.80~4.40	1.75~2.20		255	730~840	1210~1230 油	1210~1230 油	540~560	63(箱式炉) 64(盐熔炉)	制造要求耐磨性和韧性很好配合的高速切制刀具:如丝罐、银头等
W6Mo5Cr4V3	1.00~1.10	5.00~6.75	4.75~6.50	3.75~4.50	2.25~2.75		255	730~840	1190~1210 油	1200~1220 油	540~560	64	制造要求耐磨性和热硬性较高,耐磨性和韧性较好配合、形状较为复杂的刀具:如拉刀、铣刀等
W6Mo5Cr4V2Co5	0.80~0.90	5.50~6.50	4.50~5.50	3.75~4.50	1.75~2.25	Co4.50~5.50	269	730~840	1190~1210 油	1200~1220 油	540~560	64	制造形状简单截面较粗的刀具。如直径在15mm以上的钻头及某些刀具。
W7Mo4Cr4V2Co5	1.05~1.15	6.25~7.00	3.25~4.25	3.75~4.50	1.75~2.25	Co4.75~5.75	269	730~840	1180~1200 油	1190~1210 油	530~550	66	用于加工难切削材料,例如高温合金。难熔金属和合金。超高强度钢、铁合金以及吴氏体不锈钢等,也用于切制硬度≤300~350HBS的合金钢质钢
W2Mo9Cr4VCo5	1.05~1.15	1.75~1.85	9.00~10.00	3.50~4.25	0.95~1.35	Co7.75~8.75	269	730~840	1170~1190 油	1180~1200 油	530~550	66	
W6Mo5Cr4V2Al	1.05~1.20	5.50~6.70	450~550	3.80~4.40	1.75~2.20	Al 0.80~1.20	285	820~870	1230~1240 油	1230~1240 油	540~560	65	在加工一般材料时,刀具使用寿命为W18Cr4V的2倍。在切削难加工的超高强度钢和耐热钢时。其使用寿命接近含钻高速钢

7.3.2 量具钢

量具是机械制造工业中的测量工具,量具钢用于制造各种测量工具,如卡尺、千分尺、螺旋测微仪、块规、塞规等。

1. 成分特点

量具钢的成分与低合金刃具钢相同,含碳量高(0.9%~1.5%)且加入提高淬透性的元素(Cr、W、Mn 等)。

2. 热处理特点

淬火和低温回火时要采取以下措施来提高组织的稳定性及保证尺寸的稳定性。

(1)在保证硬度的前提下尽量降低淬火温度,以减少残余奥氏体量。

(2)淬火后立即进行−80~−70 ℃的冷处理。使残余奥氏体尽可能地转变为马氏体,然后进行低温回火。

(3)精度要求高的量具,在淬火、冷处理和低温回火后需进行120~130 ℃几个小时至几十个小时的时效处理,使马氏体正方度降低、残存奥氏体稳定、残余应力消除。为了去除磨削加工中产生的应力,还要在120~150 ℃保温 8 h 进行第二次(或多次)时效处理。

3. 典型钢种及牌号

量具钢没有专用钢。尺寸小、形状简单、精度较低的量具,用高碳钢制造;复杂的精密量具一般用低合金刃具钢制造,见表 7-8。精度要求较高的量具用 CrMn、CrWMn、GCr15 等。GCr15 钢冶炼质量好,耐磨性及尺寸稳定性好,是优秀的量具材料。渗碳钢及氮化钢可在渗碳及氮化后制作精度要求不高,但耐冲击性的量具。在腐蚀介质中则使用不锈钢(如9Cr18、4Cr13)作量具。

表 7-8　常用合金量具钢选用举例

用　途	选用钢举例	
	钢类别	钢牌号
精度不高、耐冲击的卡板、样板、直尺	渗碳钢	15、20、15Cr
块规、螺纹塞规、环规、样柱、样套	低合金工具钢	CrMn、9CrWMn、CrWMn
块规、塞规、样柱	滚动轴承钢	GCr15
各种要求精度的量规	冷作模具钢	9Mn2V、Cr12MoV、Cr12
要求精度和耐腐蚀性量具	不锈钢	3Cr13、4Cr13、9Cr18

7.3.3　模具钢

用来制造各种模具的钢称为模具钢。用于冷态金属成形的模具钢称为冷作模具钢,如各种冷冲模、冷挤压模、冷拉模的钢种等。这类模具工作时的实际温度一般不超过 200~300 ℃。用于热态金属成形的模具钢称为热作模具钢,如制造各种热锻模、热挤压模、压铸模的钢种等。这类模具工作时型腔表面的工作温度可达 600 ℃以上。

1. 冷作模具钢

1)成分特点

(1)含碳量高,多在 1.0% 以上,有时达 2.0%,以保证高硬度(一般为 60 HRC)和高耐磨性。

(2)加入 Cr、Mo、W、V 等合金元素形成难熔碳化物,提高耐磨性和淬透性。Mo、V 进一步细化晶粒,使碳化物分布均匀,提高耐磨性和韧性。

2)热处理特点

冷作模具钢热处理特点与低合金刃具钢类似,热处理方案有以下两种。

(1)一次硬化法,在较低温度(950~1000 ℃)下淬火,然后低温(150~180 ℃)回火,硬度可达 61~64 HRC,使钢具有较好的耐磨性和韧性,适用于重载模具。

(2)二次硬化法,在较高温度(1100~1150 ℃)下淬火,然后于 510~520 ℃多次(一般为三次)回火,产生二次硬化,使硬度达 60~62 HRC,红硬性和耐磨性较高(但韧性较差)。适用于在 400~450 ℃温度下工作的模具或需要进行碳氮共渗的模具。

3)典型钢种及牌号

大部分要求不高的冷作模具用低合金刃具钢制造,如 9Mn2V、9SiCr、CrWMn 等。大型冷作模具用 Cr12 型钢制造。目前应用最普遍的、性能较好的为 Cr12MoV 钢,这种钢热处理变形很小,适合于制造重载和形状复杂的模具。常用冷作模具钢见表 7-9。

表 7-9　常用冷作模具钢选用举例

冲模种类	牌　　号			备　　注
	简单轻载	复杂轻载	重载	
硅钢片冲模	Cr12、Cr12MoV、Cr6WV	Cr12、Cr12MoV、Cr6WV	—	因加工批量大,要求寿命较长,故采用高合金钢
冲孔落料模	T10A、9Mn2V	9Mn2V、Cr6WV、Cr12MoV	Cr12MoV	
压弯模	T10A、9Mn2V	—	Cr12、Cr12MoV、Cr6WV	
拔丝拉伸模	T10A、9Mn2V	—	Cr12、Cr12MoV	
冷挤压模	T10A、9Mn2Cv	9Mn2V、Cr12MoV、Cr6WV	Cr12MoV、Cr6WV	要求热硬性时还可选用高速钢
小冲头	T10A、9Mn2V	Cr12MoV	W18Cr4V、W6Mo5Cr4V2	冷挤压钢件,硬铝冲头还可选用超硬高速钢、基体钢[①]
冷镦模	T10A、9Mn2V	—	Cr12MoV、8Cr8MoSiV、Cr12MoV、W18Cr4V、Cr4W2MoV、8Cr8MoSiV2基本钢[①]	

注:①基体钢指 5Cr4W2Mo3V、6Cr4Mo3Ni2WV 等,它们的成分相当于高速工具钢在正常淬火状态的基体成分。这种钢过剩碳化物数量少、颗粒细、分布均匀,在保证一定耐磨性和热硬性条件下,显著改善抗弯强度和韧性,淬火变形也较小。

2. 热作模具钢

1)成分特点

(1)含碳量适中,一般为 0.3%~0.6%,保证高强度、韧性、硬度(35~52 HRC)和较高热疲劳抗力。

(2)加入较多提高淬透性的元素 Cr、Ni、Mn、Si 等。Cr 是提高淬透性的主要元素,同时和 Ni 一起可提高钢的回火稳定性。Ni 在强化铁素体的同时还增加钢的韧性,并与 Cr、Mo 一起提高钢的淬透性和耐热疲劳性能。

(3)加入产生二次硬化的 Mo、W、V 等元素。Mo 还能防止第二类回火脆性,提高高温强度和回火稳定性。

2)加工热处理特点

热作模具钢中热锻模钢的热处理与调质钢相似,淬火后高温(550 ℃左右)回火,获得回火索氏体和回火屈氏体组织。热压模钢淬火后在略高于二次硬化峰值温度(600 ℃左右)下回火,组织为回火马氏体和粒状碳化物,与高速钢类似,用多次回火来保证热硬性。

3)典型钢种及牌号

热锻模钢对韧性要求较高而对热硬性要求不高,典型钢种有 5CrMnMo 和 5CrNiMo(其在截面尺寸较大时使用)等。热锻模钢受冲击载荷较小,但对热强度要求较高,常用钢种有 3Cr2W8V 等。热作模具的选材见表 7-10。

表 7-10 热作模具的选材举例

名称	类 型	选材举例	硬度 HRC
锻模	高度小于 250 mm 小型热锻模	5CrMnMo、5Cr2MnMo[①]	39～47
	高度在 250～400 mm 中型锻模		
	高度大于 400 mm 大型热锻模	5CrNiMo、5Cr2MnMo[①]	35～39
	寿命要求高的热锻模	3Cr2W8V、4CrMoSiV、4Cr5W2VSi	40～54
	热镦模	4Cr5MoSiV、4Cr5W2VSi、基体钢	39～54
	精密锻造或高速锻模	3Cr2W8V、4Cr5MoSiV、4Cr5W2VSi	45～64
压铸模	压铸锌、铝、镁合金	4Cr5MoSiV、4Cr5W2VSi、3Cr2W8V	43～50
	压铸铜和黄铜	4Cr5MoSiV、4Cr5W2VSi、3Cr2W8V,钨基粉末冶金材料、钼、钛、锆难熔金属	
	压铸钢铁	钨基粉末冶金材料、钼、钛、铬难熔金属	
挤压模	温挤压和温镦锻(300～800 ℃)	基体钢	
	热挤压[②]	挤压钢、钛或镍合金用 4Cr5MoSiV、3Cr2W8V(>1000 ℃)	43～47
		挤压铜合金用 3Cr2W8V(<1000 ℃)	36～45
		挤压铝、镁合金用 4Cr5MoSiV、4Cr5W2VSi(<500 ℃)	46～50
		挤压铅用 45 钢(<100 ℃)	16～20

注:① 5CrMnMo 为准焊锻模的堆焊金属牌号,其化学成分如下:$w_C = 0.43\% \sim 0.53\%$,$w_{Cr} = 1.80\% \sim 2.20\%$,$w_{Mn} = 0.60\% \sim 0.90\%$,$w_{Mo} = 0.80\% \sim 1.20\%$。

② 所列热挤压温度均为被挤压材料的加热温度。

7.4 特殊性能钢

特殊性能钢是指具有特殊物理、化学性能并可在特殊环境下工作的钢,如不锈钢、耐磨钢及耐热钢等。

7.4.1 不锈钢

在腐蚀性介质中能稳定不被腐蚀或腐蚀极慢的钢,称为不锈耐酸钢,简称不锈钢。有时仅把能抵抗大气腐蚀的钢称为不锈钢,在某些侵蚀性介质中抗腐蚀的钢称为耐酸钢。

1. 使用条件

材料在一般的酸碱环境中,电化学作用是其腐蚀失效的主要原因。影响不锈钢抗腐蚀性能的因素很多,大致分为内因和外因两大类:内因有化学成分、组织、内应力、表面粗糙度等;外因有腐蚀介质、外加载荷等。

2. 不锈钢中的合金化

不锈钢常加入的合金元素有 Cr、Ni、Ti、Mo、V、Nb 等。

(1)Cr　最重要的必加元素,它不但可以提高铁素体的电位,形成致密氧化膜,且在一定成分下也可获得单相铁素体组织;此外 Cr 能强烈提高铁的极化能力,使钝化区扩大并降低钝化区的腐蚀电流强度。

(2)Ni　不锈钢中另一主要元素,它是扩大奥氏体区的元素,形成单相固溶体,也可提高材料电极电位。钢中 Ni 与 Cr 配合使用可大大提高其在氧化性及非氧化性介质中的耐蚀性。

(3)Mn、N　奥氏体化元素,在钢中可部分代替 Ni 的作用。

(4)Mo　可增加钢的钝化能力,扩大钝化介质范围,同时也提高基体的电极电位,提高钢在还原性介质中的耐蚀性和抗晶间腐蚀能力。

(5)Cu　奥氏体形成元素,作用比 Mn 低。可提高不锈钢在非氧化性酸中的抗蚀能力。

(6)Nb、Ti　强碳化物形成元素,可降低钢的晶间腐蚀倾向。

(7)C　易形成碳化物,使材料在环境中形成原电池数增多,腐蚀加剧。多数不锈钢的含碳量为 0.1%～0.2%。但用于制造刀具和滚动轴承的不锈钢,含碳量较高(0.85%～0.95%),此时必须相应提高铬含量。

3. 常用不锈钢

不锈钢按正火(供应)状态组织可分为马氏体不锈钢、铁素体不锈钢、奥氏体不锈钢。

1)马氏体型不锈钢

典型牌号有 1Cr13、2Cr13、3Cr13、4Cr13 等,铬含量大(12%～18%),耐蚀性足够高,因只用铬合金化,在氧化性介质中耐蚀,在非氧化性介质中不能良好钝化,耐蚀性很低。含碳量低的 1Cr13、2Cr13 钢耐蚀性较好,且有较好的力学性能,主要用做耐蚀结构零件,如汽轮机叶片、热裂设备配件等。3Cr13、4Cr13 钢因含碳量增加,强度和耐磨性提高,但耐蚀性降低,主要用做防锈的手术器械及刀具。

马氏体不锈钢的热处理与结构钢相同,用做高强结构零件时需进行调质处理,如1Cr13、2Cr13。用做弹簧元件时需进行淬火和中温回火处理;用做医疗器械、量具时需进行淬火和低温回火处理,例如 3Cr13、4Cr13。Cr13 型钢淬火和回火温度都较一般合金钢高些。

2)铁素体型不锈钢

典型钢号是 Cr17 型。由于铬含量高,钢为单相铁素体组织。耐蚀性比 Cr13 型钢更好。在退火或正火状态下使用,不能利用马氏体来强化,强度较低,塑性很好,主要用做耐蚀性要求很高而强度不高的构件,例如,化工设备、容器和管道、食品工厂设备等。

3)奥氏体型不锈钢

典型钢种是 Cr18Ni9 型。这类不锈钢含碳量很低,大多在 0.1%左右。含碳量越低,耐蚀性越好(但熔炼更困难,价格也愈贵)。钢中常加入 Ti 或 Nb,防止晶间腐蚀。这类钢的强度、硬度很低,无磁性,塑性、韧性和耐蚀性均较 Cr13 型不锈钢更好。一般利用冷塑性变形进行强化,切削加工性较差。其处理工艺多与防止产生晶间腐蚀有关。

(1)固溶处理 将钢加热至 1050~1150 ℃,使碳化物充分溶解,然后水冷,获得单相奥氏体组织,提高钢的耐蚀性(避开出现晶界沉淀和发生晶间腐蚀的曲线区间)。

(2)稳定化处理 主要用于含钛或铌的钢,一般是在固溶处理后进行。将钢加热到850~880 ℃,使铬的碳化物完全溶解,而钛等的碳化物不完全溶解,然后缓慢冷却,让溶于奥氏体的碳化钛充分析出。这样,碳几乎全部形成碳化钛,不再可能形成碳化铬,因而能有效地防止晶间腐蚀的产生。

(3)去应力退火 一般是将钢加热到 300~350 ℃消除冷加工应力;加热到 850 ℃以上,消除焊接残余应力。

常用不锈钢的牌号、成分、热处理、力学性能及用途见表 7-11。

表 7-11 常用不锈钢的牌号、成分、热处理、力学性能及用途

类别	牌号	化学成分/(%)			热处理/℃		力学性能(不小于)					用途举例
		C	Cr	其他	淬火	回火	$\sigma_{0.2}$/MPa	σ_b/MPa	δ_5/(%)	ψ/(%)	硬度	
马氏体型	1Cr13	≤0.15	11.50~13.50	w_{Si}≤1.00 w_{Mn}≤1.00	950~1000 油冷	700~750 快冷	345	540	25	55	HB 159	制作抗弱腐蚀介质并承受冲击载荷的零件,如汽轮机叶片,水压机阀、螺栓、螺母等
	2Cr13	0.16~0.25	12.00~14.00	w_{Si}≤1.00 w_{Mn}≤1.00	920~980 油冷	600~750 快冷	440	635	20	50	HB 192	
	3Cr13	0.26~0.35	12.00~14.00	w_{Si}≤1.00 w_{Mn}≤1.00	920~980 油冷	600~750 快冷	540	735	12	40	HB 217	
	4Cr13	0.36~0.45	12.00~14.00	w_{Si}≤0.60 w_{Mn}≤0.80	1050~1100 油冷	200~300 空冷	—	—	—	—	HRC 50	制作具有较高硬度和耐磨性的医疗器械、量具、滚动轴承等
	9Cr18	0.90~1.00	17.00~19.00	w_{Si}≤0.80 w_{Mn}≤0.80	1000~1050 油冷	200~300 油、空冷	—	—	—	—	HRC 55	不锈切片机械刀具,剪切刀具,手术刀片,高耐磨、耐蚀件
铁素体型	1Cr17	≤0.12	16.00~18.00	w_{Si}≤0.75 w_{Mn}≤1.00	退火 780~850 空冷或缓冷		250	400	20	50	HB 183	制作硝酸工厂、食品工厂的设备

续表

| 类别 | 牌 号 | 化学成分/(%) | | | 热处理/℃ | | 力学性能(不小于) | | | | | 用途举例 |
		C	Cr	其他	淬火	回火	$\sigma_{0.2}$/MPa	σ_b/MPa	δ_5/(%)	ψ/(%)	硬度	
奥氏体型	0Cr18Ni9	≤0.07	17.00~19.00	w_{Ni}=8.00~11.00	固溶1010~1150快冷		205	520	40	60	HB 187	具有良好的耐蚀及耐晶间腐蚀性能,为化学工业用的良好耐蚀材料
	1Cr18Ni9	≤0.15	17.00~19.00	w_{Ni}=8.00~10.00	固溶1010~1150快冷		205	520	40	60	HB 187	制作耐硝酸、冷磷酸、有机酸及盐、碱溶淬腐蚀的设备零件
	1Cr18Ni9Ti	≤0.12	17.00~19.00	w_{Ni}=8~11	固溶920~1150快冷		205	520	40	50	HB 187	耐酸容器及设备衬里、抗磁仪表、医疗器械,具有较好耐晶间腐蚀性
奥氏体—铁素体型	0Cr26Ni5Mo2	≤0.08	23.00~28.00	w_{Ni}=3.0~6.0 w_{Mo}=1.0~3.0 w_S≤1.00 w_{Mn}≤1.50	固溶950~1100快冷		390	590	18	40	HB 277	抗氧化性、耐点腐蚀性好,强度高,作耐海水腐蚀用等
	03Cr18Ni5Mo3Si2	≤0.030	18.00~19.50	w_{Ni}=4.5~5.5 w_{Mo}=2.5~3.0 w_S=1.3~2.0 w_{Mn}=1.0~2.0	固溶920~1150快冷		390	590	20	40	HV 300	适于含氯离子的环境,用于炼油、化肥、造纸、石油、化工等工业热交换器和冷凝器等

续表

类别	牌　号	化学成分/(%)			热处理/℃		力学性能(不小于)					用途举例
		C	Cr	其他	淬火	回火	$\sigma_{0.2}$/MPa	σ_b/MPa	δ_5/(%)	ψ/(%)	硬度	
沉淀硬化型	0Cr17Ni7Al	≤0.09	16.00～18.00	$w_{Ni}=$ 6.5～7.75 $w_{Al}=$ 0.75～1.5 $w_{Si} \leqslant$ 1.00 $w_{Mn} \leqslant$ 1.00	固溶 1000～1100 快冷				20			添加铝的沉淀硬化型钢种,作弹簧、垫圈、计器部件
					固溶后,于 760±15 ℃保持 90min,在 1h 内冷却到 15 ℃以上,再加热到 565±10 空冷	保持 90min	960	1140	5	25	HB 363	
					固溶后,于 955±10 ℃保持 10 min,空冷到室温,在 24 h 内冷却到−73±6 ℃,保持 8 h,再加热到 510±10 ℃保持 60 min 后空冷		1030	1230	4	10	HB 388	

注:① 表中所列奥氏体不锈钢的 $w_{Si} \leqslant 1\%$,$w_{Mn} \leqslant 2\%$;
　② 表中所列各钢种的 $w_P \leqslant 0.035\%$,$w_S \leqslant 0.030\%$。

7.4.2　耐热钢

近年来随着在高温下工作的动力机械的发展,使耐热钢及合金获得了迅速的发展。耐热钢是指在高温下具有高的热化学稳定性和热强性的特殊钢。热化学稳定性指钢在高温下对各类介质化学腐蚀的抗力;热强性指钢在高温下的强度性能。这两方面性能是高温工作零件必备的基本性能。

1. 耐热钢性能要求

耐热钢的性能既要求热化学稳定性好,又要求热强性好。

1)热化学稳定性

热化学稳定性包括抗氧化性、耐硫性、耐铅性和抗氢腐蚀性等,其中最重要的是抗氧化性。在高温空气、燃烧废气等氧化性介质中,金属表面生成氧化物层。金属的抗氧化性就取决于氧化物层的稳定性、致密度及与基体金属的结合等。提高钢的抗氧化性能的基本途径是合金化。主要是加入 Cr、Si、Al 等,生成致密的 Cr_2O_3、SiO_2、Al_2O_3 等保护膜,或者与铁一起形成致密的复合氧化膜,阻碍氧化的继续进行。再加入微量稀土元素 Ce、La、Y 等,还可显著提高钢的抗氧化性能。

另外,为防止碳与铬等抗氧化元素的作用而降低材料的抗氧化性,耐热钢一般含有较低的含碳量,为 0.1%～0.2% 之间。

2)热强性

热强性包括短时高温强度(高温屈服强度和抗拉强度)、长时高温强度(蠕变极限和持久强度)、高温疲劳极限及热疲劳抗力。其中最重要的是蠕变极限和持久强度。提高钢的高温强度,通常采取固溶强化、沉淀析出相强化和晶界强化的方法,以阻碍原子扩散及位错运动。

2. 常用的耐热钢

1)热化学稳定钢

常用钢种有 3Cr18Ni25Si2、3Cr18Mn12Si2N 等。它们的抗氧化性能很好,最高工作温度可达约 1000 ℃,多用于制造加热炉的受热构件、锅炉中的吊钩等。它们常以铸件的形式使用,通过固溶处理获得均匀的奥氏体组织。

2)热强钢

(1)珠光体耐热钢 常用牌号是 15CrMo 和 12CrMoV 两种。这类钢合金元素含量少,用于工作温度低于 600 ℃的结构件,如锅炉的炉管、过热器、石油热裂装置、气阀等。一般在正火和回火状态下使用,组织为细珠光体或索氏体和部分铁素体。

(2)马氏体耐热钢 常用钢种为 Cr12 型(1Cr11MoV、1Cr12WMoV)和 Cr13 型(1Cr13、2Cr13)钢。因含有大量 Cr,抗氧化性及热强性较高,淬透性好,最高工作温度与珠光体耐热钢相近。多用于制造 600 ℃以下受力较大的零件,如汽轮机叶片等,多在调质状态下使用。

(3)奥氏体耐热钢 最常用的钢种是 1Cr18Ni9Ti 和 C13 型钢,它们既是不锈钢又可作耐热钢使用。其热化学稳定性和热强性都比前两类钢高,工作温度可达 750~800 ℃,用于制作一些比较重要的零件如燃气轮机轮盘和叶片等。这类钢需进行固溶处理或固溶加时效处理。

常用耐热钢的牌号、化学成分、热处理、力学性能及用途见表 7-12。

表 7-12 常用耐热钢的牌号、化学成分、热处理、力学性能及用途

类别	牌 号	化学成分/(%)			热处理/℃		力学性能(不小于)					用 途 举 例
		C	Cr	其他	淬火	回火	$\sigma_{0.2}$/MPa	σ_b/MPa	δ_5/(%)	ψ/(%)	硬度	
珠光体型	12CrMo	0.18~0.15	0.40~0.70	$w_{Mo}=$0.40~0.55	900 空	650 空	410	265	24	60	179	450 ℃的汽轮机零件,475 ℃的各种蛇形管
	15CrMo	0.12~0.18	0.80~1.10	$w_{Mo}=$0.40~0.55	900 空	650 空	440	295	22	60	179	小于 550 ℃的蒸汽管,不大于 650 ℃的水冷壁管及联箱和蒸汽管等
	12CrMoV	0.08~0.15	0.30~0.60	$w_{Mo}=$0.25~0.35 $w_V=$0.15~0.30	970 空	750 空	440	225	22	50	241	不大于 540 ℃的主汽管等,不大于 570 ℃的过热器管等
	12Cr1MoV	0.08~0.15	0.90~1.20	$w_V=$0.25~0.35 $w_V=$0.15~0.30	900 空	650 空	490	245	22	50	179	不大于 585 ℃的过热器管及不大于 570 ℃的管路附件

续表

类别	牌 号	化学成分/(%)			热处理/℃		力学性能(不小于)					用途举例
		C	Cr	其他	淬火	回火	$\sigma_{0.2}/$MPa	$\sigma_b/$MPa	$\delta_5/$(%)	$\psi/$(%)	硬度	
马氏体型	1Cr13	≤0.15	11.50~13.50	w_{Si}≤1.00 w_{Mn}≤1.00	950~1000 油冷	700~750 快冷	345	540	25	55	HB 159	800 ℃ 以下耐氧化用部件
	2Cr13	0.16~0.25	12.00~14.00	w_{Si}≤1.00 w_{Mn}≤1.00	920~980 油冷	600~750 快冷	440	635	20	50	HB 192	汽轮机叶片
	1Cr5Mo	≤0.15	4.00~6.00	$w_{Mo}=$0.45~0.60 w_{Si}≤0.50 w_{Mn}≤0.60	900~950 油冷	600~750 空冷	390	590	18			再热蒸汽管、石油裂解管、锅炉吊架、泵的零件
马氏体型	4Cr9Si2	0.35~0.50	8.00~10.00	$w_{Si}=$2.00~3.00 w_{Mn}≤0.70	1020~1040 油冷	700~780 油冷	590	885	19	50		内燃机进气阀、轻负荷发动机的排气阀
	1Cr11MoV	0.11~0.18	10.00~11.50	$w_{Mo}=$0.50~0.70 $w_V=$0.25~0.40 w_{Si}≤0.50 w_{Mn}≤0.60	1050~1100 油冷	720~740 空冷	490	685	16	55		用于透平叶片及导向叶片
	1Cr12WMoV	0.12~0.18	11.00~13.00	$w_{Mo}=$0.50~0.70 $w_V=$0.18~0.30 $w_W=$0.70~1.10 w_{Si}≤0.50 $w_{Mn}=$0.50~0.90	1000~1050 油冷	680~700 空冷	585	735	15	45		透平叶片、紧固件、转子及轮盘

续表

类别	牌 号	化学成分/(%)			热处理/℃		力学性能(不小于)					用途举例
		C	Cr	其他	淬火	回火	$\sigma_{0.2}$/MPa	σ_b/MPa	δ_5/(%)	ψ/(%)	硬度	
铁素体型	1Cr17	≤0.12	16.00 ～ 18.00	w_{Si}≤0.75 w_{Mn}≤1.00 w_P≤0.040 w_S≤0.030	退火 780～850 空冷或缓冷		250	400	20	50	HB 183	900 ℃ 以下耐氧化部件,散热器,炉用部件,油喷嘴
奥氏体型	0Cr18Ni9	≤0.07	17.00 ～ 19.00	w_{Ni}= 8.00～ 11.00	固溶 1010～ 1150 快冷		205	520	40	60	HB 187	可承受 870 ℃ 以下反复加热
奥氏体型	1Cr18Ni9Ti	≤0.12	17.00 ～ 19.00	w_{Ni}= 8.00～11.00 w_{Ti}=5× (C%−0.02) ～0.8	固溶 920～1150 快冷		205	520	40	50	HB 187	加热炉管,燃烧室筒体,退火炉罩
奥氏体型	2Cr21Ni12N	0.15 ～ 0.28	20.00 ～ 22.00	w_{Ni}= 10.5～12.5 w_N= 0.15～0.30 w_{Si}= 0.75～1.25 w_{Mn}= 1.00～1.60	固溶 1050～ 1150 快冷 时效 750～ 800 空冷		430	820	26	20	HB ≤269	以抗氧化为主的汽油及柴油机用排气阀
奥氏体型	0Cr23Ni13	≤0.08	22.00 ～ 24.00	w_{Ni}= 12.0～ 15.0	固溶 1030～ 1150 快冷		205	520	40	60	HB ≤187	可承受 980 ℃ 以下反复加热。炉用材料
奥氏体型	0Cr25Ni20	≤0.08	24.00 ～ 26.00	w_{Ni}= 19.0～22.0 w_{Si}≤1.50 w_{Mn}≤2.00	固溶 1030～ 1180 快冷		205	520	40	60	HB ≤187	可承受 1035 ℃ 加热,炉用材料,汽车净化装置材料
奥氏体型	1Cr25 Ni20Si2	≤ 0.20	24.00 ～ 27.00	w_{Ni}= 18.0～21.0 w_{Si}= 1.50～2.50 w_{Mn}≤1.50	固溶 1080～ 1130 快冷		295	590	35	50	HB ≤187	制作承受应力的各种炉用构件

注：① 表中所列珠光体耐热钢的 w_{Si}=0.17%～0.37%,w_{Mn}=0.40%～0.70%;奥氏体耐热钢除标明外,w_{Si}≤1%,w_{Mn}≤2%;

② 表中所列珠光体耐热钢的 w_P≤0.035%,w_S≤0.035%,马氏体和奥氏体耐热钢的 w_P≤0.035%,w_S≤0.030%。

7.4.3　耐磨钢

耐磨钢是指在强烈冲击载荷作用下产生硬化的钢。其种类繁多,大体上可分为高锰钢,中、低合金耐磨钢,铬钼硅锰钢,耐气蚀钢,耐磨蚀钢及特殊耐磨钢等。一些通用的合金钢如不锈钢、轴承钢、合金工具钢及合金结构钢等也都在特定的条件下作为耐磨钢使用。

1. 耐磨钢的成分特点

耐磨钢的典型牌号是 ZGMn13,$w_C = 1.0\% \sim 1.5\%$,$w_{Mn} = 11\% \sim 14\%$。含碳量高可以提高耐磨性;含锰量很高,可以保证热处理以后得到单相奥氏体组织。通常锰碳比(Mn/C)(质量比)控制在 9:11。对于耐磨性比较高、冲击韧性要求稍低、形状不复杂的零件,锰碳比取低限值;反之,则取高限值。

由于高锰钢极易加工硬化,使其切削加工困难,故大多数高锰钢是采用铸造成型的。铸造高锰钢的牌号、成分及适用范围见表 7-13。

表 7-13　铸造高锰钢的牌号、成分及适用范围

牌　号	化学成分 $w/(\%)$					适用范围
	C	Mn	Si	S	P	
ZGMn13—1	1.00~1.45				≤0.090	低冲击件
ZGMn13—2	0.90~1.35		0.30~1.00			普通件
ZGMn13—3	0.95~1.35	11.00~14.00		≤0.050	≤0.070	复杂件
ZGMn13—4	0.90~1.30		0.30~0.80			高冲击件

2. 耐磨钢的热处理

由于耐磨钢铸态组织中存在沿奥氏体晶界析出的碳化物及托氏体,使钢的力学性能变差,特别是冲击韧度和耐磨性降低,所以必须经过水韧处理——即经过 1050~1100 ℃加热,使碳化物全部溶入奥氏体,然后在水中激冷,保证得到均匀的单相奥氏体组织,从而使其具有强韧结合和优良的耐冲击性能。

3. 耐磨钢的生产工艺

耐磨钢都是用电炉或转炉冶炼的,产品以铸件为多,近年来,锻、轧等热加工材料正在增多。在一般机械中使用的耐磨钢件的生产方法与其他工件并没有太大的区别,只是在热处理工艺或表面处理工艺方面有所要求,以保证耐磨性的需求。对于冶金纯净度显著影响耐磨性的钢件应采取精炼措施,并对有害杂质和气体提出限量要求。

高锰钢主要用于制造坦克、拖拉机的履带、碎石机颚板、铁路道岔、挖掘机铲斗的斗齿及防弹钢板、保险箱钢板等。另外,还因高锰钢是非磁性的,所以也可以用来制造既耐磨又抗磁化的零件,如吸料器的电磁铁罩等。

习题

1. 加入钢中的合金元素有哪些作用? 请举例说明。

2. 合金钢按用途分为几类? 编号与碳钢有何不同? 合金结构钢按用途分为几类? 在使用性能上各有何特点?

3.用 W18Cr4V 制作盘形铣刀,试安排其加工工艺路线,说明各热加工工序的目的及使用状态下的组织。

4.说明下列牌号所属的钢种、成分特点、常用的热处理方法及使用状态下的组织和用途。

Q235、T8、Q345、ZGMn13、20Cr、40Cr、20CrMnTi、1Cr13、GCr15、60Si2Mn、9SiCr、W18Cr4V、1Cr18Ni9Ti、1Cr17。

5.说明下列牌号中 Cr、Mn 的作用。

45、20CrMnTi、GCr15SiMn、W6Mo5Cr4V2、5CrMnMo、ZGMn13、0Cr13、40CrMnMo、9Mn2V、CrWMn、1Cr18Ni9、15CrMo。

6.材料库中存有 42CrMo、GCr15、T13、60Si2Mn。现要制作锉刀、齿轮、汽车板簧,请选用材料,并说明其热处理方法及使用状态下的组织。

7.解释下列现象:

(1)在相同含碳量情况下,除了含 Ni 和 Co 的合金钢外,大多数合金钢的热处理加热温度都比碳钢高;

(2)在相同含碳量情况下,含有碳化物形成元素的合金钢比碳钢具有较高的回火稳定性;

(3)4Cr13 钢属于过共析钢,而 Cr12MoV 钢属于莱氏体钢;

(4)高速钢在热锻或热轧后,经空冷获得马氏体组织。

第8章 铸铁

【内容简介】

本章主要介绍铸铁的结晶过程及石墨化过程,铸铁的组织结构,各种铸铁的生产工艺特点及其在生产中的应用等内容。

【学习目标】

(1)掌握铁-碳相图及铸铁的石墨化过程的基本原理。

(2)了解灰铸铁、球墨铸铁的组织、机械性能和生产工艺特点及其应用。

铸铁是指含碳量大于 2.11% 的铁碳合金。由于铸铁具有许多优良的性能及生产简便、成本低廉等优点,因此它是应用最广泛的材料之一。例如,床身、内燃机的汽缸体、缸套、活塞环及轴瓦、曲轴等都是由铸铁制造的。

8.1 铸铁的石墨化过程

8.1.1 铁碳合金双重相图

铸铁中的碳除少量固溶于基体中外,主要以化合态的渗碳体(Fe_3C)和游离态的石墨(G)两种形式存在。石墨是碳的单质态之一,其强度、塑性和韧性都几乎为零。渗碳体是亚稳相,在一定条件下将发生分解:$Fe_3C \rightarrow 3Fe + C$,形成游离态石墨。因此,铁碳合金实际上存在两个相图,即 Fe-Fe_3C 相图和 Fe-G 相图,这两个相图几乎重合,只是 E、C、S 点的成分和温度稍有变化,如图 8-1 所示,图中的虚线为 Fe-G 系相图。根据生产工艺不同,铁碳合金可全部或部分按其中一种相图结晶。

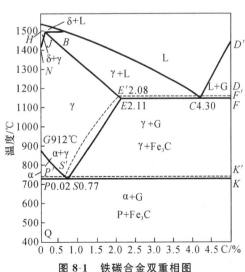

图 8-1 铁碳合金双重相图

8.1.2　铸铁的石墨化过程

铸铁组织中石墨的形成过程称为铸铁的石墨化过程。铸铁中的石墨可以在结晶过程中直接析出,也可以由渗碳体加热时分解得到。

铸铁的石墨化过程分为两个阶段,在 $P'S'K'$ 线以上发生的石墨化称为第一阶段石墨化,包括结晶时一次石墨、二次石墨、共晶石墨的析出和加热时一次渗碳体、二次渗碳体及共晶渗碳体的分解。在 $P'S'K'$ 线以下发生的石墨化称为第二阶段石墨化,包括冷却时共析石墨的析出和加热时共析渗碳体的分解。

石墨化程度不同,所得到的铸铁类型和组织也不相同,如表 8-1 所示。本章所介绍的铸铁,即工业上主要使用的铸铁,是第一阶段石墨化完全进行的灰铸铁。

表 8-1　铸铁的石墨化程度与其组织之间的关系

石墨化进行程度		铸铁的显微组织	铸 铁 类 型
第一阶段石墨化	第二阶段石墨化		
完全进行	完全进行	F+G	灰铸铁
	部分进行	F+P+G	
	未进行	P+G	
部分进行	未进行	L'_d+P+G	麻口铸铁
未进行	未进行	L'_d	白口铸铁

8.1.3　影响石墨化的因素

大量研究表明,铸铁的化学成分和结晶时的冷却速度是影响石墨化的主要因素。

1)化学成分的影响

铸铁中的碳和硅是强烈促进石墨化的元素。碳、硅含量过低易出现白口组织,力学性能和铸造性能变差;碳、硅含量过高,会使石墨数量多且粗大,基体内铁素体量增多,降低铸件的性能和质量。因此,铸铁中的含碳量一般控制在 $2.5\%\sim4.0\%$,含硅量一般控制在 $1.0\%\sim3.0\%$。

磷虽然可促进石墨化,但其含量高时易在晶界上形成硬而脆的磷共晶,降低铸铁的强度,因此只有耐磨铸铁中磷含量偏高(达 0.3% 以上)。此外,铝、铜、镍等元素对石墨化也有促进作用,而硫、锰、铬、钨、钼、钒等元素则阻碍石墨化。

2)冷却速度的影响

冷却缓慢,有利于碳原子的充分扩散,结晶将按 Fe-G 相图进行,可以促进石墨化,而快冷时由于过冷度大,结晶将按 Fe-Fe_3C 相图进行,不利于石墨化。铸铁的壁厚及碳硅含量对铸铁组织的影响如图 8-2 所示。

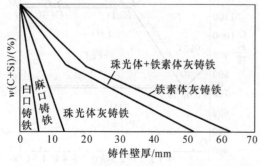

图 8-2　铸铁的壁厚及碳硅含量对铸铁组织的影响

8.2　常用铸铁

8.2.1　普通灰铸铁

1. 灰铸铁的化学成分

灰铸铁是指石墨呈片状分布的灰口铸铁。灰铸铁价格便宜、应用广泛,其产量占铸铁总产量的 80％ 以上。灰铸铁的大致成分范围:$w_C=2.5\%\sim4.0\%$,$w_{Si}=1.0\%\sim3.0\%$,$w_{Mn}=0.25\%\sim1.0\%$,$w_P=0.05\%\sim0.50\%$,$w_S=0.02\%\sim0.20\%$。

2. 灰铸铁的组织

灰铸铁的组织由钢的基体组织与片状石墨组成。钢的基体因共析阶段石墨化进行的程度不同可有铁素体、铁素体＋珠光体和珠光体三种基体,相对应的有三种灰铸铁,如图 8-3(a)、(b)、(c)所示。由于珠光体的强度比铁素体高,因此珠光体灰铸铁的强度最高,应用最广泛,而铁素体灰铸铁强度低,应用较少。此外,灰铸铁中的片状石墨也呈现出各种形态、大小和分布,它们对灰铸铁的力学性能起着主要作用。例如,具有细小片状石墨的灰铸铁具有良好的力学性能。

(a)铁素体灰铸铁(100×)　(b)铁素体+珠光体灰铸铁(100×)　(c)珠光体灰铸铁(500×)

图 8-3　灰铸铁的显微组织

3. 灰铸铁的牌号

根据 GB/T9439—2010 规定,灰铸铁的牌号用"灰铁"两字汉语拼音字首"HT"来表示,后续的数字表示最低抗拉强度 σ_b(MPa)。常见灰铸铁的牌号、力学性能、显微组织及用途见表 8-2。

表 8-2　常见灰铸铁的牌号、力学性能、显微组织及用途

牌　号	铸件壁厚/mm	抗拉强度 σ_b/MPa(不小于)	显微组织 基体	显微组织 石墨	应 用 举 例
HT100	2.5~10	130	F	粗片状	手工铸造用砂箱、盖、下水管、底座、外罩、手轮、手把、重锤等
	10~20	100			
	20~30	90			
	30~50	80			

牌　号	铸件壁厚/mm	抗拉强度 σ_b/MPa(不小于)	显微组织 基体	显微组织 石墨	应 用 举 例
HT150	2.5～10	175	F+P	较粗片状	机械制造业中一般铸件,如底座、手轮、刀架等; 冶金业中流渣箱、渣缸、轧钢机托辊等; 机车用一般铸件,如水泵壳、阀体、阀盖等; 动力机械中拉钩、框架、阀门、油泵壳等
HT150	10～20	145			
HT150	20～30	130			
HT150	30～50	120			
HT200	2.5～10	220	P	中等片状	一般运输机械中的汽缸体、缸盖、飞轮等; 一般机床中的床身、机床等; 通用机械承受中等压力的泵体阀体等; 动力机械中的外壳、轴承座、水套筒等
HT200	10～20	195			
HT200	20～30	170			
HT200	30～50	160			
HT250	4.0～10	270	细P	较细片状	运输机械中薄壁缸体、缸盖、线排气歧管; 机床中立柱、横梁、床身、滑板、箱体等; 冶金矿山机械中的轨道板、齿轮; 动力机械中的缸体、缸套、活塞
HT250	10～20	240			
HT250	20～30	220			
HT250	30～50	200			
HT300	10～20	290	细P	细小片状	机床导轨、受力较大的机床床身、立柱机座等;通用机械的水泵出口管、吸入盖等;动力机械中的液压阀体、蜗轮、汽轮机隔板、泵壳、大型发动机缸体、缸盖
HT300	20～30	250			
HT300	30～50	230			
HT350	10～20	340	细P	细小片状	大型发动机汽缸体、缸盖、衬套;水泵缸体、阀体、凸轮等;机床导轨、工作台等摩擦件;需经表面淬火的铸件
HT350	20～30	290			
HT350	30～50	260			

在实际生产中,改善灰铸铁力学性能的关键就是改善铸铁中石墨片的形状、数量、大小和分布。通常,可在浇注前向铁水中加入少量(铁水总重量的4%左右)的硅铁、硅钙合金进行孕育(变质)处理,使铸铁在凝固过程中衍生大量的人工晶核,在细珠光体基体上获得少量细小、均匀分布的石墨片组织。这样的铸件称为孕育铸铁或变质铸铁。由于其强度、塑性、韧度比普通灰铸铁高,因此常用做汽缸、曲轴等较重要的零件。

4. 灰铸铁的热处理

热处理只能改变铸铁的基体组织,不能改变石墨的形态和分布。因此通过热处理提高灰铸铁力学性能的效果不大。通常采用下面几种热处理方式。

1)去应力退火

将铸件加热到500～600 ℃,保温一段时间,然后随炉冷却至150～200 ℃,目的是消除铸造内应力,防止铸件开裂或减少变形。

2)改善切削加工性的退火

铸件的表面及薄壁处,由于冷却速度较快,容易出现白口组织,使铸件的硬度和脆性增加,不易进行切削加工。为此必须将铸件加热到共析温度以上,即850～950 ℃,保温2～5 h,再出炉空冷,以消除白口组织,改善切削加工性能。

8.2.2 可锻铸铁

可锻铸铁是由白口铸铁经石墨化退火获得的,其石墨呈团絮状。可锻铸铁的大致成分范围：$w_C=2.4\%\sim2.7\%$，$w_{Si}=1.4\%\sim1.8\%$，$w_{Mn}=0.5\%\sim0.7\%$，$w_P<0.08\%$，$w_S<0.25\%$，$w_{Cr}<0.06\%$。要求碳、硅含量不能太高，以保证浇注后获得白口组织，但又不能太低，否则将延长石墨化退火周期。

1. 可锻铸铁的组织

可锻铸铁的组织与第二阶段石墨化退火的程度和方式有关。当第一阶段石墨化充分进行后(组织为奥氏体加团絮状石墨)，在共析温度附近长时间保温，使第二阶段石墨化也充分进行，则得到铁素体加团絮状石墨组织，由于表层脱碳而使心部的石墨多于表层，断口心部呈灰黑色，表层呈灰白色，故称为黑心可锻铸铁，如图 8-4(a)所示。若通过共析转变区时冷却较快，则第二阶段石墨化未能进行，使奥氏体转变为珠光体，得到珠光体加团絮状石墨的组织，称为珠光体可锻铸铁，如图 8-4(b)所示。

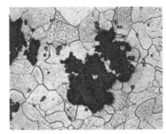 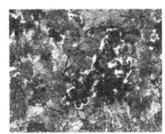

(a)黑心可锻铸铁　　　　　　　　(b)珠光体可锻铸铁

图 8-4　可锻铸铁的显微组织(400×)

2. 可锻铸铁的性能和用途

由于可锻铸铁中的团絮状石墨对基体的割裂程度比灰铸铁小，其强度、塑性和韧度比灰铸铁高，接近铸钢，基体强度的利用率达到 $40\%\sim70\%$。

可锻铸铁常用于制造形状复杂且承受振动载荷的薄壁小型件，如汽车、拖拉机的前后轮壳、管接头、低压阀门等。这些零件如用铸钢制造则铸造性能差，用灰铸铁制造则韧度等性能达不到要求。可锻铸铁的牌号、力学性能及用途见表 8-3。

表 8-3　可锻铸铁的牌号、力学性能及用途

分类	牌号	试样直径/mm	σ_b/MPa	σ_s/MPa	$\delta/(\%)$ ($L_0=3d$)	硬度/HB	应用举例
			不小于				
黑心可锻铸铁	KTH300—06	12 或 15	300	—	6	≤150	管道、弯头、接头、三通、中压阀门
	KTH330—08		330	—	8		各种扳手、犁刀、犁柱、车轮壳等
	KTH350—10		350	200	10		汽车拖拉机前后轮壳、减速器壳、转向节壳、制动器等
	KTH370—12		370	—	12		
珠光体可锻铸铁	KTZ450—06		450	270	6	150～200	曲轴、凸轮轴、连杆、齿轮、活塞环、轴套、耙片、犁刀、摇臂、万向节头、棘轮、扳手、传动链条、矿车轮等
	KTZ550—04		550	340	4	180～230	
	KTZ650—02		650	430	2	210～260	
	KTZ700—02		700	530	2	240～290	

3. 可锻铸铁的石墨化退火工艺

为了缩短石墨化退火周期,细化晶粒,提高力学性能,常在铸造时进行孕育处理,在孕育剂中加入硼、铝等元素。其退火工艺曲线如图 8-5 所示。

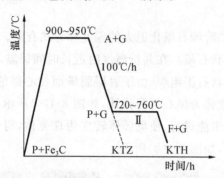

图 8-5 可锻铸铁的石墨化退火工艺曲线

8.2.3 球墨铸铁

球墨铸铁是指石墨呈球形的灰铸铁,是由液态铁水经石墨化后得到的。球墨铸铁的大致成分范围:$w_C = 3.8\% \sim 4.0\%$,$w_{Si} = 2.0\% \sim 2.8\%$,$w_{Mn} = 0.6\% \sim 0.8\%$,$w_S < 0.04\%$,$w_P < 0.1\%$。与灰铸铁相比,它的碳当量(C%+1/3Si%)较高,一般为过共晶成分,这有利于石墨球化。球墨铸铁的发展历史只有近五十年,球墨铸铁的发明使铸铁材料的性能发生了质的飞跃,使其成为产量仅次于灰铸铁的铸造合金材料。

1. 球墨铸铁的组织

球墨铸铁的显微组织如图 8-6 所示,是由基体和球状石墨组成的,铸态下的基体组织有铁素体、铁素体+珠光体和珠光体三种。球状石墨是液态铁水经球化处理得到的,加入到铁水中能使石墨结晶成球形的物质,称为球化剂,常用的球化剂为镁、稀土和稀土镁。镁是阻碍石墨化的元素,为了避免产生白口组织,并使石墨细小且分布均匀,在球化处理的同时还必须进行孕育处理,常用孕育剂为硅铁和硅钙合金。

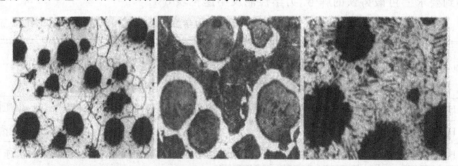

(a)铁素体球墨铸铁(200×)　(b)珠光体+铁素体球墨铸铁(200×)　(c)珠光体球墨铸铁(340×)

图 8-6 三种常见球墨铸铁的显微组织

2. 球墨铸铁的性能、用途及牌号

由于球墨铸铁中的石墨呈球状,对基体的割裂作用小,应力集中也小,使基体的强度得到了充分的发挥。研究表明,球墨铸铁的基体强度利用率可达 $70\% \sim 90\%$,而灰铸铁的基

体强度利用率仅为30%～50%。因此,球墨铸铁既具有灰铸铁的优点,如良好的铸造性、耐磨性、可切削加工性及低的缺口敏感性,又具有能与中碳钢媲美的抗拉强度、弯曲疲劳强度及良好的塑性、韧性。

球墨铸铁除具有灰铸铁的一系列优点外,还具有比灰铸铁高很多的强度、塑性和韧度。珠光体球墨铸铁的抗拉强度、屈服强度、疲劳极限高于45钢正火组织;铁素体球墨铸铁的断后延伸率可达18%,球墨铸铁可进行各种热处理,使其性能进一步提高。但其凝固收缩大,对原铁液的成分要求较严格,因而对熔炼和铸造工艺的要求较高且减振能力比不上灰铸铁。

按GB/T1348—2009规定,球墨铸铁牌号用"球铁"两字汉语拼音的字首"QT"和两组数字表示,两组数字分别表示最低抗拉强度和最低断后伸长率,如QT600-3表示抗拉强度为600 MPa、延伸率为3%的球墨铸铁。球墨铸铁的牌号、组织、力学性能及用途见表8-4。

表8-4　球墨铸铁的牌号、组织、力学性能及用途

| 牌　　号 | σ_b/MPa | σ_s/MPa | δ/(%) | 供　参　考 | | 应用举例 |
	最小值			硬度HB	基体组织	
QT400—18	400	250	18	130～180	铁素体	汽车、拖拉机底盘零件;阀门的阀体和阀盖等
QT400—15	400	250	15	130～180	铁素体	
QT450—10	450	310	10	160～210	铁素体	
QT500—7	500	320	7	170～230	铁素体＋珠光体	机油泵齿轮等
QT600—3	600	370	3	190～270	铁素体＋珠光体	柴油发动机、汽油发动机的曲轴;
QT700—2	700	420	2	245～335	珠光体	磨床、铣床、车床的主轴;
QT800—2	800	480	2	245～335	珠光体或回火组织	空压机、冷冻机的缸体、缸套
QT900—2	900	600	2	280～360	贝氏体或回火马氏体	汽车、拖拉机传动齿轮等

3. 球墨铸铁的热处理

由于基体组织对球墨铸铁力学性能影响很大,故球墨铸铁可以用退火、正火、调质及等温淬火等热处理方法以提高其力学性能。

1)退火

(1)去应力退火,对于不再进行其他热处理的球墨铸铁,因其铸造应力较大,常需进行去应力退火,如图8-7(a)所示,退火后组织不变。

(2)低温退火,当铸态组织中有铁素体、珠光体和石墨时,为了获得较高的塑性和韧度,可采用低温退火使珠光体分解,如图8-7(b)所示,最终组织为塑性和韧性较高的铁素体基体上分布着球状石墨。

(3)高温退火,当铸态组织中不仅有珠光体,而且还有自由渗碳体时,为了使自由渗碳体分解,获得铁素体基体的球墨铸铁,则应进行高温退火,其工艺如图8-7(c)所示,最终组织为铁素体基体上分布着球状石墨。

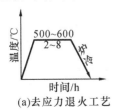
(a)去应力退火工艺

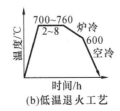
(b)低温退火工艺

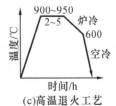
(c)高温退火工艺

图8-7　球墨铸铁退火工艺

2)正火

(1)低温正火,将铸件加热到共析温度以上,一般为 840~880 ℃,保温 1~4 h 后取出空冷。正火后的基体组织为珠光体和铁素体,强度比高温正火略低,但塑性和韧度较高。

(2)高温正火,将铸件加热到共析温度以上 50~70 ℃,当含硅量为 2%~3% 时,一般加热到 880~920 ℃,保温 1~3 h,使组织全部奥氏体化,然后出炉空冷,得到细珠光体加石墨的组织。由于球墨铸铁的导热性差,过冷倾向大,正火(尤其是风冷或喷雾冷却)后有较大的内应力,正火后还要进行去应力退火。

3)调质

调质的目的是获得较高的综合力学性能。如球墨铸铁的连杆、曲轴可进行调质处理。球墨铸铁调质的工艺:加热到 850~900 ℃,使基体完全奥氏体化,再用油淬获得马氏体,然后经 550~600 ℃ 回火 2~4 h,最终组织为回火索氏体加球状石墨。

4)等温淬火

对一些综合力学性能要求较高,且又外形复杂,热处理易变形、开裂的零件,如齿轮、凸轮轴等,可采用等温淬火。等温淬火后一般不再回火,得到的组织为贝氏体加球状石墨,适用于截面尺寸不大的零件。

一般球墨铸铁等温淬火的工艺是,加热到 860~900 ℃,适当保温后,在 300 ℃ 左右的等温盐浴中冷却并保温 30~90 min,然后空冷。

8.2.4 蠕墨铸铁

蠕墨铸铁是 20 世纪 60 年代开始发展并逐步受到重视的一种新的铸铁材料,因其石墨呈蠕虫状而得名,其显微组织如图 8-8 所示。

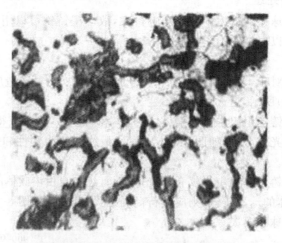

图 8-8 蠕墨铸铁显微组织(200×)

蠕墨铸铁的显微组织由蠕虫状石墨加基体组织组成,其基体组织与球墨铸铁相似,在铸态下一般都是珠光体和铁素体的混合基体,经过热处理或合金化才能获得铁素体或珠光体基体。通过退火可以使蠕墨铸铁获得 85% 以上的铁素体基体或消除薄壁处的游离渗碳体。通过正火可增加珠光体量,从而提高其强度和耐磨性。

由于蠕虫状石墨对基体的性能有很好的作用,因此蠕墨铸铁是一种综合性能良好的铸铁材料。其力学性能介于球墨铸铁与灰铸铁之间,如抗拉强度、屈服点、断后伸长率、弯曲疲劳极限均优于灰铸铁,接近于铁素体球墨铸铁;而导热性、切削加工性均优于球墨铸铁,与灰铸铁相近。蠕墨铸铁的牌号以"RuT"("蠕"字的汉语拼音＋"铁"字的汉语拼音字首)表示,所跟的数字表示最低抗拉强度。蠕墨铸铁的牌号、组织、力学性能及用途见表 8-5。

表 8-5　蠕墨铸铁的牌号、组织、力学性能及用途

| 牌　号 | σ_b/MPa | σ_s/MPa | δ/(%) | 硬度值 | 基体 | 应 用 举 例 |
	不小于			范围/HB	组织	
RuT420	420	335	0.75	200～280	P	活塞环、汽缸套、制动盘、玻璃模具、刹车鼓、钢珠研磨盘、吸泥泵体等
RuT380	380	300	0.75	193～274	P	
RuT340	340	270	1.0	170～249	P+F	重型机床件、大型齿轮箱体、盖、座、飞轮、起重机卷筒等
RuT300	300	240	1.5	140～217	P+F	排气管、变速箱体、汽缸盖、液压件、纺织机零件、钢锭模等
RuT260	260	195	3	121～197	F	增压器废气进气壳体、汽车底盘零件等

注:各牌号蠕墨铸铁的蠕化率不小于 50%。

8.3　合金铸铁

随着铸铁生产的发展,不仅要求铸铁具有一定的力学性能,而且还要求其具有某些特殊性能,如耐磨、耐热和耐腐蚀等。为此,在铸铁中加入某些合金元素,如硅、锰、磷、钼、锡、钒等元素可得到一些具有特殊性能的合金铸铁。

8.3.1　耐磨铸铁

耐磨铸铁分为减摩铸铁和抗磨铸铁两类。

1. 减摩铸铁

减摩铸铁指在润滑条件下工作的耐磨铸铁,如机床导轨、活塞环、滑块、滑动轴承等。组织为在软基体上嵌有硬的组成相,软基体在磨损后形成的沟槽可保持油膜,有利于润滑,而坚硬的强化相可承受摩擦。细片层状珠光体基体的灰铸铁能满足这种要求,其中铁素体为软基体,渗碳体为硬的强化相,石墨不仅起着润滑的作用,也起着储油作用。

为了进一步改善珠光体灰铸铁的耐磨性,通常将含磷量提高到 0.4%～0.6%,即成为高磷铸铁。其中磷形成磷化铁(Fe_3P),可与珠光体或铁素体形成高硬度的组织组成物,显著提高耐磨性。由于普通高磷铸铁的强度和韧性较差,通常在其中还加入铬、钼、钨、铜、钒等合金元素,形成合金高磷铸铁,如磷铜钛铸铁、铬钼铜铸铁等。此外,减摩铸铁还有钒钛铸铁、硼铸铁等。

2. 抗磨铸铁

抗磨铸铁指在无润滑的干摩擦及抗磨粒磨损条件下工作的铸铁,如轧辊、球磨机磨球、衬板、煤粉机锤头等。这类铸铁的组织应具有均匀的高硬度,以承受在很大载荷下的严重磨损。

白口铸铁具有高而均匀的硬度,是一种较好的抗磨铸铁,但其脆性大,不能承受冲击载荷。早在春秋时代,我国就已经制成抗磨性能良好的白口铸铁犁铧。常加入适量的 Cr、Mo、Cu、W、Ni、Mn 等合金元素,形成抗磨合金白口铸铁,使它具有一定的韧性和更高的硬度。

8.3.2　耐热铸铁

在高温下工作的铸铁,要求具有良好的耐热性,应采用耐热铸铁,如锅炉配件、石油化工、冶金设备零件等。铸铁的耐热性主要是指在高温下抗氧化和抗生长的能力。

普通灰铸铁在高温下除了发生表面氧化外,还会发生"热生长"。所谓"热生长"是指氧化性气体沿着石墨片的边界和裂纹渗入铸铁内部,造成内部氧化,使渗碳体分解为石墨,使体积发生不可逆的增大。

为了提高铸铁的耐热性,可加入硅、铝、铬等元素,使铸件表面形成致密氧化物,这样可使内层不再继续氧化。此外,这些元素还可以提高铸铁的相变临界点,使铸铁在使用温度范围内不发生固态相变,以减少因体积变化而产生的裂纹。为了避免受热时渗碳体分解,耐热铸铁大多以单相铁素体为基体,而石墨呈孤立分布的球状,以防氧化性气体渗入铸铁内部。

8.3.3　耐蚀铸铁

在石油化工等工业部门中,许多零件要求有较好的抵抗腐蚀破坏的能力。普通铸铁的组织通常是由渗碳体、石墨、铁素体三个电极电位不同的相组成,其中石墨的电极电位最高(+0.37 V),渗碳体次之,铁素体最低(-0.44 V)。当铸铁处在电解质溶液中时,铁素体相不断被腐蚀掉,导致铸件过早失效。

为了提高铸铁的抗腐蚀能力,通常在灰铸铁和球墨铸铁中加入 Si、Al、Mo、Cu、Ni 等元素,以提高基体电极电位、改善铸铁组织,形成单相基体上分布着彼此孤立的石墨,并在铸件的表面形成致密的氧化膜。耐蚀合金铸铁常用的有稀土高硅球墨铸铁、中铝耐蚀铸铁、高铬耐蚀铸铁,主要用于制作化工设备中的管道、阀门、离心泵、反应锅及盛储器等。

习题

1.什么是铸铁的石墨化?影响铸铁石墨化的主要因素是什么?

2.铸铁中的石墨对铸铁的性能有何影响?灰铸铁、球墨铸铁、蠕墨铸铁和可锻铸铁在组织上的根本区别是什么?

3.下列说法对吗?为什么?

(1)通过热处理可将片状石墨变成球状,从而改善铸铁的力学件能;

(2)可锻铸铁因具有良好的塑性,故可进行锻造;

(3)石墨化的第三阶段最易进行;

(4)白口铸铁由于硬度很高,故可用来制造各种刀具。

4.球墨铸铁是如何获得的?它与相同基体的灰铸铁相比,其突出的性能特点是什么?

5.球墨铸铁的主要热处理方法有哪些?调质处理为什么适合球墨铸铁而不适于灰铸铁?

6. 说明下列牌号的含义和应用举例。

HT150、QT450—10、QT1700—2、QT900—2、RuT300。

7. 常用合金铸铁有哪些？试述耐热铸铁合金化的原理。

8. 下列铸件宜选用何种铸铁？试选择铸铁牌号并说明理由。

车床床身,机床手轮,汽缸套,摩托车发动机活塞环,汽车发动机曲轴,火车车轮,缝纫机机架,污水管,自来水三通管。

9. 在实际生产中,有些铸铁件表面、棱角和凸缘处常常硬度较高,难以机械加工的原因是什么？如何消除或改善？

10. 灰铸铁在性能上有哪些特点？为什么机床床身常用灰铸铁制造？

11. 为什么灰铸铁的 σ_b、δ、α_k 比碳钢低,它在工业上获得广泛应用的原因是什么？

第**9**章　有色金属

【内容简介】

本章主要介绍铝、铜、钛、镁合金的成分、性能及应用范围。

【学习目标】

了解常见合金的分类及牌号。

金属材料分为黑色金属和有色金属两大类。黑色金属主要是指铁及其合金；而把铁、锰、铬以外的所有金属及其合金统称为有色金属。有色金属品种繁多，在工程上应用较多的主要有铝、铜、镁、钛、锌等及其合金，以及轴承合金。

虽然有色金属的产量和用量不如黑色金属多，但由于其具有许多钢铁材料所没有的特殊的机械、物理和化学性能，如高的比强度和耐蚀性，特殊的电、磁、热性能，因此，有色金属已成为现代工业尤其是许多高科技产业中不可缺少的材料。

9.1　铝及铝合金

铝是地壳中储量最多的一种金属元素，成本相对较低，因此铝及其合金是目前工业中用量仅次于钢铁材料的重要的金属材料，广泛应用于航空、航天、汽车、机械制造、船舶及化工工业等领域。

9.1.1　工业纯铝

1. 工业纯铝的特点

(1)质量轻，密度约为 $2.7\ g/cm^3$，大约是铁或铜的 1/3。

(2)导电、导热性好，仅次于银、铜和金，在金属中列第四位。室温状态下，铝的导电能力约为铜的 62%；若按单位质量计算材料的导电能力，铝的导电能力约为铜的 200%。

(3)耐大气腐蚀，铝在大气中极易和氧结合生成致密的氧化铝保护膜，阻止铝的进一步氧化，但铝不能耐酸、碱、盐的腐蚀。

(4)塑性好，强度低，因为铝具有面心立方晶格，所以适合进行各种冷、热加工，特别是塑性加工。

根据上述特点，纯铝主要用于代替贵金属制作电线、电缆，以及要求具有导热和抗大气腐蚀性能而对强度要求不高的一些用品或器具。

2. 工业纯铝的分类及牌号

纯铝中通常还有铁、硅、铜、锌等杂质元素,按其纯度可分为纯铝($99\% < w_{Al} \leqslant 99.85\%$)和高纯铝($w_{Al} > 99.85\%$)两类。纯铝分为未压力加工产品(铸造纯铝)及压力加工产品(变形铝)两种。按 GB/T 8063—1994 的规定,铸造纯铝牌号由"Z"和铝的化学元素符号及表明铝含量的数字组成,例如,ZAl99.5 表示 $w_{Al} = 99.5\%$ 的铸造纯铝;变形铝按 GB/T 16474—2011 的规定,其牌号用四位字符体系的方法命名,即用"1×××"表示,牌号的最后两位数字就是最低铝百分含量中小数点后面的两位,牌号第二位的字母表示原始纯铝的改型情况,如果字母为 A,则表示为原始纯铝。例如,牌号 1A30 的变形铝表示 $w_{Al} = 99.3\%$ 的原始纯铝,若为其他字母,则表示为原始纯铝的改型。按 GB/T 3190—2008 的规定,我国变形铝的牌号有 1A50、1A30 等,高纯铝的牌号有 1A99、1A97、1A93、1A90、1A85 等。

9.1.2　铝合金

纯铝的强度低,不宜作为受力的结构材料使用。在纯铝中加入适当量的硅、铜、镁、锌、锰等合金元素即可制成铝合金。铝合金既保持了纯铝的基本物化性能,如相对密度小,导电、导热、耐蚀性好等,且强度有了大幅度上升,因此铝合金可用于制造承受较大载荷的机械零件和构件。

1. 铝合金的分类

铝合金按其成分和生产工艺特点的不同,可分为变形铝合金和铸造铝合金两大类。

1)变形铝合金

如图 9-1 所示,成分位于 D 点以左的合金,当加热至固溶线 DF 以上时,能形成单相 α 固溶体,其塑性很好,适宜压力加工,故称为变形铝合金。变形铝合金中,成分位于 F 点以左的合金,其 α 固溶体的成分不随温度而变,故不能进行热处理强化,称为不可热处理强化的铝合金,主要有防锈铝合金;成分位于 F 和 D 之间的合金,其 α 固溶体成分随温度而变化,可以进行热处理强化,称为热处理可强化铝合金,主要有硬铝合金、超硬铝合金和锻铝合金。

2)铸造铝合金

成分位于 D 点以右的铝合金,由于结晶时有共晶反应发生,熔点低,流动性较好,适宜铸造生产,故称为铸造铝合金。主要有 Al-Si 合金、Al-Cu 合金、Al-Mg 合金和 Al-Zn 合金等。

铸造铝合金中也有成分随温度变化的固溶体,故也能用热处理强化。但距离 D 点越远,合金中的 α 相越少,强化效果越不明显。

应该指出,上述分类并不是绝对的。例如,有些铝合金,其成分虽位于 D 点右边,但仍可压力加工,因此仍属于变形铝合金。

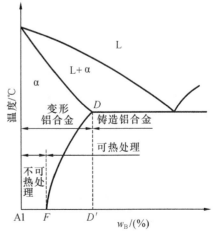

图 9-1　铝合金相图的一般形式

2. 铝合金的强化及回归处理

1)铝合金的强化

铝合金的强化主要有以下四种方式。

(1)变形强化(加工硬化),对不能热处理强化的防锈铝合金施以冷压力加工,产生加工硬化而强化。

(2)变质处理(细晶强化),对铸造铝合金可以通过细化晶粒的方法提高强度。

(3)固溶强化,适合于所有铝合金,加入 Cu、Mg、Zn、Si、Mn 等可形成有限固溶体。

(4)时效处理,将可以热处理强化的铝合金加热到 α 相区保温后快冷,其抗拉强度、硬度并不高,而塑性上升,这一热处理操作称为固溶处理。由于淬火后获得的过饱和固溶体是不稳定的,有析出第二相(强化相)的趋势,在室温长时间放置或加热至 $100\sim200$ ℃一定时间保温后,逐渐向稳定转变,第二相析出并偏聚,阻碍位错运动,使合金抗拉强度和硬度明显上升而塑性显著下降。我们把这种固溶处理(淬火)后的合金随时间而发生的强度、硬度提高的现象,称为时效硬化或时效强化。在室温下发生的时效称为自然时效,而在加热的条件下进行的时效称为人工时效,固溶时效处理是铝合金强化的主要途径,只适合于可以热处理强化的铝合金。成分位于 D 点附近的合金,时效强化效果最好。成分位于 D 点以右的合金,其组织为 α 固溶体与第二相的混合物,因为时效过程只在 α 固溶体中发生,故其时效强化效果将随合金成分向右远离 D 点而逐渐减小。

$w_{Cu}=4\%$ 的铝合金经淬火后,其强度 $\sigma_b=250$ MPa,比处理前有所提高。若将此合金在室温下放置 $4\sim5$ d,σ_b 可达 400 MPa,相当于进行了自然时效,该合金的自然时效曲线如图 9-2 所示。

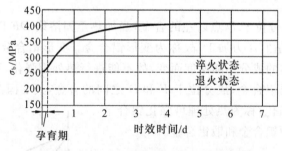

图 9-2 $w_{Cu}=4\%$ 的铝合金自然时效曲线

另外,铝合金的时效强化效果还与加热温度和保温时间有关。图 9-3 表示 $w_{Cu}=4\%$ 的铝合金在不同温度下的人工时效曲线。由图可知,经淬火后的铝合金在时效初期强度变化很小,这段时间称为孕育期。铝合金在孕育期内有很好的塑性,此时可对其进行各种冷塑性变形加工。提高时效温度,可使孕育期缩短,时效速度加快,但时效温度越高,强化效果越低。在室温以下则温度越低,强化效果越低,当温度低于-50 ℃时,强度几乎不增加,即低温可以抑制时效的进行。若时效温度过高或保温时间过长,合金会软化,将此现象称为过时效。

2)铝合金的回归处理

回归处理是指已经时效强化的铝合金重新加热到 $230\sim250$ ℃,经短时间保温,然后快速水冷至室温时可以重新变软。所有能时效强化的合金都能进行回归处理。经回归处理后的铝合金仍能进行时效强化,但每次回归处理后,其再时效后强度逐次下降。

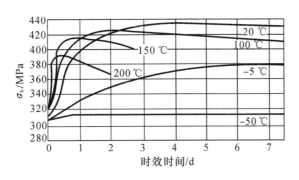

图 9-3　$w_{Cu}=4\%$ 的铝合金在不同温度下的人工时效曲线

回归处理在实际生产中具有重要意义,时效后的铝合金可在回归处理后的软化状态下进行各种冷变形加工。利用这种现象可以进行飞机的修理和铆接。例如:飞机零件在使用过程中发生变形,可在校形修复前进行回归处理;已时效强化的铆钉,在铆接前可实施回归处理。

3. 常见铝合金的牌号、特点及应用

1)变形铝合金

按 GB/T 3190—2008 的规定,变形铝合金牌号用四位字符体系表示。第一位的数字表示铝合金的组别,如表 9-1 所示;牌号第二位字母表示改型情况:A 为原始铝合金,B~Y 为改型情况;牌号最后两位数字用以标识同一组中不同的铝合金,如 3A21、7A04 等。

表 9-1　变形铝合金四位字符牌号系列

组　　　别	牌 号 系 列
以铜为主要合金元素的铝合金	2×××
以锰为主要合金元素的铝合金	3×××
以硅为主要合金元素的铝合金	4×××
以镁为主要合金元素的铝合金	5×××
以镁和硅为主要合金元素并以 Mg_2Si 相为强化相的铝合金	6×××
以锌为主要合金元素的铝合金	7×××

变形铝合金的代号(旧牌号)的表示方法:两位字母(汉语拼音首字母)+顺序号。如 LF11 表示防锈铝合金系列中的 11 号。

根据主要性能特点和用途,变形铝合金可分为防锈铝合金、硬铝合金、超硬铝合金和锻铝合金。它们通常由铝合金铸锭经冷、热加工后形成各种规格的型材、板、棒、带、线、管等形状。常见变形铝合金的牌号、化学成分、力学性能及用途举例如表 9-2 所示。

表 9-2　常用变形铝合金的牌号、化学成分、力学性能及用途举例

组别	牌号(旧牌号)	化学成分/(%)						半成品状态①	力学性能②(不小于)			用途举例
		Si	Cu	Mn	Mg	Zn	其他		σ_b/MPa	$\sigma_{0.2}$/MPa	δ_{10}/(%)	
铝铜合金	2A01 (LY1)	0.50	2.20~3.00	0.20	0.20~0.50	0.10	Fe0.5 Ti0.15	线材 CZ	300	—	24	工作温度不超过100 ℃的结构用中等强度铆钉
	2A11 (LY11)	0.70	3.80~4.80	0.40~0.80	0.40~0.80	0.30	Fe0.70 Ti0.15	线材 CZ	363~373	177~196	15	中等强度的结构零件，如骨架、模锻的固定接头、支柱、螺旋桨叶片、局部镦粗的零件、螺栓和铆钉
	2A12 (LY12)	0.50	3.80~4.90	0.30~0.90	1.20~1.80	0.30	Fe0.50 Ni0.10	板线 CZ	407~427	270~275	11~13	高强度的结构零件，如骨架、蒙皮、隔框、肋、梁、铆钉等150 ℃以下工作的零件
	2A14 (LD10)	0.60~1.20	3.90~4.90	0.40~1.00	0.40~0.80	0.30	Fe0.70 Ti0.15	板线 CS	420	330	5	承受重载荷的锻件和模锻件
	2A50 (LD5)	0.70~1.20	1.80~2.60	0.40~0.80	0.40~0.80	0.30	Fe0.70 Ni0.10 Ti0.15	板线 CS	420	330	7	形状复杂中等强度的锻件及模锻件
	2A70 (LD7)	0.35	1.90~2.50	0.20	1.40~1.80	0.30	Fe0.90~1.50 Ni0.90 Ti0.02~0.10	板线 CS	415	270	13	内燃机活塞在高温下工作的复杂锻件、板材可作高温下工作的结构件
铝锰合金	3A21 (LF21)	0.60	0.20	1.00~1.60	—	0.10	Fe0.70	板材 M	95~147	—	18~22	焊接油箱、油管、铆钉，以及轻载荷零件及制品
铝镁合金	5A05 (LF5)	0.50	0.10	0.30~0.60	4.80~5.50	0.20	Fe0.50	板材 M	280	150	15	焊接油箱、油管、焊条、铆钉以及中载荷零件及制品
	5B05 (LF10)	0.40	0.20	0.20~0.60	4.70~5.70	—	Fe0.40 Ti0.15	板材 M	280	150	15	焊接油箱、油管、焊条、铆钉以及中载荷零件及制品

续表

组别	牌号 (旧牌号)	化学成分/(%)						半成品 状态①	力学性能②(不小于)			用途举例
		Si	Cu	Mn	Mg	Zn	其他		σ_b /MPa	$\sigma_{0.2}$ /MPa	δ_{10} /(%)	
铝锌合金	7A04 (LC4)	0.50	1.40~2.00	0.20~0.60	1.80~2.80	5.00~7.00	Fe0.50 Cr0.10~0.25	板材 CS	481~490	402~412	7	结构中主要受力件，如飞机大梁、桁架、加强框、蒙皮接头及起落架
铝锌合金	7A09 (LC9)	0.50	1.20~2.00	0.15	2.00~3.00	5.10~6.10	Fe0.50 Cr0.16~0.30 Ti0.10	板材 CS	481~490	412~422	7	结构中主要受力件，如飞机大梁、桁架、加强框、蒙皮接头及起落架
铝锂合金	8090	0.20	1.00~1.60	0.10	0.60~1.30	0.25	Li2.20~2.27 Ti0.10 Zr0.04~0.16	板材 CS	—	—	—	飞机结构件，火箭和导弹壳体，燃料箱等

注：① M 为包铝板材退火状态，CZ 为包铝板材淬火自然时效状态，CS 为包铝板材淬火人工时效状态；

　　② 力学性能主要摘自 GB/T 3880.1—2012。

(1)防锈铝合金(代号 LF):主要是 Al-Mn 和 Al-Mg 系合金。锰的作用是提高抗蚀能力,并起固溶强化作用。镁也有固溶强化作用,同时降低密度。防锈铝合金锻造退火后是单相固溶体,其性能特点是耐蚀性好,强度比纯铝高,塑性优良,但不能进行热处理强化,只能通过冷变形进行强化。防锈铝合金在航空工业中广泛应用,主要用于制造承受制造焊接的零件、管道、容器及铆钉等,如油箱、防锈蒙皮及壳体、导管等。

(2)硬铝合金(代号 LY):基本上是 Al-Cu-Mg 系合金。铜和镁的主要作用是形成强化相 $CuAl_2$ 和 $CuMgAl_2$,其中 $CuMgAl_2$ 相具有很高的室温强化作用,并且具有较高的耐热性作用。硬铝合金可以通过固溶时效处理显著提高强度和硬度,同时其耐热性好,但塑性、韧度低,主要用于制造飞机螺旋桨、叶片、骨架等。

但硬铝的耐蚀性低于纯铝,更不耐海水腐蚀,尤其是硬铝中的铜的固溶体和化合物带来的晶间腐蚀导致其耐蚀性剧烈下降。因此,必须加入适量的锰,对硬铝板材还可采用表面包一层纯铝或包覆铝,以增加其耐蚀性。

(3)超硬铝合金(代号 LC):属 Al-Zn-Mg-Cu 系合金,并含有少量的铬和锰。主要强化相为 $CuAl_2$、$CuMgAl_2$、$MgZn_2$ 和 $Al_2Mg_3Zn_3$。这种合金时效强化效果最好,经适当的固溶时效处理后可以获得相当于超高强度钢的比强度,因而成为目前强度最高的一类铝合金。同时,超硬铝合金还具有较好的热塑性,适宜压延、挤压和锻造,焊接性能也较好。但其耐热性低、耐蚀性差,且应力腐蚀倾向大。超硬铝合金主要用于制造飞机的受力件,如飞机的起落架、大梁、桁架等。

(4)锻铝合金(代号 LD):多数属于 Al-Cu-Mg-Si 系合金。锻铝中合金元素种类较多,但每种元素的含量较少,因而具有良好的热塑性和锻造性能,故称为锻铝。通常在固溶处理和人工时效后使用,其力学性能与硬铝相当。主要用于制造航空及仪表工业中各种形状复杂、强度要求较高的各类锻件或模锻件,如叶轮、筐架、内燃机活塞等,还可用于制作日常生活用品,如熟铝锅、钥匙等。

2)铸造铝合金

根据国家标准的规定,铸造铝合金牌号:ZAl+主要合金元素符号+合金含量的百分数。如果合金元素质量分数小于 1%,一般不标数字,必要时可用一位小数表示。例如,ZAlSi7Mg 表示含硅量约为 7%。若牌号后加"A",则表示优质合金。

铸造铝合金代号:ZL("铸铝"两字汉语拼音首字母)+三位数字。第一位数字表示合金序列(1 为铝-硅系、2 为铝-铜系、3 为铝-镁系、4 为铝-锌系);第二、三位数字表示合金顺序号,序号不同,化学成分也不同。例如,ZL101 表示铝-硅系中的 01 号铸造铝合金,即 ZAl-Si7Mg。若为优质合金,则在后面加"A"。

常用铸造铝合金的牌号(代号)、化学成分、力学性能及用途举例如表 9-3 所示。

(1)铝-硅系合金(代号 ZL1):通常又称为铝硅明,其中不含其他合金元素的称为简单铝硅明,除硅外还含有其他合金元素的称为特殊铝硅明。这类合金是铸造性能与力学性能配合最佳的一种铸造合金,应用十分广泛。简单铝硅明除具有优良的铸造性能外,还具焊接性能好、比重小、抗蚀性和耐热性相当好等优点,但致密度较小,强度不够高,主要用于制造质量轻、形状复杂、耐蚀,但强度要求不高的铸件,如发动机汽缸、仪表壳体等。特殊铝硅明中的合金元素可以形成一些类似于硬铝中的强化相,经固溶时效处理后可获得很高的强度和硬度,是制造发动机活塞的常用材料(如 ZL108、ZL109)。

表 9-3　常用铸造铝合金的牌号(代号)、化学成分、力学性能及用途举例

类别	牌号	代号	Si	Cu	Mg	Zn	Mn	其他	铸造方法	热处理方法①	σ_b/MPa	δ/(%)	HBS	用途举例②
铝硅合金	ZAlSi7Mg	ZL101	6.5~7.5		0.25~0.45				金属型	固溶处理+不完全时效	205	2	60	形状复杂的零件，如飞机仪表零件、抽水机壳体、柴油机零件等
									砂型	固溶处理+完全时效	195	2	60	
									砂型变质处理	固溶处理+完全时效	225	1	70	
	ZAlSi12	ZL102	10.0~13.0						金属型	退火	145	3	50	形状复杂的仪表壳体、水泵壳体，工作温度在200℃以下的高气密性、低载零件等
									砂型变质处理	退火	135	4	50	
	ZAlSi9Mg	ZL104	8.0~10.5		0.17~0.35		0.2~0.5		金属型	固溶处理+完全时效	235	2	70	工作温度在200℃以下的内燃机汽缸头、活塞等
									砂型变质处理	固溶处理+自然时效	225	2	70	
铝铜合金	ZAlCu5Mn	ZL201		4.5~5.3			0.6~1.0	Ti 0.15~0.35	砂型	固溶处理+自然时效	295	8	70	工作温度在300℃以下的零件，如发动机机体、汽缸等
									砂型	固溶处理+不完全时效	335	4	90	
	ZAlCu4	ZL203		4.0~5.0					砂型	固溶处理+完全时效	215	3	70	形状简单的中载零件，如托架，在200℃以下工作并加工切削加工性好的零件等
铝镁合金	ZAlMg10	ZL301			9.5~11.0				砂型	固溶处理+自然时效	280	10	60	在大气或海水中工作的零件，在150℃以下工作，承受大振动载荷的零件等
	ZAlMg5Si	ZL303	0.8~1.3		4.5~5.5		0.1~0.4		金属型		145	1	55	在腐蚀介质中工作的中载零件，严寒大气及200℃以下工作的海轮配件等
铝锌合金	ZAlZn11Si7	ZL401	6.0~8.0		0.1~0.3	9.0~13.0			金属型	人工时效	245	1.5	90	在200℃以下工作，结构形状复杂的汽车、飞机、仪表零件等

注：① 不完全时效指时效温度低或时间短，完全时效指时效温度约为180℃，时间长；
② ZAlZn11Si7 的性能是指经过自然时效20 d或人工时效后的性能。

(2)铝-铜系合金(代号 ZL2):这类合金时效强化效果好,是铸造铝合金中强度和耐热性最高的,但其铸造性能和耐蚀性较差,故主要用来制造要求较高强度或高温下不受冲击的零件,如增压器的导风叶轮、静叶片等。

(3)铝-镁系合金(代号 ZL3):铝镁合金具有密度小、耐蚀性好、强度高等优点,但其铸造性能和耐热性较差,多用于制造在腐蚀介质下工作、承受冲击载荷、外形不太复杂的零件,如舰船和动力机械配件、氨用泵体等。

(4)铝-锌系合金(代号 ZL4):铝锌合金价格便宜,铸造性能好,经变质处理和时效处理后强度较高。但其密度较大、耐蚀性差、热裂倾向大,常用于制造结构形状复杂的汽车、拖拉机的发动机零件及仪器元件,也可用于制作生活用品。

9.2 铜及铜合金

铜及铜合金是人类历史上使用最早的金属材料,由于其具有优良的导电性能、导热性能、抗腐蚀性和良好的成形性能,现在仍在工业中有着重要的应用,在我国有色金属材料的消费中仅次于铝,被广泛地应用于电气、轻工、机械制造、建筑工业、国防工业等领域。

9.2.1 工业纯铜

纯铜由于其表面易形成紫色的氧化膜层,故又称为紫铜。工业纯铜属于重金属,其熔点为 1083 ℃,密度为 18.96 g/cm^3,无磁性。结晶后具有面心立方晶格,无同素异构转变。工业纯铜具有优良的导电性、导热性、耐蚀性、抗磁性和塑性,易于冷、热加工,广泛应用于制造电线、电缆、电刷、各种传热体、磁学仪器、防磁器械及管、棒、带、条、板、箔等铜材。

工业纯铜的纯度为 99.50%～99.90%,杂质含量越高,导电性越差,易产生热脆和冷脆。其牌号为 T+顺序号。序号越大,纯度越低。紫铜加工产品的牌号、成分及主要用途如表 9-4 所示。

表 9-4 紫铜加工产品的牌号、成分及主要用途

牌　号	代　号	含铜量 /(%)	杂质/(%)		杂质总量 /(%)	主　要　用　途
			Bi	Pb		
一号铜	T1	99.95	0.002	0.005	0.05	导电材料和配置高纯度合金导电材料,制作电线、电缆等
二号铜	T2	99.90	0.002	0.005	0.1	
三号铜	T3	99.70	0.002	0.01	0.3	一般用铜材,如电气开关、垫圈、垫片、铆钉、油管、管道、管嘴
四号铜	T4	99.50	0.003	0.05	0.8	

9.2.2 铜合金

铜合金是以纯铜为基体加入一种或几种其他元素所构成的合金。常用的合金元素有锌、锡、铝、锰、镍等。铜合金与纯铜相比不仅强度明显提高,而且保持了纯铜优良的物理性能和化学性能,常用作工程结构材料。按化学成分不同可分为黄铜、青铜、白铜三大类;根据生产方法不同可分为压力加工铜合金和铸造铜合金。

1. 黄铜

以锌为主要合金元素的铜合金,具有美观的黄色,统称黄铜。黄铜按含合金元素种类分为普通黄铜和特殊黄铜两种。

(1)普通黄铜:指以锌为唯一合金元素的黄铜。

压力加工普通黄铜的牌号:H+铜的质量分数,如 H90 表示 $w_{Cu}=90\%$,$w_{Zn}=10\%$ 的压力加工普通黄铜。铸造普通黄铜的牌号:Z+Cu+Zn+锌的质量分数,如 ZCuZn38 表示锌含量为 38% 的铸造普通黄铜。

普通黄铜的组织和力学性能受锌含量的影响,当 $30\%<w_{Zn}<32\%$ 时,合金处于单相固溶体状态,随锌含量的增加,合金强度、塑性均增加;当 $45\%>w_{Zn}>32\%$ 时,组织中有少量的脆性第二相析出,合金塑性下降,强度上升;当 $w_{Zn}>45\%$ 时,组织中全部为脆性第二相,合金强度和塑性急剧下降,无实用价值。所以工业黄铜的锌含量大多不超过 47%。

普通黄铜具有优良的变形加工性能,如:H62 被誉为"商业黄铜",广泛用于制作水管、油管、散热器垫片及螺钉等;H68 强度较高,塑性较好,适于经冷深冲压或冷深拉制造各种复杂零件,曾大量用于制造弹壳,有"弹壳黄铜"之称;H80 因色泽美观,多用于镀层及装饰品。

另外,普通黄铜的抗腐蚀性能与纯铜接近,在大气和淡水中稳定,但不耐海水、氨、铵盐和酸类介质,易产生"脱锌"和"季裂"。脱锌是指黄铜在酸性或盐类溶液中,由于锌优先溶解受到腐蚀,使工件表面残存一层多孔(海绵状)的纯铜,合金因此受到破坏。季裂是指经冷加工的黄铜零件在海水、湿气、氨的作用下,容易产生应力腐蚀开裂现象,这种现象多出现在多雨的春季,因此而得名。将加工后的黄铜进行去应力退火或用电镀层加以保护,可以有效防止季裂的出现。

(2)特殊黄铜:指在普通黄铜的基础上加入其他合金元素的铜合金。常加入的元素有锡、铅、铝、硅、锰、铁等,故也称为锡黄铜、铅黄铜、铝黄铜等。压力加工特殊黄铜的牌号:H+除锌外的主加合金元素的化学元素符号+铜的质量分数+除锌外的主加合金元素质量分数+其他合金元素的质量分数,如 HSi80-3 表示含铜为 80%、含硅为 3%,其余为锌的质量分数的压力加工特殊黄铜。铸造特殊黄铜的牌号:Z+合金元素的化学元素符号+合金元素质量分数,如 ZCuZn25Al6 表示含锌为 25%、含铝为 16%,其余为铜的质量分数的铸造特殊黄铜。

特殊黄铜比普通黄铜具有更高的强度、硬度、抗蚀性、抗应力腐蚀破裂和良好的铸造性能,常用来制造螺旋桨、压紧螺母等许多重要的船用零件及其他耐磨零件,在造船、电动机及化学工业中得到广泛应用。

常用黄铜的牌号、化学成分、力学性能及用途举例如表 9-5 所示。

2. 青铜

青铜原指铜锡合金,现将除黄铜、白铜以外的铜合金均称为青铜,并常在青铜名字前冠以第一主要添加元素的名,如常见的锡青铜、铝青铜、铍青铜、硅青铜等。

表 9-5 常用黄铜的牌号、化学成分、力学性能及用途举例

类别	牌号	化学成分[①]/(%)				状态[②]	力学性能(不小于)		用途举例
		Cu	Fe	Pb	其他		σ_b/MPa	δ/(%)	
加工普通黄铜	H62	60.5~63.5	≤0.15	≤0.08		M Y	294 412	40 10	散热器、垫圈、弹簧、螺钉、各种网
	H68	67~70	≤0.10	≤0.03		M Y	294 392	40 13	弹壳、冷凝器等
	H80	79~81	≤0.10	≤0.03		M Y	265 392	50 3	用于镀层及制作装饰品;造纸工业用金属网
加工特殊黄铜	HPb59-1	57~60	≤0.5	0.8~1.9		M Y	343 588	25 3	又称快削黄铜,适用于热冲压及切削方法制作的零件
	HMn58-2	57~60	≤1.0	≤0.1	Mn 1.0~2.0	M Y	382 588	30 3	海轮制造业用零件及电信器材
	HSn62-1	61~63	≤0.10	≤0.10	Sn 0.7~1.1	M Y	294 392	35 5	船舶零件
	HAl60-1-1	58~61	0.7~1.5	≤0.40	Al 0.7~1.5	R	441	15	在海水中工作的高强度零件
铸造黄铜	ZCuZn38	60~63	≤0.8			S J	295 295	30 30	一般结构件及耐蚀件,如法兰、阀座、螺杆、螺母、支杆、手柄等
	ZCuZn38Mn2Pb2	57~60	≤0.8	1.5~2.5	Mn 1.5~2.5	S J	245 345	10 18	一般用途结构件,船舶、仪表上外形简单的铸件,如套筒、衬套、滑块、轴瓦等
	ZCuZn31Al2	66~68	≤0.8	≤1.0	Al 2.0~3.0	S J	295 390	12 15	适于压力铸造,如电动机、仪表等压铸件及船舶、机械制造业的耐蚀零件
	ZCuZn16Si4	79~81	≤0.6	≤0.5	Si 2.5~4.5	S J	345 390	15 20	接触海水工作的管配件,水泵、叶轮、旋塞及在空气、海水、油、燃料中工作的铸件

注:① Zn 为余量;

② M 为退火态,Y 为冷作硬化态,R 为热轧态,S 为砂型,J 为金属型。

压力加工青铜的牌号:Q+主加合金元素的化学符号+主加合金元素的质量分数+其他合金元素的质量分数。例如,QSn6.5-0.4表示主加元素为锡,其平均含量为6.5%,其他元素含量为0.4%。铸造用青铜的牌号表示方法与铸造特殊黄铜的牌号表示方法相同。

常用青铜的牌号、化学成分、力学性能及用途举例如表9-6所示。

表9-6　常用青铜的牌号、化学成分、力学性能及用途举例

类别	牌号[①]	化学成分[②]/(%)			状态[③]	力学性能		用途举例
		Sn	Al	其他		σ_b/MPa	δ/(%)	
锡青铜	QSn4-3	3.5～4.5		Zn2.7～3.3	M Y	350 550	40 4	弹性件,化工机械的耐磨、耐蚀件;抗磁零件
	QSn4-4-2.5	3.0～5.0		Zn3.0～5.0 Pb1.5～3.5	Y	600	4	飞机、拖拉机、汽车用轴承和轴套的衬垫
	QSn6.5-0.4	6.0～7.0		P0.26～0.40	M Y	400 700	65 10	造纸业用铜网,弹簧及耐磨件
铝青铜	QAl7 [C61000]		6.0～8.5		M Y	420 1000	70 4	弹簧及其他耐蚀弹性件
	QAl9 4		8.0～10.0	Fe2.0～4.0	M Y	500～600 800～1000	40 5	船舶及电器零件,耐磨件
	QAl10-4-4		9.5～11.0	Fe3.5～5.5 Ni3.5～5.5	M Y	650 1000	40 10	高强度耐磨件及500 ℃以下工作的零件,其他重要耐磨耐蚀件
铍青铜	QBe2			Be1.8～2.1	M Y	500 1250	40 3	重要的弹簧及弹性件,耐磨件及在高速、高压、高温下工作的轴承
	QBe1.7			Be1.6～1.85	C CS	440 1150	50 3.5	各种重要的弹簧和弹性元件
硅青铜	QSi3-1			Si2.7～3.5 Mn1.0～1.5	M Y	400 700	50 5	弹簧及弹性件,耐蚀件、蜗轮、蜗杆、齿轮等耐磨件
铸造青铜	ZCuSn10Pb1	9.0～11.5		P0.5～1.0	S J	200 310	3 2	高载荷和高滑动速度下工作的耐磨件,如连杆、轴瓦、衬套、齿轮、蜗轮等
	ZCuPb15Sn8	7.0～9.0		Pb13.0～17.0	S J	170 200	5 6	表面高压且有侧压的轴承,冷轧机的铜冷水管,内燃机双金属轴瓦、活塞销等
	ZCuAl9Mn2			Mn1.5～2.5	S J	390 440	20 20	耐磨、耐蚀件,形状简单的大型锻件,管路配件

注:① 牌号下方括弧内为ASTM标准的牌号;

　② Cu为余量;

　③ C为淬火,CS为淬火+人工时效,其余状态符号含义同表9-5。

(1)锡青铜:以锡为主加元素的铜合金。锡青铜的力学性能与合金中的锡含量有着密切关系。含锡量为5%～7%的锡青铜塑性好,适于冷热加工;含锡量大于10%的锡青铜强度较高,适于铸造。但由于锡青铜铸造流动性差,易形成分散气孔,铸件密度低,高压下易渗漏,但体积收缩率很小,适于铸造形状复杂、尺寸精度要求高的零件。

此外,锡青铜还具有良好的减摩性、抗磁性、弹性和对大气、海水及无机盐溶液的耐蚀性,广泛用于制造轴承、轴套、海船铸件等耐磨零件,弹簧等弹性零件,齿轮轴、蜗轮、垫圈等耐蚀承载件及艺术雕像等。

(2)铝青铜:以铝为主加元素的铜合金。铝青铜的力学性能受铝含量影响很大。当含铝量小于 5% 时强度很低;含铝量大于 5% 后强度迅速上升,当含铝量为 10% 左右时强度最高。因此实际应用的铝青铜中含铝量为 5%~12%。铝青铜多在铸态或经热加工后使用。铝青铜的强度、硬度、耐磨性、耐热性及耐蚀性均高于黄铜和锡青铜,铸造性能好,但收缩率比锡青铜大,焊接性能差。

压力加工铝青铜塑性、耐蚀性好,具有一定的强度,主要用于制造要求高、耐蚀的弹簧及弹性元件。铸造铝青铜强度、耐磨性、耐蚀性高,常用于制造强度及摩擦性要求较高的零件,主要用于制造船舶、飞机及仪器中的高强度、耐磨、耐蚀件,如齿轮、轴承、蜗轮、轴套、螺旋桨等。

(3)铍青铜:以铍为主加元素的铜合金,含量一般为 1.7%~2.5%。由于铍在铜中的溶解度随温度变化很大,因而铍青铜有很好的固溶时效强化效果,因此铍青铜属于时效强化型合金,经淬火加时效处理后,其抗拉强度达 1200~1400 MPa,硬度达 HB 350~400。

铍青铜具有高的强度、疲劳强度、弹性极限、耐磨性、耐蚀性,良好的导电性、导热性和耐低温性,无磁性,受冲击时不起火花,还具有良好的冷热加工性能和铸造性能,但其价格昂贵、工艺复杂,主要用于制造精密仪器及仪表中的重要的弹性件、耐磨件等,如钟表齿轮、精密弹簧、膜片,高速、高压下工作的轴承及防爆工具、航海罗盘等重要机件。

3. 白铜

以镍为主要合金元素的铜合金称为白铜。以镍为唯一合金元素的白铜称为普通白铜,其牌号为 B+镍的平均质量分数。例如,B19 表示镍的平均质量分数为 19%。普通白铜中加入锌、锰、铁等合金元素的铜基合金称为特殊白铜,其牌号为 B+主加元素符号(Ni 除外)+镍的平均质量分数+主加元素的平均质量分数,例如,BZn15-20 表示镍的平均质量分数为 15%,锌的平均质量分数为 20% 的锌白铜。

普通白铜具有较高的耐蚀性和抗腐蚀疲劳性能及优良的冷热加工性能,广泛用于制造在蒸汽、海水和淡水环境下工作的精密机械、仪表中零件及冷凝器、蒸馏器、热交换器等。特殊白铜的耐蚀性、强度和塑性高,成本低,常用于制造精密机械、仪表零件及医疗器械等。部分白铜的牌号、化学成分、力学性能及用途举例如表 9-7 所示。

表 9-7　部分白铜的牌号、化学成分、力学性能及用途举例

类别	牌号	化学成分/(%)			状态	力学性能		用途举例
		Ni+Co	其他	Cu		σ_b/MPa	δ/(%)	
普通白铜	B19	18.0~20.0		余量	M	294	30	船舶、仪器零件、化工机械零件
					Y	392	3	
	B5	4.4~5.0		余量	M	216	32	
					Y	373	10	
锌白铜	BZn15-20	13.5~16.5	Zn 余量	62~65	M	343	35	潮湿条件下和强腐蚀介质中工作的仪表零件
					Y	539~686	2	
锰白铜	BMn3-12	2.0~3.5	Mn11.5~13.5	余量	M	353	25	弹簧
	BMn40-1.5	39.0~41.0	Mn1.0~2.0	余量	M	392~588	实测	热电偶丝
					Y	588	实测	

9.3 钛及钛合金

钛是 20 世纪 50 年代发展起来的一种重要的结构金属。钛合金具有很高的比强度、耐热性、耐蚀性和低温韧性,因此在航空航天、化工、导弹及舰艇等方面已得到广泛的应用。

9.3.1 工业纯钛

纯钛是灰白色金属,密度小(4.507 g/cm^3),熔点高(1688 ℃)。钛具有两种同素异构体,在 882.5 ℃ 发生同素异构转变 α-Ti $\rightleftharpoons$ β-Ti。体心立方晶格的 β-Ti 存在于 882.5 ℃ 以上,密排六方晶格的 α-Ti 存在于 882.5 ℃ 以下。纯钛的强度低,比强度高,塑性、低温韧性和耐蚀性好,具有良好的加工工艺性能,切削加工性能与不锈钢接近。钛的力学性能与其纯度有很大关系,掺入微量的杂质(氢、氧、氮除外)能显著提高其强度。纯钛主要用于 350 ℃ 以下工作、强度要求不高的零件,如石油化工用的热交换器、反应器,海水净化装置,超音速飞机的蒙皮、构架及舰船零部件。

9.3.2 钛合金

纯钛的强度很低,为提高其强度,通常在纯钛中加入铝、钼、铬、锡、锰、钒等元素制成钛合金。不同合金元素对钛的强化作用、同素异构转变温度及相稳定性的影响都不同。Al、C、N、B 等元素在 α-Ti 中的固溶度较大,形成 α 固溶体,同时能使钛的同素异构转变温度升高,这些元素称为 α 相稳定元素;Fe、Mo、Mg、Cr、Mn、V 等元素在 β-Ti 中的固溶度较大,形成 β 固溶体,同时能使钛的同素异构转变温度降低,将这些元素称为 β 相稳定元素;而 Sn、Zr 等元素在 α-Ti 和 β-Ti 中的固溶度都较大,但对钛的同素异构转变温度影响不大,将这些元素称为中性元素。几乎所有钛合金中都含有铝,因为铝能提高钛合金的强度和再结晶温度,而且密度比钛还要小,加入铝后能明显提高钛合金的比强度。

按退火或淬火状态的组织不同,钛合金可分为 α 型钛合金、β 型钛合金和 α＋β 型钛合金三类,它们的牌号分别用"TA、TB、TC＋顺序号"表示,如 TA5、TB2、TC4 等。常用工业纯钛及钛合金的牌号、化学成分和力学性能如表 9-8 所示。

表 9-8 常用工业纯钛及钛合金的牌号、化学成分和力学性能

合金牌号	化学成分组	化学成分/(%)			状态	板材厚度/mm	室温力学性能(不小于)			高温力学性能(不小于)		
		Al	Mo	其他			σ_b/MPa	$\sigma_{0.2}$/MPa	δ_5/(%)	温度/℃	σ_b/MPa	σ_{100}/MPa
TA1	工业纯钛	—	—	—	M	0.3～2.0	370～530	250	40	—	—	—
						2.1～5.0			30			
						5.1～10.0			30			
TA2	工业纯钛	—	—	—	M	1.1～2.0	440～620	320	30	—	—	—
						2.1～5.0			25			
						5.1～10.0			25			

续表

合金牌号	化学成分组	化学成分/(%)			状态	板材厚度/mm	室温力学性能（不小于）			高温力学性能（不小于）		
		Al	Mo	其他			σ_b/MPa	$\sigma_{0.2}$/MPa	δ_5/(%)	温度/℃	σ_b/MPa	σ_{100}/MPa
TA3	工业纯钛	—	—	—	M	1.1～2.0 2.1～5.0 5.1～10.0	540～720	410	25 20 20	—	—	—
TA5	Ti-4Al-0.005B	3.3～4.7	—	B0.005	M	1.1～2.0 2.1～5.0 5.1～10.0	685	585	15 12 12	—	—	—
TA6	Ti-5Al	4.0～5.5	—	—	M	1.6～2.0 2.1～5.0 5.1～10.0	685	—	15 12 12	350 500	420 340	390 195
TA7	Ti-5Al-2.5Sn	4.0～6.0	2.0～3.0	—	M	1.6～2.0 2.1～5.0 5.1～10.0	735～930	685	15 12 12	350 500	490 440	440 195
TA10	Ti-0.3Mo-0.8Ni		0.2～0.4	Ni0.6～0.9	M	2.1～5.0 5.1～10.0	485	345	20 15	—	—	—
TB2	Ti-5Mo-5V-8Cr-3Al	2.5～3.5	4.7～5.7	Cr7.5～8.5 V4.7～5.7	C CS	1.0～3.5	≤980 1320	—	20 8	—	—	—
TC1	Ti-2Al-1.5Mn	1.0～2.5		Mn0.7～2.0	M	1.1～2.0 2.1～5.0 5.1～10.0	590～735	—	25 20 20	350 400	340 310	320 295
TC2	Ti-4Al-1.5Mn	3.5～5.0		Mn0.8～2.0	M	1.1～2.0 2.1～5.0 5.1～10.0	685	—	15 12 12	350 400	420 390	390 360
TC3	Ti-5Al-4V	4.5～6.0		V3.5～4.5	M	0.8～2.0 2.1～5.0 5.1～10.0	880	—	12 10 10	400 500	590 440	540 195
TC4	Ti-6Al-4V	5.5～6.8		V3.5～4.5	M	0.8～2.0 2.1～5.0 5.1～10.0	895	830	12 10 10	400 500	590 440	540 195

1. α型钛合金

主加元素为铝、锡、硼等，这些元素能提高钛合金的同素异构转变温度，在室温和工作温度下获得单相 α 固溶体，故称为 α 型钛合金。这类合金不能热处理强化，通常在退火状态下使用。α 型钛合金的强度低于其他两类钛合金，但热稳定性、热强性、低温韧性、焊接性及耐蚀性优越。常用牌号有 TA5、TA7 等，以 TA7 最为常用，主要用于制造在 500 ℃ 以下工作的零件,如飞机发动机压气机盘和叶片、导弹的燃料罐、超音速飞机的蜗轮机匣及飞船上的高压低温容器等。

2. β 型钛合金

主加元素为钼、铬、钒、铝等,这些元素能使钛合金获得稳定的相组织,故称为 β 型钛合金,β 型钛合金淬火后具有良好的塑性,可进行冷变形加工。经淬火时效后,合金强度明显提高,且焊接性好,但热稳定性差。常用的 β 型钛合金有 TB2、TB3、TB4 三个牌号,主要用于在 350 ℃以下工作的重载荷回转件,如压气机叶片、轮盘等,还可用于制造结构件和紧固件,如轴、弹簧等。

3. α+β 型钛合金

加入的合金元素有铝、钒、钼、铬等,在室温下能获得稳定的 α+β 双相组织,故称为 α+β 型钛合金。这类合金可进行固溶时效强化,通常在退火后使用。α+β 型钛合金兼具 α 型钛合金和 β 型钛合金的优点,强度高,塑性好,具有良好的热强性、耐蚀性和低温韧性,但其热稳定性较差。α+β 型钛合金共有九个牌号,其中以 TC4 应用最广、用量最大,主要用于制造在 400 ℃以下和低温下工作的零件,如火箭发动机外壳、火箭和导弹的液氢燃料箱部件等。钛合金是低温和超低温的重要结构材料。

9.4 镁及镁合金

9.4.1 工业纯镁

纯镁是银白色的金属,密度为 1.738 g/cm³,熔点为 648.9 ℃,是最轻的工程金属。镁的化学活性很强,在空气中易氧化,高温下可燃烧,耐蚀性差,在潮湿的大气、淡水、海水及绝大多数酸、盐溶液中易受腐蚀,弹性模量小,吸振性好,可承受较大的冲击和振动载荷,但强度低、塑性差,一般不直接用作结构材料。

9.4.2 镁合金

纯镁强度低、塑性差,不能制作受力构件。在纯镁中加入合金元素制成镁合金,就可以提高其力学性能。常用合金元素为 Al、Zn、Mn、Zr 及稀土元素等。镁合金的强化主要依靠合金元素的固溶强化和时效过程中的沉淀强化。镁合金的性能特点是比强度和比刚度高、质量轻、减震性和抗冲击性好、切削加工和压铸性能好、散热性好、电磁屏蔽性能高,但其耐蚀性较差,多用于飞机、导弹、人造卫星及装甲车等某些部件上,此外,在电子、仪器仪表等行业中也获得了较多的应用。

镁合金根据加工工艺性能可分为变形镁合金和铸造镁合金两大类,牌号分别以"MB"和"ZM"后加序号数字表示。常用工业纯镁和变形镁合金的牌号和化学成分如表 9-9 所示。

表 9-9　常用工业纯镁和变形镁合金的牌号和化学成分①

类别	合金牌号	化学成分/(%)											
		Al	Mn	Zn	Ce	Zr	Cu	Ni	Si	Fe	Be	其他杂质总和	Mg②
工业纯镁	Mg1	—	—	—								—	99.50
	Mg2	—	—	—								—	99.00
变形镁合金	MB1	0.20	1.3~2.5	0.30	—		0.05	0.007	0.10	0.05	0.01	0.20	余量
	MB2	3.0~4.0	0.15~0.50	0.20~0.80	—		0.05	0.005	0.10	0.05	0.01	0.30	余量
	MB3	3.7~4.7	0.30~0.60	0.8~1.4	—		0.05	0.005	0.10	0.05	0.01	0.30	余量
	MB5	5.5~7.0	0.15~0.50	0.50~1.5	—		0.05	0.005	0.10	0.05	0.01	0.30	余量
	MB6	5.0~7.0	0.20~0.50	2.0~3.0	—		0.05	0.005	0.10	0.05	0.01	0.30	余量
	MB7	7.8~9.2	0.15~0.50	0.20~0.80	—		0.05	0.005	0.10	0.05	0.01	0.30	余量
	MB8	0.20	1.3~2.2	0.30	0.15~0.35		0.05	0.007	0.10	0.05	0.01	0.30	余量
	MB15	0.05	0.10	5.0~6.0	—	0.30~0.90	0.05	0.005	0.05	0.05	0.01	0.30	余量

注:① 表中变形镁合金栏中只有一个数值的为元素上限含量;

② 纯镁 $w_{Mg} = 100\% - (w_{Fe} + w_{Si}) - ($质量分数大于 0.01% 的其他杂质之和$)$。

习题

1.铝及铝合金的物理、化学、力学及加工性能有什么特点?

2.硅铝明是指哪一类铝合金? 它为什么要进行变质处理?

3.铝合金能像钢一样进行马氏体相变强化吗? 可以通过渗碳、氮化的方式进行表面强化吗? 为什么?

4.铝合金的自然时效与人工时效有什么区别? 选用自然时效或人工时效的原则是什么?

5.铜合金的性能有何特点? 铜合金在工业上的主要用途是什么?

6.哪些合金元素常用来制造复杂黄铜? 这些合金元素在黄铜中存在的形态是怎样的?

7.锡青铜属于什么合金? 为什么工业用锡青铜的含锡量一般不超过 14%?

8.试比较钛合金的热处理强化方式与钢、铝合金的热处理强化方式的异同。

第10章 非金属材料

【内容简介】

本章主要介绍高分子材料、粉末冶金材料、陶瓷材料、复合材料等一些常见非金属材料的种类、结构特点、性能和应用。

【学习目标】

(1)掌握非金属材料的种类和性能特点。

(2)了解各种非金属材料的结构特点及应用。

(3)了解其他材料的应用。

10.1 高分子材料

高分子材料又称高分子聚合物(简称高聚物),是指以高分子化合物为基础的有机材料。其性能特点是质量轻,具有高弹性,强度不高,刚度小,韧性较低,塑性很好。温度和变形速度对材料强度有很大影响。另外,高分子材料的耐磨、减磨性能好,绝缘、绝热,隔声,耐蚀性能好,但耐热性不高,存在易老化问题。

高分子材料主要包括塑料、橡胶、纤维、涂料、胶黏剂和高分子基复合材料等。

10.1.1 塑料

塑料是指一类在常温下有固定形状和强度,在高温下具有可塑性,用人工合成方法合成的高分子物质,又称"合成树脂"。为了改善其性能或降低成本,通常还会在高分子化合物中添加各种辅助材料,如填料、增塑剂、润滑剂、固化剂等。

塑料是一种重要的高分子材料,具有密度小、抗腐蚀能力强、电绝缘性好、易加工成型、防水、成本低等优点。但也存在一些缺点,如:易蠕变,强度、硬度、刚度和韧性等力学性能远低于金属材料;散热性差、膨胀系数大;性能受环境影响(温度、光、水、油等)很大,耐热性差,容易自燃产生有毒气体等。另外,由于塑料无法自然分解,对环境会造成严重的影响。

1. 塑料的组成

1)树脂

树脂是由低分子聚合反应所获得的高分子化合物,在常温下呈固态或黏稠液态,但受热时会软化或呈熔融状态。树脂在塑料中的含量一般为40％～100％。由于含量大,而且决定了塑料的性质,所以绝大多数塑料都是以所用树脂的名称来命名的。例如,聚氯乙烯塑料的主要成分是聚氯乙烯树脂,酚醛塑料的主要成分是酚醛树脂。

2)填料

填料又叫填充剂,通常可分为有机填料(如木粉、碎布、纸张和各种织物纤维等)和无机填料(如玻璃纤维、硅藻土、石棉、炭黑等)两类,它可以提高塑料的强度和耐热性能,并降低成本。例如,酚醛树脂中加入木粉后可大大降低成本,使酚醛塑料成为最廉价的塑料之一,同时还能显著提高机械强度。

3)增塑剂

增塑剂一般是指能与树脂混溶,无毒、无臭,对光、热稳定的高沸点有机化合物,最常用的是邻苯二甲酸酯类。增塑剂可增加塑料的可塑性和柔软性,降低脆性,使塑料易于加工成型。例如,生产聚氯乙烯塑料时,若加入较多的增塑剂便可得到软质聚氯乙烯塑料,若不加或少加增塑剂(用量＜10％),则可得硬质聚氯乙烯塑料。

4)稳定剂

稳定剂又称防老化剂,是为了防止合成树脂在加工和使用过程中受光和热的作用分解和破坏,延长制品使用寿命所加入的添加剂,包括热稳定剂、光稳定剂及抗氧剂等。常用热稳定剂有硬脂酸盐、环氧树脂和铅的化合物等;光稳定剂有炭黑、氧化锌等遮光剂,水杨酸酯类、二苯甲酮类等紫外线吸收剂;抗氧剂有胺类、酚类、有机金属盐类、含硫化合物等。

5)着色剂

着色剂可使塑料具有各种鲜艳、美观的颜色,常用的为有机染料和无机颜料。

6)润滑剂

润滑剂可以防止塑料在成型时黏在金属模具或其他设备上,同时保证塑料的表面光滑美观。常用的润滑剂有硬脂酸及钙镁盐、石蜡等。

7)固化剂

固化剂又称硬化剂,是与树脂中的不饱和键或活性基团作用而使其交联成体型热固性高聚物的一类物质,用于热固性树脂。不同的热固性树脂常使用不同的固化剂,如环氧树脂可用胺类、酸酐类化合物作为固化剂,酚醛树脂可用六次甲基四胺作为固化剂。

除了上述助剂外,塑料中还可加入阻燃剂、发泡剂、抗静电剂等,以满足不同的使用要求。

2. 塑料的分类

1)按使用特性分类

根据各种塑料不同的使用特性,通常将塑料分为通用塑料、工程塑料和特种塑料三种类型。

(1)通用塑料。

通用塑料一般是指产量大、用途广、成型性好、价格便宜的塑料。通用塑料有五大品种,即聚乙烯(PE)、聚丙烯(PP)、聚氯乙烯(PVC)、聚苯乙烯(PS)及丙烯腈-丁二烯-苯乙烯共聚物(ABS)。

(2)工程塑料。

工程塑料一般指能承受一定外力作用,具有良好的机械性能和耐高、低温性能,尺寸稳定性较好,可以用作工程结构的塑料,如聚酰胺(尼龙)、聚碳酸酯等。

(3)特种塑料。

特种塑料一般是指具有特种功能,可用于航空、航天等特殊应用领域的塑料。如氟塑料和有机硅具有突出的耐高温、自润滑等特殊功能,增强塑料和泡沫塑料具有高强度、高缓冲性等特殊性能,这些塑料都属于特种塑料。

2)按照受热特性分类

根据各种塑料不同的受热特性,可以把塑料分为热塑性塑料和热固性塑料两种类型。

(1)热塑性塑料。

热塑性塑料是指加热后会熔化,可流动至模具冷却后成型,再加热后又会熔化的塑料。通用的热塑性塑料的连续使用温度在 100 ℃以下,典型的有聚乙烯(PE)、聚氯乙烯(PVC)、聚丙烯(PP)、聚苯乙烯(PS)等。热塑性塑料具有优良的电绝缘性,特别是聚四氟乙烯(PT-FE)、聚苯乙烯、聚乙烯、聚丙烯都具有极低的介电常数和介质损耗,宜于用作高频和高电压绝缘材料。热塑性塑料易于成型加工,但耐热性较低,易蠕变。

①聚乙烯(PE)。

聚乙烯是以乙烯为原料经催化剂聚合而得到的一种结晶热塑性化合物。聚乙烯是世界塑料品种中产量最大、应用面最广的一种塑料,约占世界塑料总量的 1/3,它也是结构最简单的一种塑料。

聚乙烯比水轻、无毒,为白色蜡状半透明材料,具有优良的电绝缘性、良好的耐化学性,在 60 ℃以下,能耐各种浓度的盐和碱溶液,室温下的一些化学物质对它不起作用;具有优异的力学性能,具有较高的强度和良好的柔性及弹性,不溶于一般溶剂,吸水性小。聚乙烯容易光氧化、热氧化、臭氧分解。

工业上通常用聚乙烯生产薄膜、食品和各种商品的外包装,用来制造容器、管道、绝缘材料以及硬泡沫塑料等。图 10-1 所示为聚乙烯产品示例。

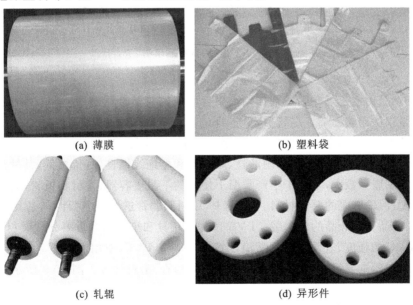

(a) 薄膜　　　　　　　　　　　(b) 塑料袋

(c) 轧辊　　　　　　　　　　　(d) 异形件

图 10-1　聚乙烯产品示例

②聚丙烯(PP)。

聚丙烯是丙烯在催化剂作用下通过阴离子配位聚合而制得的。聚丙烯是质量最轻的通用塑料,在高温下流动性好,制品的收缩率较小,可用来制造各种大型和高温下变形小的制品。同时,聚丙烯具有良好的化学稳定性和耐热性、较高的强度以及良好的电绝缘性,不吸水。但是,聚丙烯低温脆性大,不耐磨且易受到光、热、氧的作用而发生降解和老化。

聚丙烯通常可用于制作餐具、厨房用品、玩具等日用品;汽车上的很多部件,如方向盘、仪表盘、保险杠等;电视机外壳、洗衣机内筒等家用电器零件;扁丝带、编织袋以及各种用于重包装袋用薄膜;食品的周转箱、化工容器和管道;医用一次性注射器、手术服装等。图10-2所示为聚丙烯产品示例。

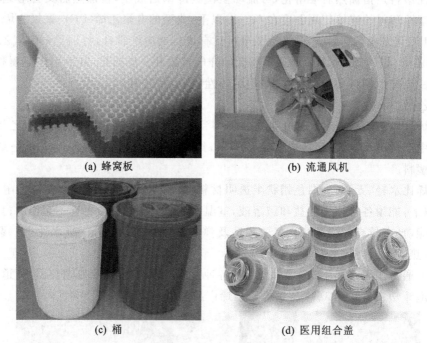

(a) 蜂窝板　　　　　　　　(b) 流通风机

(c) 桶　　　　　　　　(d) 医用组合盖

图 10-2　聚丙烯产品示例

③聚氯乙烯(PVC)。

聚氯乙烯是由氯乙烯在引发剂作用下聚合而成的热塑性树脂,是塑料中产量较大的品种之一,产量仅次于聚乙烯。尽管 PVC 本身是一种质地很硬的塑料,但是通过加入大量的增塑剂,调节配方,可以生产出比 PE 还柔软的塑料,即软质 PVC。

硬质 PVC 强度较高,耐蚀性、耐油性、耐水性和电绝缘性良好,价格低,其缺点是使用温度受限制,线膨胀系数大,常用于生产常温下使用的不耐压容器、管材和板材,如化工厂的输液管道、管配件、输液泵的泵体材料。另外,PVC 树脂非常透明,气密性好,适用于制作包装品,如饮料、药品和化妆品的外包装。PVC 薄片是玩具和小商品的重要外包装材料。

软质 PVC 的强度、电性能和化学稳定性低于硬质 PVC,使用温度低且易老化,但耐油性和成形性较好,主要用于制造薄膜、电线电缆的套管、密封件等。图 10-3 所示为聚氯乙烯产品示例。

PVC 塑料最致命的缺点是在高温下或燃烧时会分解,放出能使人窒息的氯化氢气体,不仅污染环境,甚至会对生命造成威胁。因此 PVC 的使用,特别是在建材中的应用已经受到限制。

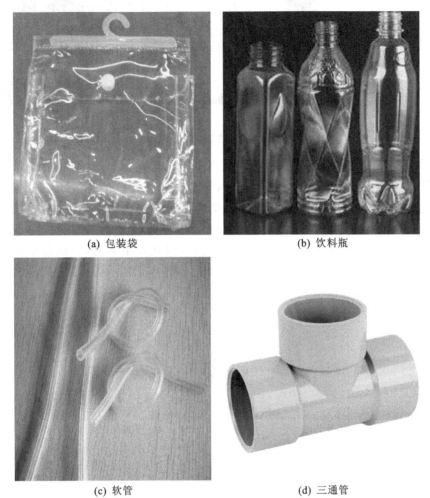

(a) 包装袋　　　　　　　　　　(b) 饮料瓶

(c) 软管　　　　　　　　　　(d) 三通管

图 10-3　聚氯乙烯产品示例

④聚苯乙烯(PS)。

聚苯乙烯是指由苯乙烯单体经自由基加聚反应合成的聚合物,是世界上比较早实现工业化的塑料之一。

聚苯乙烯是一种无色透明的塑料,可用于制造仪器仪表外壳、灯罩、光导纤维等,极易染色,富有装饰性,常用来制作玩具。它有良好的电绝缘性,可用于制作电容器、高频线圈骨架等电子元器件。聚苯乙烯还大量用来制作可发性泡沫塑料制品,广泛用作仪表包装防震材料、隔热和吸音材料。

聚苯乙烯的不足之处在于其质脆、耐冲击强度差。通过同其他单体共聚可以大大改善其强度特性,如用 PS 同丙烯酸酯或丙烯酯类单体共聚制成的聚合物既有很好的透明度,又有较好的强度,做成的圆珠笔杆既美观又结实。图 10-4 所示为聚苯乙烯产品示例。

⑤ABS 树脂。

ABS 是一种以苯乙烯树脂为基料,通过丙烯腈、丁二烯和苯乙烯三种单体共聚或共混

|(a) 饭盒|(b) 泡沫|(c) 透明盖|

图 10-4　聚苯乙烯产品示例

制备而成的高强度树脂。ABS 树脂综合了三种组分的优点,综合性能非常优异,不仅抗冲击性好、硬度高,而且绝缘性和化学稳定性都好,这使 ABS 树脂在家电和汽车工业中得到了广泛的应用,如电视机、洗衣机等家用电器及仪器仪表的外壳,冰箱及其他冷冻设备的内胆,汽车仪表板及其他车用零件。ABS 树脂表面很容易电镀,电镀后的外观有金属光泽,提高了表面性能和装饰性。但 ABS 树脂不透明,可燃,耐热性不够高,长期使用温度为 60～70 ℃;耐气候性也较差,长期在户外使用容易褪色。图 10-5 所示为 ABS 树脂产品示例。

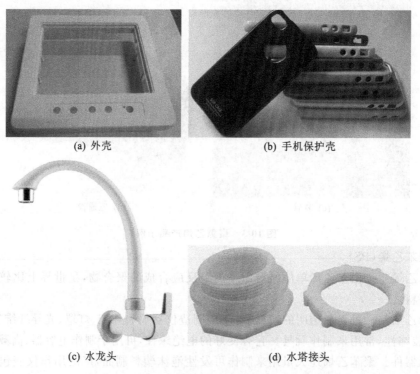

(a) 外壳　　　　　　　　(b) 手机保护壳

(c) 水龙头　　　　　　　(d) 水塔接头

图 10-5　ABS 树脂产品示例

⑥聚酰胺(PA)。

聚酰胺俗称尼龙,是由二元酸与二元胺通过缩聚反应聚合而成。尼龙表面光亮度好,无味、无毒、抗霉菌,且具有良好的综合性能,包括力学性能、耐热性、耐磨损性、耐化学药品性和自润滑性,且摩擦系数低,有一定的阻燃性,电绝缘性好,使用温度范围宽。但尼龙吸湿性大,对强酸、强碱等抵抗力差,易老化。

在应用方面,尼龙用来代替铜及其他有色金属制作机械、化工、电器零件,还可用来制造耐油食品包装膜及容器、输血管、织物等。图 10-6 所示为聚酰胺产品示例。

(a) 波纹管　　　　　　　(b) 齿轮类　　　　　　　(c) 导热材料

图 10-6　聚酰胺产品示例

⑦聚碳酸酯(PC)。

聚碳酸酯是一种线性碳酸聚酯,分子中碳酸基团与另一些基团交替排列,这些基团可以是芳香族,可以是脂肪族,也可以两者皆有。双酚 A 型 PC 是最重要的工业产品。聚碳酸酯有突出的耐冲击性、电绝缘性,使用温度范围较宽,耐蠕变性和耐气候性好,具有低吸水性,无毒,可自熄,而且是透明材料。

光盘材料是 PC 的重要用途。另外,聚碳酸酯还用于汽车工业的各种车灯、透镜、车床玻璃、内外装饰等;电子电气工业的电压电柜的绝缘件、接线板垫片、机床电机的保护开关等;机械行业中的高刚性、耐冲击的制作,如传递中小负荷的零部件及各种器材的外壳等;代替玻璃和金属作透明材料和结构材料,如矿灯、防爆灯罩,飞机、船只、车辆的挡风玻璃,温室的顶棚,交通灯罩,经改性还可作为激光传真、激光复印的精密透镜。图 10-7 所示为聚碳酸酯的产品示例。

(2)热固性塑料。

热固性塑料是指在受热或其他条件下能固化或具有不溶(熔)特性的塑料,如酚醛塑料、环氧塑料等。典型的热固性塑料有酚醛树脂(PF)、环氧树脂(EP)、不饱和聚酯(UP)等材料。它们具有耐热性高、受热不易变形等优点。缺点是机械强度一般不高,但可以通过添加填料、制成层压材料或模压材料来提高其机械强度。

①酚醛塑料。

酚醛塑料是由酚醛树脂加入填料、固化剂等添加剂经成形固化得到。该材料具有一定强度和硬度,绝缘性能良好,兼有耐热、耐蚀的优良性能,但不耐碱,脆性高,只适合模压,主要用来制造开关壳、线路板等各种电气绝缘件,较高温度下工作的零件,耐磨及防腐蚀材料。图 10-8 所示为酚醛塑料产品示例。

②环氧塑料。

环氧塑料是由环氧树脂加入固化剂填料或其他添加剂制成的。该材料收缩率低,强度高,韧性较好,耐水、酸、碱及有机溶剂,耐热耐寒性优良。环氧树脂浸渍纤维后,可用于制作环氧玻璃钢,常用作化工管道和容器、汽车、船舶及飞机等的零部件。

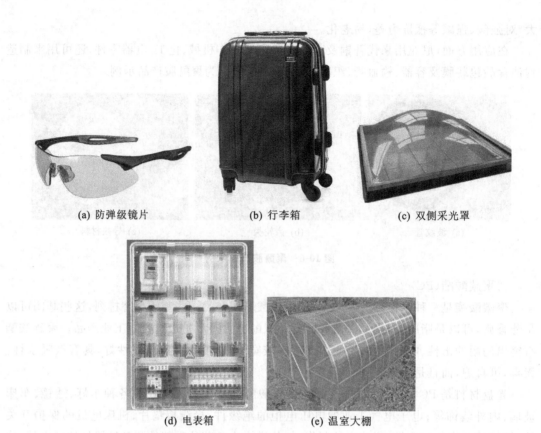

(a) 防弹级镜片　　　　　　　(b) 行李箱　　　　　　　(c) 双侧采光罩

(d) 电表箱　　　　　　　(e) 温室大棚

图 10-7　聚碳酸酯产品示例

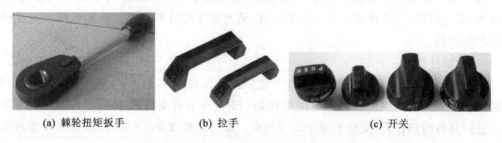

(a) 棘轮扭矩扳手　　　　　　　(b) 拉手　　　　　　　(c) 开关

图 10-8　酚醛塑料产品示例

10.1.2　橡胶

　　橡胶是具有可逆形变的高弹性聚合物材料,在室温下富有弹性,在很小的外力作用下能产生较大形变,去除外力后能恢复原状。橡胶属于完全无定型聚合物,它的玻璃化转变温度(T_g)低,分子量往往很大,大于几十万。

　　橡胶的分子链可以交联,交联后的橡胶受外力作用发生变形时,具有迅速复原的能力,并具有良好的物理力学性能和化学稳定性。橡胶是橡胶工业的基本原料,广泛用于制造轮胎、胶管、胶带、电缆及其他各种橡胶制品。

　　橡胶分为天然橡胶和合成橡胶。天然橡胶主要来源于三叶橡胶树,胶乳经凝聚、洗涤、成型、干燥制得。合成橡胶是由人工合成方法而制得的高分子弹性材料。合成橡胶按应用范围分为通用橡胶和特种橡胶。通用橡胶是指部分或全部代替天然橡胶使用的胶种,如丁苯橡胶、顺丁橡胶、异戊橡胶等,主要用于制造轮胎和一般工业橡胶制品。通用橡胶的需求量大,是合成橡胶的主要品种。特种合成橡胶是指具有耐热、耐寒、耐油、耐臭氧等特殊性能的合成橡胶。

1. 天然橡胶

天然橡胶是一种以聚异戊二烯为主要成分的天然高分子化合物,其成分中 91%～94% 是橡胶烃(聚异戊二烯),其余为蛋白质、脂肪酸、灰分、糖类等非橡胶物质。天然橡胶是应用最广的通用橡胶,具有优良的回弹性、绝缘性、隔水性及可塑性等,经过适当处理后还具有耐油、耐酸、耐碱、耐热、耐寒、耐压、耐磨等性质,大量用于制造轮胎、各种工业橡胶制品和生活用品。

2. 合成橡胶

1)丁苯橡胶

丁苯橡胶是由丁二烯和苯乙烯共聚制得的,是产量最大的通用合成橡胶,有乳聚丁苯橡胶、溶聚丁苯橡胶和热塑性丁苯橡胶(SBS)。

2)顺丁橡胶

顺丁橡胶是丁二烯经溶液聚合制得的,具有特别优异的耐寒性、耐磨性和弹性,还具有较好的耐老化性能。顺丁橡胶绝大部分用于生产轮胎,少部分用于制造耐寒制品、缓冲材料及胶带、胶鞋等。顺丁橡胶的缺点是抗撕裂性能较差,抗湿滑性能不好。

3)氯丁橡胶

它是以氯丁二烯为主要原料,通过均聚或少量其他单体共聚而成的。氯丁橡胶的优点是抗张强度高,耐热、耐光、耐老化性能优良,耐油性能均优于天然橡胶、丁苯橡胶、顺丁橡胶;有较强的耐燃性和优异的抗延燃性,其化学稳定性较高,耐水性良好。氯丁橡胶的缺点是电绝缘性能、耐寒性能较差,生胶在储存时不稳定。氯丁橡胶用途广泛,如用来制作运输皮带和传动带,电线、电缆的包皮材料,制造耐油胶管、垫圈及耐化学腐蚀的设备衬里。

10.2　粉末冶金材料

粉末冶金材料是指通过粉末冶金工艺制得的多孔、半致密或全致密材料(包括制品)。粉末冶金材料具有传统熔铸工艺所无法获得的独特的化学组成和物理、力学性能,如材料的孔隙度可控,材料组织均匀、无宏观偏析、可一次成型等。

10.2.1　粉末冶金材料的分类

1. 粉末冶金减摩材料

粉末冶金减摩材料通过在材料孔隙中浸润滑油或在材料成分中加减摩剂或固体润滑剂制得。材料表面间的摩擦系数小,在有限润滑条件下,使用寿命长、可靠性高;在干摩擦条件下,依靠自身或表层含有的润滑剂润滑,即具有自润滑效果。广泛用于制造轴承、支承衬套或作为端面密封等。

2. 粉末冶金多孔材料

粉末冶金多孔材料由球状或不规则形状的金属或合金粉末经成型、烧结制成。材料内部孔道纵横交错、互相贯通，一般有 30%～60% 的体积孔隙度，孔径为 1～100 μm。透过性能和导热、导电性能好，耐高温、低温，抗热震，抗介质腐蚀。用于制造过滤器、多孔电极、灭火装置、防冻装置等。

3. 粉末冶金结构材料

粉末冶金结构材料又称烧结结构材料，能承受拉伸、压缩、扭曲等载荷，并能在摩擦磨损条件下工作。由于材料内部有残余孔隙存在，其延展性和冲击值比化学成分相同的铸锻件低，从而使其应用范围受限。

4. 粉末冶金摩擦材料

粉末冶金摩擦材料由基体金属(铜、铁或其他合金)、润滑组元(铅、石墨、二硫化钼等)、摩擦组元(二氧化硅、石棉等)三部分组成。其摩擦系数高，能很快吸收动能，制动、传动速度快，磨损小；强度高，耐高温，导热性好；抗咬合性好，耐腐蚀，受油脂、潮湿影响小。主要用于制造离合器和制动器。

5. 粉末冶金工模具材料

粉末冶金工模具材料包括硬质合金、粉末冶金高速钢等。后者组织均匀，晶粒细小，没有偏析，比熔铸高速钢韧性和耐磨性好，热处理变形小，使用寿命长。可用于制造切削刀具、模具和零件的坯件。

6. 粉末冶金高温材料

粉末冶金高温材料包括粉末冶金高温合金、难熔金属和合金、金属陶瓷、弥散强化和纤维强化材料等。用于制造高温下使用的涡轮盘、喷嘴、叶片及其他耐高温零部件。

10.2.2 粉末冶金材料的应用

汽车、摩托车、纺织机械、工业缝纫机、电动工具、五金工具、电器、工程机械等铁铜基零件常常都是粉末冶金材料。

飞机和发动机上的刹车片、离合器摩擦片、松孔过滤器、多孔发汗材料、含油轴承、磁铁芯、电触点、高比重合金、硬质合金和超硬耐磨零件等因含有大量非金属成分或含有连通孔隙，都不能用普通铸、锻工艺制造，只能以粉末为原料经冷压、烧结等粉末冶金工艺来制造。

10.3 陶瓷材料

10.3.1 陶瓷材料的分类

陶瓷材料是将天然或合成化合物经过成形和高温烧结制成的一类无机非金属材料。它与金属材料、高分子材料一起称为三大固体材料。

陶瓷材料按成分划分为普通陶瓷(传统陶瓷)和特种陶瓷(现代陶瓷)两大类。普通陶瓷材料采用天然原料如长石、黏土和石英等烧结而成,是典型的硅酸盐材料,主要组成元素是硅、铝、氧。普通陶瓷来源丰富、成本低、工艺成熟,按性能特征和用途又可分为日用陶瓷、建筑陶瓷、电绝缘陶瓷、化工陶瓷等。

特种陶瓷材料是指采用高纯度人工合成的原料,利用精密控制工艺成形烧结制成,一般具有某些特殊性能,以适应各种需要。根据其主要成分,有氧化物陶瓷、氮化物陶瓷、碳化物陶瓷、金属陶瓷等。特种陶瓷具有特殊的力学、光、声、电、磁、热等性能。

陶瓷材料按使用性能可以划分为工程(结构)陶瓷和功能陶瓷。工程陶瓷是指具有优良的力学性能,用来制造结构件的陶瓷材料,如超硬陶瓷、高强度陶瓷等。功能陶瓷是指具有特殊物理性能,用来制作功能器件的陶瓷材料,如氧化铁、铁电陶瓷、压电陶瓷、生理陶瓷等,超导材料和光导纤维也属于功能陶瓷材料。

10.3.2　陶瓷材料的组织结构

陶瓷材料的化学组成、结合键类型和显微组织结构是决定性能的最本质因素。普通陶瓷的典型组织是由晶体相、玻璃相、气相三部分组成,如图10-9所示。特种陶瓷的原料纯度高,组成比例单一。陶瓷的性能不仅与组成相有关,还与组成相的数量、大小、分布等因素有着密切的关系。

1. 晶体相

晶体相是由一些化合物或和以化合物为基的固溶体组成,是陶瓷材料的主要组成相,对性能影响最大。陶瓷相中的晶体相有很多种,可分为主晶相、次晶相和第三晶相等。陶瓷中的晶体相决定了

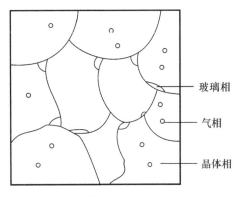

图 10-9　陶瓷的显微组织示意图

陶瓷的性能,其结构、数量、形态和分布决定了陶瓷的主要特点和应用。陶瓷中晶体相的种类主要有硅酸盐、氧化物和非氧化物。

2. 玻璃相

玻璃相是陶瓷材料在高温烧结时各组成物及杂质发生一系列物理、化学反应后经冷却形成的一种非晶态物质。玻璃相的作用是将分散的晶体相黏结在一起,抑制晶相长大,填充气孔致密陶瓷等。但是玻璃相的强度低,热稳定性差,导致陶瓷在高温下容易产生蠕变,降低其高温强度。玻璃相结构疏松,其空隙中常有金属离子填充,降低了陶瓷的绝缘性。玻璃相对陶瓷材料的介电性能、耐热、耐火性能等都是不利的,因此玻璃相的含量不能太大,一般为 20%～40%。

3. 气相

气相指陶瓷组织内形成的气孔,通常为 5%～10%,特种陶瓷要求在 5%以下。气孔是应力集中的地方,常常是裂纹的发源处。气孔的存在会降低陶瓷材料的强度,会使陶瓷材料的介电损耗增大,抗电击穿强度下降,热导率下降,还可使光线散射而降低陶瓷的透明度。因此,除了特制的多孔陶瓷外都希望尽量降低气孔含量,力求气孔小、数量少、分布均匀。

10.3.3 陶瓷材料的性能

1. 力学性能

陶瓷材料具有很高的硬度、耐磨性和弹性模量。绝大多数陶瓷的硬度和弹性模量远高于金属和高聚物,如各种陶瓷的硬度多数为 $1000\sim1500$ HV,淬火钢为 $500\sim800$ HV,而高聚物不超过 20 HV。例如,氧化铝陶瓷(95% Al_2O_3)的弹性模量约为 3.655×10^5 MPa,钢的弹性模量一般为 $1.9\times10^5\sim2.2\times10^5$ MPa,而尼龙 6 的弹性模量为 $830\sim2600$ MPa。但陶瓷的成分、组织不纯,内部杂质多,存在各种缺陷,并有大量气孔,致密度小,导致其实际抗拉强度比本身的理论强度要低很多。

陶瓷材料的抗拉强度虽然很低,但其抗压强度却比较高,一般是抗拉强度的 $10\sim20$ 倍。这是由于陶瓷受压时,气孔不易导致裂纹的扩展而造成的。另外,陶瓷材料具有良好高温强度,高温抗蠕变能力强,且有很强的抗氧化性,适宜做高温材料。

陶瓷材料最大的弱点是具有很低的塑性和韧度,在室温下几乎没有塑性。

2. 物理、化学性能

1)热性能

陶瓷材料的熔点高,具有很好的耐热性。热膨胀系数小,热导率低,热容小,导热性比金属小得多,是优良的绝热材料。但是其热稳定性很低,这也是陶瓷材料的一个主要缺点。

2)电性能

由于离子晶体无自由电子,所以大多数陶瓷是良好的绝缘体,少数为半导体和超导体。

3)光学性能

陶瓷材料由于晶界、气孔的存在,一般是不透明的。但可以通过烧结机制和晶粒控制将不透明的氧化物陶瓷烧结成透光的透明陶瓷。

特殊光学陶瓷不仅具有透光性,还具有导光性、光反射性等功能,可用于制造固体激光器材料、光导纤维材料、红外光学材料等。

4)化学性能

陶瓷的结构非常稳定。在以离子晶体为主的陶瓷中,金属原子被包围在非金属原子的间隙中,不能与介质中的氧发生作用,甚至在 1000 ℃以上的高温中也不会被氧化。此外,陶瓷对酸、碱、盐等均有较强的抗腐蚀性能,不易与金属熔体(如铜、铝)发生作用,可作为极好的耐蚀材料和坩埚材料。

10.3.4 常用工程结构陶瓷材料

1. 氧化物陶瓷

1)氧化铝陶瓷

这种陶瓷的主要成分是 Al_2O_3 和 SiO_2。Al_2O_3 的含量越高,性能越好。一般 Al_2O_3 的体积分数都在 95% 以上,故又称高铝陶瓷。其主要晶相是刚玉($\alpha\text{-}Al_2O_3$)晶体,高铝陶瓷的玻璃相与气孔很少。

氧化铝陶瓷耐高温,熔点高达 2050 ℃,可在 1600 ℃下长期使用,具有很好的热硬性,其硬度仅次于金刚石、立方氮化硼、碳化硼和碳化硅，比硬质合金还硬。氧化铝陶瓷耐酸碱的侵蚀能力强，韧度低、脆性大，不能承受温度的急剧变化，广泛用于制作高速切削的刀具，加工难以切削的材料，也可制作量具及熔化金属的坩埚、高温热电偶、保护套管等，如图10-10所示。

(a) 坩埚　　　　　　　(b) 散热片　　　　　　　(c) 套管

图 10-10　氧化铝陶瓷产品示例

2）氧化镁陶瓷

这种陶瓷的主晶相是 MgO 离子晶体。该陶瓷能抵抗各种金属碱性碴的作用，故可以用于制作坩埚，来熔炼高纯度的铁、钼、镁等金属，以及制作炉衬的耐火砖。但其热稳定性差，在高温下易挥发。

3）氧化锆陶瓷

这种陶瓷的主晶相是 ZrO_2 离子晶体，能耐很高的温度（＜2300 ℃），还能抵抗熔融金属的侵蚀，室温下为绝缘体，在 1000 ℃以上为导体。可用做熔炼铂、铑等金属的坩埚和高温电极。此外，用氧化锆作添加剂可极大提高陶瓷材料的强度和韧性，如用氧化锆增韧氧化铝陶瓷材料，可比原来的强度和韧性提高 3 倍左右。

2. 氮化物陶瓷

1）氮化硅陶瓷

氮化硅陶瓷除具有陶瓷共有的特点外，其热膨胀系数比其他陶瓷材料的小，有良好的抗热性能和耐热疲劳性能。在空气中使用到 1200 ℃以上仍能保持其强度。这种陶瓷的摩擦因数小，有自润滑性，因此耐磨性良好，化学稳定性高，除氟化氢外，可耐无机酸和碱的腐蚀，并能抵抗熔融铝、铅、镍等非铁金属的侵蚀。此外，还具有优良的电绝缘性。氮化硅陶瓷主要用于制造形状复杂、尺寸精度高的零件，如各种潜水泵和船用泵的密封环、化工球阀的阀芯、高温轴承等，也可以制作切削刀具、热电偶管等，如图 10-11 所示。

2）氮化硼陶瓷

氮化硼陶瓷具有石墨性六方结构，有自润滑性能、良好的耐热性及化学稳定性，常用于制作高温轴衬、高温模具等耐摩擦的零件。能耐 2000 ℃的高温，是仅次于金刚石的超硬材料。可用做制作金属切削刀具，适用于高硬度金属材料的精加工和有色金属的粗加工。

3）碳化物陶瓷

此类陶瓷具有优异的高温强度，其抗弯强度在 1400 ℃时仍然保持为 300～600 MPa，高于其他陶瓷材料。此外，它还具有很高的热传导能力、良好的热稳定性、耐磨性、耐蚀性和抗蠕变性，可用作高温零件，如火箭喷嘴、热电偶套管、高温热交换材料等，此外还可制作各种泵的密封圈、砂轮、磨料等。

(a) 全陶瓷轴承　　　　　　　(b) 热电偶管

图 10-11　氮化硅陶瓷产品示例

4）金属陶瓷

金属陶瓷是由金属或合金与陶瓷组成的非均质复合材料。它综合了金属和陶瓷的优良性能，即把金属的抗热性能和韧性与陶瓷的硬度、耐热性、耐蚀性综合起来，形成了具有高强度、高韧性、高耐蚀性和高的高温强度的新型材料。

金属陶瓷中常用的金属有铁、铬、镍、钴及其合金，它们起黏结作用，也称黏合剂。而常用的陶瓷材料有各种氧化物、碳化物和氮化物，它们是金属陶瓷的基体。

通常作为工具使用的金属陶瓷，其成分以陶瓷（氧化物和碳化物）为主，而作为结构材料的金属陶瓷，则以金属为主。而实际使用的大多数是以陶瓷为主的金属陶瓷，已在切削工具方面得到广泛的应用。而作为结构材料使用的金属陶瓷，其应用范围也在逐渐扩大。例如，氧化铝基金属陶瓷目前主要用做工具材料，广泛地用于高速切削，能加工硬的材料，如淬火钢等。氧化铝基金属陶瓷在增加金属含量后逐渐用于制作喷嘴、热拉丝模、耐蚀轴承、环规和机械密封圈等零件。

10.4　复合材料

复合材料是将两种或两种以上物理、化学性质不同的材料组合起来的一种多相固体材料。复合材料不仅保留了组成材料各自的优点，而且从各组成材料之间取长补短、共同协作，形成优于原组成材料的综合性能。

复合材料是多相材料，组成包括基体相和增强相。基体相是一种连续材料，黏结改善性能的增强相材料，传递应力。增强相起承受应力和显示功能的作用。这两类相可以是高聚物、陶瓷或金属。例如，炭黑填充聚乙烯导电复合材料有两个相：其一是聚乙烯，主要是起黏结作用，称为基体相或基体材料；其二是炭黑，主要是起到导电作用，称为增强相或增强材料。因此复合材料最大的优点是性能比组成材料好，综合性能优越。

10.4.1　复合材料的分类

复合材料的分类方式有很多种，根据基体材料、增强材料的形态、复合材料的用途可以划分为以下三类。

1. 按基体材料分类

按照基体材料可以划分为以下三种：一是金属基复合材料，如纤维增强金属等；二是高聚物复合材料，如纤维增强塑料、轮胎等；三是陶瓷复合材料，如混凝土等。

2. 按增强材料的形态分类

按增强材料的形态可以分为连续纤维增强复合材料、颗粒增强复合材料、层状增强复合材料。图 10-12 所示为不同形态的复合材料。

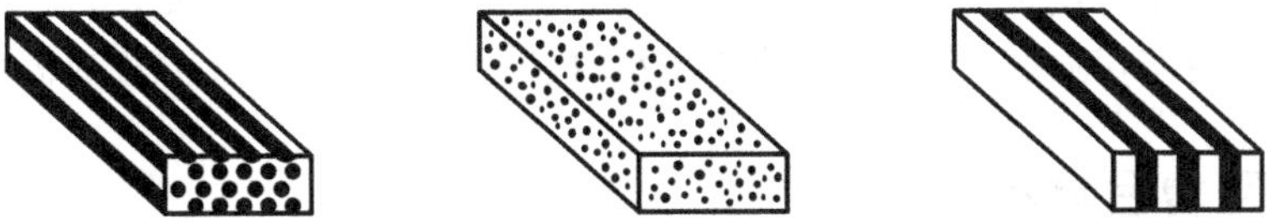

(a)连续纤维增强复合材料　　(b)颗粒增强复合材料　　(c)层状增强复合材料

图 10-12　不同形态的复合材料

3. 按复合材料的用途分类

按复合材料的用途可以分为结构复合材料和功能复合材料两大类。结构复合材料主要利用力学性能来制造各种承受力的结构和零件；功能复合材料是指具有某种特殊的物理或化学性能的材料，可用来制造光学、电学、声学、导热、磁性等相应元件。

10.4.2　复合材料的性能特点

1. 比强度和比模量高

复合材料突出性能特点是，比强度（抗拉强度/密度）和比模量（弹性模量/密度）比其他材料高得多。例如，碳纤维增强环氧树脂复合材料的比强度为钢的 8 倍，比模量为钢的 3.5 倍。这对需要减轻自重而保持高强度和高刚度的结构件尤为重要。

2. 疲劳强度较高

复合材料的疲劳强度较高。例如，多数金属材料疲劳强度只有抗拉强度的 40%～50%，而碳纤维增强复合材料的疲劳极限相当于其抗拉强度的 70%～80%。这是由两种材料裂纹扩展的机理不同所引起的差别。金属材料疲劳断裂时，裂纹沿拉应力方向迅速扩展而造成突然断裂；而碳纤维增强复合材料基体中密布着大量的纤维，裂纹的扩展要经历非常曲折的路径。

3. 减振性能好

由于复合材料的自振频率高，可以避免共振，而且复合材料的纤维与基体的界面具有吸振能力，所以复合材料的减振性能好。

4. 抗断裂性能强

纤维增强复合材料由大量单根纤维合成，受载后即使有少量纤维断裂，载荷也会迅速重新分布，由未断裂的纤维承担，使构件不至于一时失去承载能力而断裂，故其抗断裂性能能强，断裂安全性好。

5. 高温性能好

由于增强纤维一般在高温下仍保持高的强度和弹性模量，所以用它们增强的复合材料的高温强度和弹性模量均较高,特别是金属基复合材料。例如,一般铝合金,其强度在 400 ℃时降至室温的 1/10 以下,而用石英玻璃增强铝基复合材料,在 500 ℃下能保持室温强度的 40%。

6. 其他性能

复合材料还具有良好的自润滑减摩性、耐磨性、化学稳定性好、隔热、隔音、阻燃等许多性能特点。

复合材料的主要缺点是成本高,这样就极大限制了其使用范围。此外,复合材料还有横向拉伸强度和层间剪切强度较低,断裂伸长率小,抗冲击低,成型工艺方法尚需改进等缺点。

10.4.3 常用复合材料

目前由于复合材料具有重量轻、强度高、加工方便、弹性优良、耐化学腐蚀和耐候性好等特点,已逐步取代木材及金属合金,广泛应用于航空航天、汽车、电子电气、建筑、健身器材等领域,在近几年更是得到了飞速发展。常用复合材料如表 10-1 所示。

表 10-1 常用复合材料

类别	名 称	主要性能及特点	用 途 举 例
纤维复合材料	玻璃纤维复合材料(包括织物,如布、带等,又称玻璃钢)	热固性树脂与纤维复合,相对密度小、强度高、绝缘绝热、易成形、抗冲击强度高、耐蚀、收缩小。热塑性树脂与纤维复合,常温成形工艺性、强度、刚度、耐热性等一般比热固性的差,但低温韧性、注射成形性较好	主要用于耐磨、耐蚀、无磁、绝缘、减磨及一般机械零件、管道、泵阀、汽车及船舶壳体、容器;人造卫星、导弹和火箭的外壳(耐烧蚀层)
	碳纤维、石墨纤维复合材料	碳-树脂复合、碳-碳复合、碳-陶瓷复合等,比强度、比刚度高、线膨胀系数小,耐摩擦磨损性和自润滑性好、耐蚀、耐热	在航空、宇航、原子能等工业中用于压气机叶片、发动机壳体、轴瓦、齿轮、机翼
	硼纤维复合材料	硼与环氧树脂或铝复合,比强度、比刚度高	用于飞机、火箭构件,减重 25%～40%
	晶须复合材料(包括自增强纤维复合材料)	晶须是单晶,无空穴、位错等缺陷,机械强度特别高,如 Al_2O_3、SiC 等晶须。用晶须毡与环氧树脂复合的层压板,抗弯模量可达 70000 MPa	可用于涡轮叶片
	石棉纤维复合材料	有温石棉及闪石棉(包括织物,如布、带),前者不耐酸;后者耐酸、较脆	与树脂复合,用于密封件、制动件、绝热材料等
	植物纤维复合材料	木纤维或棉纤维与树脂复合而成的纸板、层压布板,综合性能好,绝缘(包括木材、纸、棉、布、带等)	用于电绝缘、轴承、建筑复合板材
	合成纤维复合材料	尼龙、聚酯纤维增强橡胶,使强度、韧性、抗撕裂性大大提高	用于轮胎、胶带、胶管等

续表

类别	名　称	主要性能及特点	用途举例
颗粒复合材料	金属粒与塑料复合材料	金属粉加入塑料,可改善导热性及导电性、降低线膨胀系数	铅粉加入塑料作 γ 射线的罩屏及隔音材料、轴承材料
	陶瓷粒与金属复合材料(又称金属陶瓷)	提高高温耐磨性、耐蚀性、润滑性等性能(如硬质合金)	高速切削材料及高温材料;碳化铬用于制作耐腐蚀、耐磨喷嘴、重载轴承、高温无油润滑件;钴基碳化钨用于切割、拉丝模、阀门;镍基碳化钨用作火焰喷管嘴等高温零件
	弥散强化复合材料	尺寸小于 $0.1\mu m$ 的硬质粒子均匀分布在金属中,使强度、耐热性大大提高	用于耐热件、比强度高的工件
层叠复合材料	多层复合材料	钢-多孔性青铜-塑料三层复合	轴承、热片、球头座耐磨件
	玻璃复层材料	两层玻璃件夹一层聚乙烯醇缩丁醛	用于安全玻璃
	塑料复层材料	普通钢板上覆一层塑料,以提高耐蚀性	用于化工及食品工业
骨架复合材料	多孔浸渍材料	多孔材料浸渍低摩擦系数的油脂或氟塑料	可作油枕及轴承,浸树脂的石墨作抗磨材料
	夹层结构材料	质轻,抗弯强度大	可作飞机机翼、舱门、大电机罩、铝塑板等

10.5　其他材料

10.5.1　纳米材料

纳米(nm)是一种长度单位,$1\ nm = 10^{-9}\ m$,多晶体的晶粒尺度通常都在微米级(为 $10^{-6}\ m$),而纳米材料是指组成颗粒至少在一维尺寸小于 100 nm 的材料。

纳米材料是以维数尺寸定义的材料,它包含所有的材料种类,具有截然不同于块状材料的电学、磁学、光学、热学、化学或力学性能。纳米材料与其他材料相比,具有独特的性能。比如,纳米陶瓷材料可以塑性变形,纳米铁的断裂应力比一般铁材料高 12 倍,TiO_2 纳米材料具有奇特的韧性。

纳米材料的特殊性能是由纳米材料的特殊结构引起的,具有四大效应,即小尺寸效应、量子效应(宏观量子隧道效应)、表面效应和界面效应,从而具有传统材料所不具备的物理、化学性能。

纳米材料的研究贯穿整个材料科学领域,是一门综合性研究,涉及所有材料种类,必将在未来生活中扮演重要角色。

10.5.2　功能材料

　　功能材料是指那些具有优良的电学、磁学、光学、热学、声学、力学、化学、生物医学功能，特殊的物理、化学、生物学效应，能完成功能相互转化，主要用来制造各种功能元器件而被广泛应用于各类高科技领域的高新技术材料。

　　功能材料的种类繁多，分类的方法有很多种。功能材料按照材料的类别可分为金属功能材料、无机非金属功能材料、高分子功能材料和复合功能材料。按显示功能的过程可分为一次功能材料和二次功能材料。一次功能材料起能量传输作用，向材料输入的能量形式与从材料输出的能量形式相同，因此也可称为载体材料；二次功能材料起能量转换作用，向材料输入的能量和输出的能量形式不同，因此也可称为功能转换材料。

　　功能材料种类繁多，用途广泛，正在形成一个规模宏大的高技术产业群，有着十分广阔的市场前景和极为重要的战略意义。世界各国均十分重视功能材料的研发与应用，它已成为世界各国新材料研究发展的热点和重点，也是世界各国高技术发展中战略竞争的热点。

习题

　　1.热固性塑料与热塑性塑料在性能上有何区别？主要有哪些品种？如果要求耐热性好，应选择用何种塑料？

　　2.试以机械设备中两三种塑料零件为例，分析它们选用塑料的原因。

　　3.要求耐油的零件选用什么橡胶？什么橡胶既可作为通用橡胶，又可作为特种橡胶？

　　4.粉末冶金材料有哪些种类及用途？

　　5.一般陶瓷材料的组织存在哪几种基本相？各起什么作用？

　　6.什么是复合材料？它的结构有何特点？试举一纤维复合材料应用的例子，简述其增强原理。

　　7.纳米材料与其他材料相比，有哪些特殊的性能？

第*11*章 机械零件的失效与选材

【内容简介】

本章主要介绍机械零件失效的基本形式、零件失效原因、失效分析在选材中的重要性、典型零件的材料选择原则及加工工艺路径的制订等内容。

【学习目标】

(1)掌握零件失效的基本形式。

(2)掌握典型零件的选材及热处理工艺安排。

(3)理解零件失效类型及原因。

(4)了解失效分析在选材中的意义。

作为机械设计与制造的工程技术人员,必须学会合理选择材料,这将直接关系到产品的质量和经济效益。选材时必须全面分析机械零件的工作条件、受力状态、工作环境和零件失效等各种因素,提出满足机械零件性能的要求,再选择合适的材料和制定相应的加工工艺。因此,机械零件材料的选用是一个很重要的工作,必须全面综合考虑。

11.1 机械零件的失效

11.1.1 失效的概念

失效是指零件失去正常工作应具有的效能。零件在使用过程中出现下列情况:零件完全破坏,不能继续工作;严重损伤,继续工作不安全;虽能安全工作,但已不能满足预定的作用。只要发生上述三种情况中的任何一种,都认为零件已经失效。特别是那些没有明显预兆的失效,往往会带来严重的后果和巨大的损失,甚至会导致重大的事故。因此要对零件的失效进行分析,找出失效的原因,提出预防措施,为提高产品质量、重新设计选材和改进工艺提供依据。

11.1.2 零件失效类型及原因

1. 失效类型

一般机械零件常见的失效形式可分为过量变形失效、断裂失效和表面损伤失效三种。

1)过量变形失效

过量变形包括过量弹性变形、过量塑性变形和蠕变等。

过量弹性变形是由于构件刚度不足造成的。因此,要预防过量弹性变形失效,应选择弹性模量高的材料制作构件或增加构件截面积。

过量塑性变形是由于构件的强度不够(塑性变形抗力太小)造成的,可以从改变工艺或更换材料及改进设计的角度来解决这一问题,还可通过降低工作应力来阻止这种变形。

蠕变是由于在长期高温和应力作用下,零件蠕变变形不断增加造成的。在恒定载荷和高温下,蠕变一般是不可避免的。

2)断裂失效

断裂包括静载荷和冲击载荷下的断裂、疲劳断裂及应力腐蚀破裂等。

断裂是金属材料最严重的失效形式,特别是在没有明显塑性变形的情况下突然发生的脆性断裂,往往会造成灾难性事故。防止零件脆断的方法是准确分析零件所受的应力及应力集中的情况,选择满足强度要求并具有一定塑性和韧性的材料。

3)表面损伤

表面损伤包括过量磨损、腐蚀破坏、表面疲劳麻坑等。

表面过量磨损是由于摩擦使零件表面损伤,如使零件尺寸变化、重量减少、精度降低、表面粗糙度增加,甚至发生咬合等而不能正常工作。通常可采用表面强化处理(渗碳、渗氮)来提高材料的耐磨性。

材料表面和周围介质发生化学或电化学反应引起表面腐蚀损伤也会造成零件失效。这种腐蚀失效与材料的成分、结构和组织有关,当然与介质的性质也有关系。腐蚀失效较复杂,选材时应尽可能选用一些抗腐蚀性能良好的材料。

相互滚动接触的零件工作过程中,由于接触面作滚动或滚动加滑动摩擦和交变接触压应力的长期作用引起表面疲劳,接触表面会出现很多麻坑。为了提高零件的抗表面接触疲劳能力,常采用提高零件表面硬度和强度的方法,如表面淬火、化学热处理,使表面硬化层有一定的深度。同时也可以采用提高材料的纯洁度、限制夹杂物数量和提高润滑剂的黏度等方法。

典型零件工作条件、失效形式及要求的力学性能如表 11-1 所示。

表 11-1 典型零件工作条件、失效形式及要求的力学性能

零件 (工具)	工作条件			常见失效形式	主要力学性能
	应力种类	载荷性质	其他		
普通紧 固螺栓	拉、切应力	静	—	过量变形、断裂	屈服强度及抗 剪强度、塑性
传动轴	弯、扭应力	循环、冲击	轴颈处摩擦、 振动	疲劳断裂、过量 变形、轴颈处磨损、 咬蚀	综合力学性能
传动 齿轮	压、弯应力	循环、冲击	强烈摩擦、振 动	磨损、麻点剥落、 齿折断	表面硬度及弯曲 疲劳强度、接触疲 劳强度、心部屈服 强度、韧性

续表

零件 (工具)	工 作 条 件			常见失效形式	主要力学性能
	应力种类	载荷性质	其　他		
弹簧	扭应力（螺旋簧）弯应力（板簧）	循环,冲击	振动	弹性丧失,疲劳断裂	弹性极限、屈强比、疲劳强度
油泵柱塞副	压应力	循环、冲击	摩擦、油的腐蚀	磨损	硬度,抗压强度
冷作模具	复杂应力	循环、冲击	强烈摩擦	磨损、脆断	硬度,足够的强度、韧度
压铸模	复杂应力	循环、冲击	高温度、摩擦、金属液腐蚀	热疲劳、脆断、磨损	高温强度、热疲劳强度、韧度与热硬性
滚动轴承	压应力	循环、冲击	强烈摩擦	疲劳断裂、磨损、麻点剥落	接触疲劳强度、硬度、耐蚀性
曲轴	弯、扭应力	循环、冲击	轴颈摩擦	脆断、疲劳断裂、咬蚀、磨损	疲劳强度、硬度、冲击疲劳强度、综合力学性能
连杆	拉、压应力	循环、冲击	—	脆断	抗压强度、冲击疲劳强度

2. 失效原因

零件的失效涉及零件的设计、材料的选用、加工和安装等多方面原因。

1）设计不合理

设计中的不合理最常见的是零件几何结构和尺寸不合理,例如,有尖角、尖锐切口和过小的过渡圆角等造成应力集中。另外就是对零件的工作条件估计错误,如对零件在工作中可能出现的过载估计不足,对环境的恶劣程度估计不足,也会造成零件实际工作能力的降低,从而导致零件失效。

2）选材不合理

设计时一般以材料的强度极限和屈服极限等常规性能指标为依据,而这些指标有时根本不是实际生产中防止某些形状复杂件失效的适当判据,导致所选材料的性能数据不符合要求。另外,材料中的冶金质量太差,如存在夹杂物、偏析等缺陷,而这些缺陷通常是零部件失效的发源地。

3）加工工艺不当

机械零件加工工艺制定不恰当及操作者的失误或意外损伤都有可能造成零件的失效。例如:冷加工不当可造成过高的残余应力、过深的刀痕及磨削裂纹等;热处理不当可造成过热、氧化脱碳、淬火裂纹、回火不足等;锻造不当可造成带状组织、过热、过烧等现象。

4）安装使用不当

机器零件装配不合理、装配精度低是安装过程中常见的失效原因。例如,安装时配合松紧程度不当、对中不良、固定不牢等;而使用过程中造成失效的主要原因包括设备不合理的服役条件(如超速、过载、化学腐蚀)、不正确操作等。

以上只讨论了导致失效的四个主要原因,实际情况往往很复杂,一个零件的失效可能是由多种因素造成的。要注意考察分析设计、选材、加工和安装使用等各方面可能出现的问题,逐一排除各种可能失效的原因,找出真正起决定性作用的失效原因。

3. 失效分析的方法步骤

(1)进行现场调查研究,尽量仔细收集失效零件的残骸,并拍照记录实况,从而确定重点分析的对象,样品应取自失效的发源部位。

(2)详细记录并整理失效零件的有关资料,如设计图纸、加工方式及使用情况等。

(3)对所选定的试样进行宏观和微观分析,利用扫描电镜断口分析确定失效发源地和失效方式,做金相分析以确定材料的内部质量。

(4)样品有关数据的测定:性能测试、组织分析、化学成分分析及无损探伤等。

(5)断裂力学分析。

(6)最后综合各方面分析资料做出判断,确定失效的具体原因,并提出改进措施。

11.2 机械零件选材的一般原则

在掌握各种工程材料性能的基础上,正确、合理地选择和使用材料是从事工程构件和机械零件设计与制造的工程技术人员的一项重要任务。

11.2.1 材料选择原则

材料的选择要做到合理化,既要满足零件使用性能和工艺性能,又要最大限度地发挥材料的潜力,同时还要考虑到提高材料强度的使用水平,尽量减少材料的消耗和降低加工的成本。

1)使用性原则

零件的使用性能是保证零件工作安全可靠、经久耐用的必要条件。因此,材料的力学性能、物理性能、化学性能等应能满足零件的使用性能要求。

对一般机械零件来说,应主要考虑材料的力学性能。对非金属材料制成的零件或构件,还应关注其工作环境,因为非金属材料对环境因素(温度、光、水、油等)的敏感程度要远大于金属材料。

2)工艺性原则

材料的工艺性能表示材料加工的难易程度。任何零部件都要通过一定的加工工艺才能制造出来。因此在满足使用性能选材的同时,必须兼顾材料的工艺性能。工艺性能的好坏,直接影响零部件的质量、生产效率和成本。当工艺性能与使用性能相矛盾时,有时正是从工艺性能考虑,使得某些使用性能合格的材料不得不被放弃,工艺性能成为选择材料的主导因素。工艺性能对大批量生产的零部件尤为重要,因为在大批量生产时,工艺周期的长短和加工费用的高低,常常是生产的关键。

金属材料的工艺性能是指金属适应某种加工工艺的能力,主要是切削加工性能、材料的成型性能(铸造、锻造、焊接)和热处理性能(淬透性、变形、氧化和脱碳倾向等)。

(1)铸造性能主要指流动性、收缩性、热裂倾向性、偏折和吸气性等。接近共晶成分合金的铸造性能最好。铸铁、硅铝明等一般都接近共晶成分。铸造铝合金和铜合金的铸造性能优于铸铁,铸铁又优于铸钢。

(2)锻造性能主要指冷、热压力加工时的塑性变形能力及可热压力加工的温度范围、抗氧化性和对加热、冷却的要求等。低碳钢的锻造性最好,中碳钢次之,高碳钢则较差。低合金钢的锻造性能接近中碳钢。高碳合金钢(高速钢、高镍铬钢等)由于导热性差、变形抗力大、锻造温度范围小,其锻造性能较差,不能进行冷压力加工。形变铝合金和铜合金的塑性好,其锻造性能较好。铸铁、铸造铝合金不能进行冷热压力加工。

(3)切削加工性能是指材料接受切削加工的能力。一般用切削硬度、被加工表面的粗糙度、排除切屑的难易程度及对刀具的磨损程度来衡量。材料硬度在 160～230 HB 范围内时,切削加工性能好。硬度太高,则切削抗力大,刀具磨损严重,切削加工性能下降。硬度太低,则不易断屑,表面粗糙度加大,切削加工性能也差。高碳钢具有球状碳化物组织时,其切削加工性优于层片状组织。马氏体和奥氏体的切削加工性能差。高碳合金钢(高速钢、高镍铬钢等)的切削加工性能也差。

(4)焊接性能是指金属接受焊接的能力。一般以焊接接头形成冷裂或热裂及气孔等缺陷的倾向大小来衡量。含碳量大于 0.45% 的碳钢和含碳量大于 0.38% 的合金钢,其焊接性能较差,碳含量和合金元素含量越高,焊接性能越差,铸铁则很难焊接。铝合金和铜合金,由于易吸气、散热快,其焊接性能比碳钢差。

(5)热处理性能主要指淬透性、变形开裂倾向及氧化、脱碳倾向等。钢和铝合金、钛合金都可以进行热处理强化。合金钢的热处理工艺性能优于碳钢。形状复杂或尺寸大、承载高的重要零部件要用合金钢制作。碳钢含碳量越高,其淬火变形和开裂倾向越大。选用渗碳钢时,要注意钢的过热敏感性;选用调质钢时,要注意钢的高温回火脆性;选用弹簧钢时,要注意钢的氧化、脱碳倾向。

3)经济性原则

从经济性考虑,应尽量选用价格低廉、供应充足、加工方便、总成本低的材料,而且尽量减少所选材料的品种、规格,以简化供应、保管等工作。通常情况下,在满足零件使用性能的前提下,尽量优先选用价廉的材料。能选用碳钢的,就不要选用合金钢;能选用普通低合金钢的,就不要选用中、高合金钢。

必须指出一点,选材时,不能片面强调成本及费用而忽视在使用过程中的经济效益问题。例如,汽车发动机曲轴的质量直接关系到整机的使用。不能片面追求价廉而忽视曲轴的质量,否则一旦零件失效,就会造成整机失效。为了确保零件的使用寿命,需全面考虑,即使材料价格过高,制造成本较高,也是经济合理的。

11.2.2　材料选择步骤

选材一般按以下几个步骤进行。
(1)根据零件的服役条件、形状尺寸与应力状态确定零件的技术条件。
(2)通过分析或试验,找出零件在实际使用过程中的主要失效抗力指标,以此进行选材。
(3)根据计算,确定零件应具有的主要力学性能指标,正确选材,使所选材料满足主要力学性能指标要求,同时考虑工艺性的要求。

(4)如需热处理或使用强化方法时,应提出所选原材料的供应状态下的技术要求。

(5)所选材料应进行经济性的审定。

(6)试验、投产。

11.3 典型零件的选材及热处理工艺的选择

在合理选材的基础上,正确、合理地安排热处理也是一项重要而复杂的任务。材料只有经过合理的热处理,才能充分发挥其内在潜力,更好地赋予零件所需要的力学性能。

11.3.1 轴类零件

1. 工作条件

轴是各种机器中最基本而且关键的零件。轴在运行过程中,承受交变扭转载荷,还可能有交变弯曲或拉、压载荷;轴颈处要求具有较高的硬度和耐磨性等。

2. 失效形式

失效形式包括过量变形、断裂、疲劳及磨损失效。

3. 性能要求

具有良好的综合机械性能,以防断裂及过量变形;高的疲劳抗力,防止疲劳断裂;轴颈处有良好的耐磨性。

4. 选材

一般轴类零件按照强度设计来选材,同时考虑材料的冲击韧性和表面耐磨性。通常选用中碳钢或中碳合金调质钢,主要钢种有 45、40Cr、40MnB、40CrNiMo、35CrMo 等。

5. 典型轴

(1)车床主轴(见图 11-1)是典型的受扭转—弯曲复合作用的轴件,承受的应力冲击载荷不大,如果使用滑动轴承,轴颈处要求耐磨。

车床主轴的选材及工艺路线如下。

材料:45 钢。

图 11-1 车床主轴

热处理:整体调质,轴颈及锥孔表面淬火。

性能:整体硬度 220～240 HBS,轴颈及锥孔处硬度52 HRC。

工艺路线:锻造→正火→粗加工→调质→精加工→轴颈处表面淬火及低温回火→磨削。

正火——消除锻造应力及组织不均匀性,得到合适的硬度 170～230 HBS,以便切削加工。

调质处理——提高主轴的综合机械性能,以满足零件心部的强度要求。

表面淬火——使轴颈和锥孔部获得高硬度和高的耐磨性,得到均匀的硬化层。

低温回火——消除淬火应力。

该轴工作应力很低,冲击载荷不大,45 钢处理后屈服极限可达 400 MPa 以上,完全可满足要求。

(2)汽车后桥半轴(见图 11-2)是典型的受扭矩的轴件,工作应力较大,且受相当大的冲击载荷。

图 11-2　汽车后桥半轴

汽车后桥半轴的选材及工艺路线如下。

材料:40Cr。

热处理:整体调质。

性能要求:杆部 37～44 HRC,盘部外圆 24～34 HRC。

工艺路线:下料→锻造→正火→机械加工→调质→盘部钻孔→磨法兰端面及磨花键。

工艺路线中各项热处理的目的如下。

正火——得到合适硬度 187～241 HBS,便于切削加工,为调质处理做准备。

调质处理——保证半轴得到良好的综合机械性能。

淬火加热到 850～870 ℃,保温后,先用油冷却法兰盘部分 10～15 s,然后全部放入水中冷却(分级淬火,防止淬火开裂)。为保证杆部硬度在 37～44 HRC,回火温度确定在 420～460 ℃。为防止第二类回火脆性,回火后应采用水冷。

11.3.2　齿轮类零件

1. 工作条件

齿根承受较大的交变弯曲应力,齿面受强烈的摩擦和磨损并承受一定冲击载荷的作用。

2. 失效形式

失效形式包括疲劳断裂、表面磨损、过载断裂。

3. 性能要求

性能要求:高的弯曲疲劳强度、足够高的强度和韧性、齿面有很高的疲劳强度和耐磨性。

4. 选材

齿轮主要根据弯曲强度和弯曲疲劳强度进行选材。钢一般根据经验来确定,多按疲劳强度来选材,同时要考虑韧性及齿面的耐磨性。通常选用中碳钢、中碳合金结构钢或合金渗碳钢等,主要钢种有 45、40Cr、20Cr、20CrMnTi、20Mn2B、12CrNi3 等。

5. 典型齿轮

1)机床齿轮

机床齿轮(见图 11-3)工作条件较好,工作中受力不大,转速中等,工作平稳无强烈冲击,因此其齿面强度、心部强度和韧度的要求均不太高。

机床传动齿轮的选材及工艺路线如下。

材料:45 钢。

热处理:正火或调质,齿部高频淬火和低温回火。

性能要求:齿轮心部硬度 220～250 HB,齿面硬度 52 HRC。

工艺路线:下料→锻造→正火→粗加工→调质处理→精加工→高频淬火→低温回火(拉花键孔)→精磨。

工艺路线中各项热处理的目的如下。

正火——消除锻造应力,均匀组织,细化晶粒,便于切削加工。

调质处理——得到回火索氏体,减少以后的淬火变形,保证较好的综合机械性能。

高频淬火＋低温回火——使齿轮表面具有高硬度、高耐磨性,同时,使齿轮表面产生压应力来提高疲劳强度。

2)汽车齿轮

汽车齿轮(如图 11-4 所示的北京吉普车后桥圆锥主动齿轮简图)的工作条件远比机床齿轮恶劣,特别是主传动系统中的齿轮,它们受力较大,超载与受冲击频繁,因此对材料的要求很高。由于弯曲与接触应力都很大,用高频淬火强化表面不能保证要求,所以汽车的重要齿轮都用渗碳、淬火进行强化处理。

图 11-3　机床齿轮　　　　图 11-4　北京吉普车后桥圆锥主动齿轮简图

北京吉普车后桥圆锥主动齿轮的选材及工艺路线如下。

材料:20CrMnTi 钢。

热处理:渗碳、淬火、低温回火,渗碳层深 1.2～1.6 mm。

性能要求:齿面硬度 58～62 HRC,心部硬度 33～48 HRC。

工艺路线:下料→锻造→正火→切削加工→渗碳→淬火→低温回火→磨加工。

工艺路线中各项热处理的目的如下。

正火——均匀和细化组织,消除锻造应力,改善切削加工性能。

渗碳——渗碳层深 1.2～1.6 mm,保证齿轮高含碳量,淬火后具有高硬度和高的耐磨性。

淬火——进一步增加齿轮表面硬度,提高心部强度。钢中加入的 Cr、Mn 元素,提高了钢的淬透性,淬火后心部为低碳马氏体,有足够强韧性。

低温回火——消除淬火应力,减少脆性,确保齿面具有高的硬度和耐磨性。

磨加工——除去氧化皮,减少表面缺陷,使齿面造成预加压应力,提高疲劳强度。

11.3.3　弹簧类零件

1. 工作条件

弹性范围内工作,长期受到交变载荷条件的冲击。

2. 失效形式

失效形式包括疲劳断裂、表面磨损、弹性失效。

3. 性能要求

性能要求:具有较高的弹性极限、屈服极限和屈强比,以及高的疲劳强度。

4. 弹簧类零件的选择

弹簧主要根据弹性极限和疲劳强度来进行选材。弹簧的工作条件复杂,有些还要求有良好的耐热性、高的蠕变极限;或者较低的低温冲击韧性、较低的脆性转变温度。腐蚀介质工作的弹簧还需要有良好的耐蚀性。

5. 典型弹簧类零件

1)扭杆弹簧

扭杆弹簧在汽车、火车、坦克及装甲车方面获得广泛应用,如图 11-5 所示。汽车悬架扭杆弹簧选用的钢有 65Mn、70Mn、55Si2MnA、60Si2MnA、50CrMnMoVA 等,以及经电渣重熔的 SAE4340 钢。

扭杆弹簧制造工艺路线:下料→镦锻→退火→端部加工→淬火→回火→喷丸处理→强扭处理→检验→防锈处理。

扭杆弹簧热处理后的喷丸和强扭处理,主要用于军用和公路重型汽车的悬架弹簧,轿车及一般载重汽车的悬架和稳定杆,可不用喷丸和强扭处理。

扭杆弹簧的热处理主要是调质处理(调质扭杆)、高频感应淬火(高频扭杆),后者工艺尚待完善。疲劳试验表明当淬硬层在 $50\%\sim70\%$ 时,可获得较高的疲劳极限和抗应力松弛性能。

2)汽车离合器膜片弹簧

膜片弹簧具有非线性工作特点,可使离合器工作性能稳定,不致因摩擦片的磨损而使其压紧力发生明显变化,如图 11-6 所示。膜片弹簧一般选用 50CrVA、60Si2MnA 钢板制造。失效形式主要为早期断裂和应力松弛,因此弹簧膜片要进行合适的热处理和强压处理后才能使用。

图 11-5 扭杆弹簧　　　　　　　　图 11-6 膜片弹簧

膜片弹簧的制造工艺路线:剪板下料→车内圆→车外圆→冲孔槽→磨平面→车外圆倒角→冲内孔圆角→热冲压成形→淬火、回火→喷丸强化→6 次强压→检验。

热处理为淬火、回火,硬度为 $42\sim46$ HRC(组织为回火马氏体),热处理时应控制簧片的变形。强压处理主要是减小膜片弹簧工作过程中的松弛变形或弹力减退现象,以稳定其自由锥度。

11.3.4 箱体类零件

箱体类零件是机械设备中很重要的一类零件,常见有床箱头、变速箱、进给箱、溜板箱、缸体箱等。

箱体是机械的基础零件,如图 11-7 所示,用于保证箱体内各运动零部件的正确相对位置,使其协调运转。工作时箱体承受其中零件的重力及它们之间运动的作用力等。因此,箱

图 11-7　箱体

体的力学性能要求是有足够的抗压强度、刚度和良好的减振性。

大部分箱体结构复杂,一般采用铸造成型,由铸造合金浇注而成。对于工作平稳和中等载荷的箱体,一般选用灰铸铁 HT150、HT200、HT300 等制造;载荷较大、承受冲击的箱体,可采用铸钢制造,如ZG270-500;对于要求质量轻、散热良好的箱体,如飞机发动机的汽缸体,多采用铝合金铸造;单件小批生产的形状简单、体积较大的箱体,可采用 Q235A、20、16Mn 等钢材焊接而成;受力很小、要求自重很轻的箱体可采用工程塑料制成。

用铸钢制作箱体件时,在机械加工前,应进行完全退火或正火,以消除粗晶组织、偏析及铸造应力;铸铁件在机械加工前一般要进行去应力退火;对铸造铝合金,应根据其成分,加工前也进行退火或时效等处理。

11.3.5　工具类零件

切削加工使用的车刀、铣刀、钻头、丝锥、板牙等工具统称为刃具。

1. 工作条件

刃具切削材料时,受到被切削材料的强烈挤压,刃部受到很大的弯曲应力。某些刃具,比如钻头、铰刀,还会受到较大的扭转应力作用。机用刃具往往承受较大的冲击与振动。

2. 失效形式

失效形式包括磨损、断裂、刃部软化。

3. 性能要求

性能要求:高硬度、高耐磨性,硬度一般大于 62 HRC,以及高的红硬性、强韧度和淬透性。

4. 选材

制造刃具的材料有碳素钢、低合金刃具钢、高速钢、硬质合金和陶瓷等。根据刃具的使用条件和不同性能进行选材。

5. 典型刀具

1)齿轮滚刀

齿轮滚刀是生产齿轮的常用刀具,用于加工外啮合的直齿和斜齿渐开线圆柱齿轮,如图 11-8 所示,材料选用高速钢(W18Cr4V)。

性能要求:形状复杂、精度要求高。

工艺路线:热轧棒材下料→锻造→球化退火→粗加工→淬火→回火→精加工→表面处理。

工艺路线中各项热处理的目的如下。

锻造——成形;破碎、细化碳化物,均匀分布碳化物,防止成品刀具崩刃和掉齿,由于高速钢淬透性很好,锻后在空气中冷却即可得到淬火组织,因此锻后应慢慢冷却。

图 11-8　齿轮滚刀

球化退火——细化晶粒,消除内应力。

淬火+回火——保证齿轮滚刀的强度及硬度。

表面处理——提高使用寿命。

2)板锉

板锉是钳工常用的工具,用于锉削其他金属,如图 11-9 所示,材料选用 T12 钢。

性能要求:表面刃部要求有高的硬度(64~67 HRC),柄部要求硬度小于 35 HRC。

工艺路线:热轧钢板下料→锻柄部→球化退火→机加工→淬火→低温回火。

工艺路线中各项热处理的目的如下。

图 11-9　板锉

球化退火——使钢中碳化物呈粒状分布,细化组织,降低硬度,改善切削加工性能。同时为淬火做好准备组织工作,最终获得的成品组织中含有细小的碳化物颗粒,提高钢的耐磨性。

淬火＋低温回火——保证板锉强度和硬度要求。

习题

1.什么是失效?失效有哪些形式?

2.失效是由哪些原因引起的?

3.失效分析在选材中有哪些意义?

4.选材的基本原则和步骤是什么?

5.汽车变速箱齿轮多采用渗碳钢,而机床变速箱齿轮则多采用调质钢制造,其主要原因是什么?

6.用 20CrMnTi 钢做汽车传动齿轮,请说明选此材料的原因。

7.指出下述工艺路线的错误。

(1)高精度精密机床床身,选用灰铸铁:铸造→时效处理→粗加工→半精加工→时效处理→精加工。

(2)高频感应加热淬火零件,使用退火圆料:下料→粗加工→高频淬火→回火→半精加工→精加工。

(3)渗碳零件:锻造→调质处理→精加工→半精加工→渗碳、淬火、回火。

8.某一用 45 钢制造的零件,其加工路线如下:

备料→锻造→正火→机械粗加工→调质处理→机械精加工→高频感应加热淬火与低温回火→磨削,试说明各热处理工序的目的。

9.欲用 20CrMnTi 钢制造汽车变速齿轮,要求齿面硬度为 58~64HRC。

(1)写出该齿轮的加工工艺路线。

(2)说明工艺路线中各热处理工序的作用。

课堂讨论

讨论 1　铁碳相图

1. 讨论目的

(1)熟悉 $Fe\text{-}Fe_3C$ 相图,掌握相图中重要点、线的意义,明确各相区存在的相及各相的存在温度、性能及显微形貌。

(2)综合运用二元合金相图的基本定律和知识,对七种铁碳合金的平衡结晶过程进行分析,理解相与组织的差别。

(3)熟练运用杠杆定律计算室温下的相组成物和组织组成物的相对质量。

(4)弄清七种铁碳合金的室温平衡组织的显微形貌特征,并理解铁碳合金的成分、组织和性能之间的关系。

(5)了解 $Fe\text{-}Fe_3C$ 相图的应用。

2. 讨论题

(1)默画出简化后的 $Fe\text{-}Fe_3C$ 相图,并在图中分别标识出 C、E、F、P、S 点的碳含量及 EDF、PSK 线的温度;标识出相图中各相区存在的相。

(2)写出纯铁的同素异构转变过程,并标明各自的晶格类型。

(3)说明铁碳相图中存在的基本相的形成原因、成分区间、存在温度、显微形貌及性能特点。

(4)写出相图中的 C 点和 S 点发生的相变反应式(要求标明含碳量及温度),并说明其转变特点及产物的显微形貌和性能。

(5)说出相图中 ES、GS、PQ、ECF、PSK 线的意义。

(6)简要写出含碳量为 0.5%、1.5%、2.5% 和 4.5% 的铁碳合金的平衡结晶过程,画出室温平衡组织的显微形貌图(标明各组织组成物)并计算室温下的相组成物和组织组成物的相对含量。

(7)什么是相? 什么是组织? 什么是组织组成物? 说明相与组织的区别,并指出下列哪些是相? 哪些是组织? 哪些是组织组成物?

A、F、$L_d{}' + Fe_3C_I$、P、L_d、Fe_3C、$L_d{}'$、$F+P$、Fe_3C_I、Fe_3C_{II}、Fe_3C_{III}、$P+ Fe_3C_{II}$

(8)在简化后的 $Fe\text{-}Fe_3C$ 相图中标明各相区存在的组织或组织组成物,并说明各自的特征。

(9)铁碳合金中有几种不同形态的渗碳体？分析各种渗碳体的形态及分布特征对合金性能的影响。

(10)总结铁碳合金的成分、组织、性能之间的关系。

3. 方法指导

(1)课前让学生对讨论题中的问题写出发言提纲,具体讨论子题目由教师根据课时及讨论进展情况决定。

(2)讨论开始时,可先由两名学生分别在黑板上默画出简化后的 Fe-Fe₃C 相图,其他同学修改补充。与此同时,教师应对学生的发言提纲进行检查。

(3)相图完成后即可进行讨论,采取自由发言的形式。学生也可自己提出一些问题进行分析讨论,最后由教师或同学进行总结。

(4)讨论题中的(7)(8)两题在"铁碳合金平衡组织分析"实验中进行。

(5)讨论结束后,教师可按实际情况选择讨论题中个别题目作为作业,让学生修改补充发言提纲后提交。

讨论 2　钢的热处理

1. 讨论目的

(1)加深对课堂有关热处理原理部分内容的理解,能够运用 C 曲线分析连续转变冷却时的组织转变,各种冷却条件下所得到的组织及其显微特征和性能特点。

(2)掌握四种普通热处理的意义、目的、工艺及应用,能够在 C 曲线中画出对应的冷却曲线图。

(3)初步学会选择热处理工艺的基本方法,为今后实际工作中正确选择热处理工艺、合理制订加工工艺路径打下基础。

2. 讨论题

(1)直径为 10mm 的 45 钢和 T12 钢试样在不同热处理条件下得到的硬度值如表 1 所示,请完成:

①将不同热处理条件下的显微组织及其性能填入表 1;

②绘制 C 曲线图,分别画出不同冷却方式对应的冷却曲线;

③说明冷却速度和碳含量对钢硬度的影响及其原因;

④说明回火温度对钢硬度的影响。

(2)什么是淬透性？什么是淬硬性？它们各自的影响因素是什么？淬透性与淬硬性之间有关系吗？淬透性的好坏对钢热处理后的组织和性能有什么影响？

(3)45 钢制成的机床传动齿轮的工艺路线如下:

工艺路线:下料→锻造→正火→粗加工→调质处理→精加工→高频淬火→低温回火(拉花键孔)→精磨。

说明该工艺路径中有哪些热处理工艺？各热处理工艺的目的是什么？热处理后的组织是什么？

表1　45钢和T12钢试样在不同热处理条件下得到的硬度值

材　料	热处理工艺			硬　　度			显 微 组 织
	加热温度/℃	冷却方式	回火温度/℃	HRB	HRC	HB	
45钢	860	炉冷		85		148	
		空冷			13	196	
		油冷			38	349	
		水冷			55	538	
		水冷	200		53	515	
		水冷	400		40	369	
		水冷	600		24	243	
	750	炉冷			45	422	
T12钢	750	空冷		93		176	
		油冷			26	257	
		水冷			46	437	
		水冷			66	693	
		水冷	200		63	652	
		水冷	400		51	495	
		水冷	600		30	283	
	860	水冷			61	637	

3. 方法指导

本讨论最好放在"碳素钢的热处理及组织观察"实验之后进行。

讨论前,要求学生在复习第6章后对各讨论题写出详细的提纲。讨论时,由学生自由发言,相互补充,最后由教师或同学进行总结。

讨论3　合金钢

1. 讨论目的

(1)理解合金钢的分类及编号方法。

(2)对各类合金钢的典型钢种进行分析,熟悉各类钢的成分特点、热处理工艺、使用状态组织、性能特点及应用范围,为第11章选材打下基础。

(3)分析讨论常用合金元素的主要作用。

2. 讨论题

(1)合金钢按用途可分为几类? 各包括什么钢种?

(2)写出下列各钢号的钢种、碳含量及各合金元素的质量分数范围:
20Cr2Ni4、65Mn、GCr15、1Cr18Ni9Ti、40CrNiMo、Cr12MoV。

(3)分析下列钢的种类、碳质量分数、合金元素的主要作用、热处理工艺特点、使用状态的组织、性能特点及应用举例：

  Q345、20Cr、20CrMnTi、40Cr、65Mn、60Si2Mn、GCr15、9SiCr、W18Cr4V、Cr12MoV、5CrNiMo、1Cr17、3Cr13、1Cr18Ni9Ti。

  3. 方法指导

  讨论要求学生充分复习本章内容，并对讨论题目准备详细的发言提纲。讨论时，每种钢号请一个同学发言，其他同学进行补充。讨论结束后由教师进行总结，并要求学生对讨论题（3）列表总结并交由教师批阅。

附录 A 常用钢种的临界温度

结构钢的临界温度见附表 A-1。

附表 A-1 结构钢的临界温度

钢 号	临界温度（近似值）/℃				
	Ac_1	Ac_3	Ar_3	Ar_1	M_s
优质碳素结构钢					
08F,08	732	874	854	680	—
10	724	876	850	682	—
15	735	863	840	685	—
20	735	855	835	680	—
25	735	840	824	680	—
30	732	813	796	667	380
35	724	802	774	680	—
40	724	790	760	680	—
45	724	780	751	682	—
50	725	760	721	690	—
60	727	766	743	690	—
70	730	743	727	693	—
85	725	737	695	—	220
15Mn	735	863	840	685	—
20Mn	735	854	835	682	—
30Mn	734	812	796	675	—
40	726	790	768	689	—
50Mn	720	760	—	660	—

续表

钢 号	临界温度（近似值）/℃				
	Ac_1	Ac_3	Ar_3	Ar_1	M_s
普通低合金结构钢					
16Mn	736	849～867	—	—	—
09Mn2V	736	849～867	—	—	—
15MnTi	734	865	779	615	—
15MnV	700-720	830-850	780	635	—
18MnMoNb	736	850	756	646	—
合金结构钢					
20Mn2	725	840	740	610	400
30Mn2	718	804	727	627	—
40Mn2	713	766	704	627	340
45Mn2	715	770	720	640	320
25Mn2V	—	840	—	—	—
42Mn2V	725	770	—	—	330
35SiMn	750	830	—	645	330
50SiMn	710	797	703	636	305
20Cr	766	838	799	702	—
30Cr	740	815	—	670	—
40Cr	743	782	730	693	355
45Cr	721	771	693	660	—
50Cr	721	771	693	660	250
20CrV	768	840	704	782	—
40Cr	755	790	745	700	218
38CrSi	763	810	755	680	—
20CrMn	765	838	798	700	—
30CrMnSi	760	830	705	670	—
18CrMnTi	740	825	730	650	—
30CrMnTi	765	790	740	660	—
35CrMo	755	800	750	695	271
40CrMnMo	735	780	—	680	—
38CrMoAl	800	940	—	730	—
20CrNi	733	804	790	666	—
40CrNi	731	769	702	660	—

钢　号	临界温度(近似值)/℃				
	Ac_1	Ac_3	Ar_3	Ar_1	M_s
12CrNi3	715	830	—	670	—
12CrNi4	720	780	660	575	—
20Cr2Ni4	720	780	660	575	—
40CrNiMo	732	774	—	—	—
20Mn2B	730	853	736	613	—
20MnTiB	720	843	795	625	—
20MnVB	720	840	770	635	—
45B	725	770	720	690	—
40MnB	735	780	700	650	—
40MnVB	730	774	681	639	—
弹簧钢					
65	727	752	730	696	—
70	730	743	727	693	—
85	723	737	695	—	220
65Mn	726	765	741	689	270
60Si2Mn	755	810	770	700	305
50CrMn	750	775	—	—	250
50CrVA	752	788	746	688	270
55SiMnMoVNb	744	775	656	550	—
滚动轴承钢					
GCr9	730	887	721	690	—
GCr15	745	—	—	700	—
GCr15SiMn	770	872	—	708	—

工具钢的临界温度见附表 A-2。

附表 A-2　工具钢的临界温度

钢　号	临界温度(近似值)/℃				
	Ac_1	Ac_3, A_{cm}	Ar_3, A_{rm}	Ar_1	M_s
碳素工具钢					
T7	730	770	—	770	—
T8	730	—	—	700	—
T10	730	800	—	700	—
T11	730	810	—	700	—
T12	730	810	—	700	—

续表

钢 号	临界温度（近似值）/℃				
	Ac_1	Ac_3,A_{cm}	Ar_3,A_{rm}	Ar_1	M_s
合金工具钢					
6SiMnV	743	768	—	—	—
5SiMnMoV	764	788	—	—	—
9CrSi	770	870	—	730	—
3Cr2W8V	820～830	1100	—	790	—
CrWMn	750	940	—	710	—
5CrNiMo	710	770	—	680	—
MnSi	760	865	—	708	—
W2	740	820	—	710	—
高速工具钢					
W18Cr4V	820	1330	—	—	—
W9Cr4V2	810	—	—	—	—
W6Mo5Cr4V2Al	835	885	770	820	177
W6Mo5Cr4V2	835	885	770	820	177
W9Cr4V2Mo	810	—	—	760	—
不锈、耐酸、耐热钢					
1Cr13	730	850	820	700	—
2Cr13	820	950	—	780	—
3Cr13	820	—	—	780	—
4Cr13	820	1100	—	—	—
Cr17	860	—	—	810	—
9Cr18	830	—	—	810	145
Cr17Ni2	810	—	—	780	357
Cr6SiMo	850	890	790	765	—

附录 B　金属材料硬度值换算表

金属材料硬度值换算表见附表 B-1。

附表 B-1　金属材料硬度值换算表

布氏	维氏	洛	氏		Sh	布氏	维氏	洛	氏		Sh
HB	HV	HRA	HRB	HRC		HB	HV	HRA	HRB	HRC	
—	940	85.6	—	68	97	353	372	69.4	—	38	51
—	900	85.0	—	67	95	344	363	68.9	—	37	50
—	865	84.5	—	66	92	336	354	68.4	(109.0)	36	49
(739)	832	83.9	—	65	91	327	345	67.9	(108.5)	35	48
(722)	800	83.4	—	64	88	319	336	67.4	(108.0)	34	47
(705)	772	82.8	—	63	87	311	327	66.8	(107.5)	33	46
(688)	746	82.3	—	62	85	301	318	66.3	(107.0)	32	44
(670)	720	81.8	—	61	83	294	310	65.8	(106.0)	31	43
(654)	697	81.2	—	60	81	286	302	65.3	(105.5)	30	42
(634)	674	80.7	—	59	80	279	294	64.7	(104.5)	29	41
615	653	80.1	—	58	78	271	286	64.3	(104.0)	28	41
596	633	79.6	—	57	76	264	279	63.8	(103.0)	27	40
577	613	79.0	—	56	75	258	272	63.3	(102.5)	26	38
560	595	78.5	—	55	74	253	266	62.8	(101.5)	25	38
543	577	78.0	—	54	72	247	260	62.4	(101.0)	24	37
525	560	77.4	—	53	71	243	354	62.0	100.0	23	36
512	544	76.8	—	52	69	237	248	61.5	99.0	22	35
496	528	76.3	—	51	68	231	243	61.0	98.5	21	35
481	513	75.9	—	50	67	226	238	60.5	97.8	20	34
469	498	75.2	—	49	66	219	230	—	96.7	(18)	33

续表

布氏	维氏	洛		氏	Sh	布氏	维氏	洛		氏	Sh
HB	HV	HRA	HRB	HRC		HB	HV	HRA	HRB	HRC	
455	484	74.7	—	48	64	212	222	—	95.5	(16)	32
443	471	74.1	—	47	63	203	213	—	93.9	(14)	31
432	458	73.6	—	46	62	194	204	—	92.3	(12)	29
421	446	73.1	—	45	60	187	196	—	90.7	(10)	28
409	434	72.5	—	44	58	179	188	—	89.5	(8)	27
400	423	72.0	—	43	57	171	180	—	87.1	(6)	26
390	412	71.5	—	42	56	165	173	—	85.5	(4)	25
381	402	70.9	—	41	55	158	166	—	83.5	(2)	24
371	392	70.4	—	40	54	152	160	—	81.7	(0)	24
362	382	69.9	—	39	52						

参考文献

[1] 梁耀雄.机械工程材料[M].广州:华南理工大学出版社,2011.

[2] 刘天模,等.工程材料[M].北京:机械工业出版社,2001.

[3] 潘强,等.工程材料[M].上海:上海科学技术出版社,2005.

[4] 王忠.机械工程材料[M].北京:清华大学出版社,2009.

[5] 刘瑞堂.机械零件失效分析[M].哈尔滨:哈尔滨工业大学出版社,2003.

[6] 支道光.机械零件材料与热处理工艺选择[M].北京:机械工业出版社,2008.

[7] 朱征.机械工程材料[M].北京:国防工业出版社,2011.

[8] 于永泗,齐民.机械工程材料[M].大连:大连理工大学出版社,2007.

[9] 石德珂.材料科学基础[M].北京:机械工业出版社,2008.

[10] William D. Callister, Jr. Fundamentals of Materials Science and Engineering. Fifth Edition.

[11] 陈扬,曹丽云.机械工程材料[M].沈阳:东北大学出版社,2008.

[12] 张彦华.工程材料学[M].北京:中国科学技术出版社,2010.

[13] 耿香月,等.工程材料学[M].天津:天津大学出版社,2002.

[14] 周凤云.工程材料及应用[M].武汉:华中科技大学出版社,2002.

[15] 潘强等.工程材料[M].上海:上海科学技术出版社,2003.

[16] 石德珂,等.材料科学基础[M].西安:西安交通大学出版社,1995.

[17] 刘天模,等.材料科学基础[M].北京:机械工业出版社,2004.

[18] 杜丕一,等.材料科学基础[M].北京:中国建材工业出版社,2002.

[19] 丁仁亮.工程材料[M].北京:机械工业出版社,2007.

[20] 陈积伟.工程材料[M].北京:机械工业出版社,2006.

[21] 徐自立.工程材料及应用[M].武汉:华中科技大学出版社,2007.

[22] 陆文华.铸铁及其熔炼[M].北京:机械工业出版社,1985.

[23] 郑明新.工程材料[M].北京:清华大学出版社,1993.

[24] 沈莲.机械工程材料[M].北京:机械工业出版社,1990.

[25] 马泗春.材料科学基础[M].西安:陕西科学技术出版社,1998.

[26] 孙维连,魏凤兰.工程材料[M].北京:中国农业大学出版社,2006.

[27] 王运炎,朱莉.机械工程材料[M].北京:机械工业出版社,2009.

［28］王章忠.机械工程材料［M］.北京:机械工业出版社,2010.

［29］杨瑞成,郭铁明,等.工程材料［M］.北京:科学出版社,2012.

［30］李涛,杨慧.工程材料［M］.北京:化学工业出版社,2013.

［31］蔡珣.材料科学与工程基础［M］.上海:上海交通大学出版社,2010.